教育部人文社会科学重点研究基地基金（07JJD630019）
重庆工商大学学术专著出版基金　　　　　　　共同资助
重庆工商大学长江上游经济研究中心

"十二五"国家重点图书出版规划项目

长江上游地区经济丛书

长江上游地区自然资源环境与主体功能区划分

白志礼　朱莉芬

谭灵芝　等／编著

科　学　出　版　社

北　京

图书在版编目（CIP）数据

长江上游地区自然资源环境与主体功能区划分/白志礼等编著. —北京：科学出版社，2013

（长江上游地区经济丛书）

ISBN 978-7-03-037288-8

I. ①长⋯ II. ①白⋯ III. ①长江流域-自然环境-环境功能区划-研究

IV. ①X321.2

中国版本图书馆 CIP 数据核字（2013）第 072236 号

丛书策划：胡升华　侯俊琳

责任编辑：杨婵娟　雷　旸/责任校对：张怡君

责任印制：徐晓晨/封面设计：铭轩堂

编辑部电话：010-64035853

E-mail：houjunlin@mail.sciencep.com

科 学 出 版 社 出版

北京东黄城根北街 16 号

邮政编码：100717

http://www.sciencep.com

北京凌奇印刷有限责任公司 印刷

科学出版社发行　各地新华书店经销

*

2013 年 7 月第　一　版　开本：B5（720×1000）

2020 年 1 月第三次印刷　印张：13 3/4

字数：254 000

定价：68.00 元

（如有印装质量问题，我社负责调换）

"长江上游地区经济丛书"指导专家

（以姓氏笔画为序）

丛书序

30 余年的改革开放，从东到西、由浅入深地改变着全国人民的观念和生活方式，不断提升着我国的发展水平和质量，转变着我们的社会经济结构。中国正在深刻地影响和改变着世界。与此同时，世界对中国的需求和影响，也从来没有像今天这样突出和巨大。经过 30 余年的改革开放和 10 余年的西部大开发，我们同样可以说，西部正在深刻地影响和改变着中国。与此同时，中国对西部的需求和期盼，也从来没有像今天这样突出和巨大。我们在这样的背景下，开始国家经济、社会建设的"十二五"规划，进入全面建成小康社会的关键时期，迎来中国共产党第十八次全国代表大会的召开。

包括成都、重庆两个西部最大的经济中心城市和几乎四川、重庆两省（直辖市）全部国土，涉及昆明、贵阳两个重要城市和云南、贵州两省重要经济发展区域的长江上游地区，区域面积为 100.5 万 km²，占西部地区 12 省（自治区、直辖市）总面积的 14.6%，占全国总面积的 10.5%，集中了西部 1/3 以上的人口，1/4 的国内生产总值。它北连甘、陕，南接云、贵，东临湘、鄂，西望青、藏，是西部三大重点开发区中社会发展最好、经济实力最强、开发条件最佳的区域。建设长江上游经济带以重庆、成都为发展中心，以国家制定的多个战略为指导，将四川、重庆、云南、贵州的利益紧密结合起来，通过他们的合作使长江上游经济带建设上升到国家大战略的更高层次，有着重要的现实意义。

经过改革开放的积累和第一轮西部大开发的推动，西部地区起飞的基础已经具备，起飞的态势已见端倪，长江上游经济带在其中发挥着举足轻重的作用。新一轮西部大开发战略从基础设施建设、经济社会发展、人民生活保障、生态环境保护等多个方面确立了更加明确的目标，为推动西部地区进一步科学良性发展提供了纲领性指导。新一轮西部大开发的实施也将从产业结构升级、城乡统筹协调、生态环境保护等多个方面为长江上游经济带提供更多发展机遇，更有利于促进长江上游经济带在西部地区经济主导作用的发挥，使之通过自身的发展引领、辐射和服务西部，通过新一轮西部大开发从根本上转变西部落后的局面，推动西部地区进入工业化、信息化、城镇化和农业现代化全面推进的新阶段，促进西部地区经济社会的和谐稳定发展。

本丛书是"十二五"国家重点图书出版规划项目，由教育部人文社会科学重点研究基地重庆工商大学长江上游经济研究中心精心打造，是长江上游经济研究中心的多名教授、专家经过多年悉心研究的成果，涉及长江上游地区区域经济、区域创新、产业发展、生态文明建设、城镇化建设等多个领域。长江上游经济研究中心（以下简称中心）作为教育部在长江上游地区布局的重要人文社会科学重点研究基地，在"十一五"期间围绕着国家，特别是西部和重庆的重大发展战略、应用经济学前沿及重大理论与实践问题，产出了一批较高水平的科研成果。"十二五"期间，中心将在现有基础上，加大科研体制、机制改革创新力度，探索形成解决"标志性成果短板"的长效机制，紧密联系新的改革开放形势，努力争取继续产出一批能得到政府、社会和学术界认可的好成果，进一步提升中心在国内外尤其是长江上游地区应用经济学领域的影响力，力争把中心打造成为西部领先、全国一流的人文社会科学重点研究基地。

本丛书是我国改革开放 30 余年来第一部比较系统地揭示长江上游地区经济社会发展理论与实践的图书，是一套具有重要现实意义的著作。我们期盼本丛书的问世，能对流域经济理论和区域经济理论有所丰富和发展，也希望能为从事流域经济和区域经济研究的学者和实际工作者们提供翔实系统的基础性资料，以便让更多的人了解熟悉长江上游经济带，为长江上游经济带的发展和西部大开发建言献策。

王崇举

2013 年 2 月 21 日

长江与黄河同为中国的母亲河，哺育了灿烂的中华文明。作为现代中国经济脊梁，长江流域在全国经济社会发展中具有极其重要的战略地位。

长江上游地区拥有长江流域60％以上的面积，不仅是我国西部地区重要的经济中心，更是长江流域乃至全国的重要生态屏障，承载着太多的国家使命。鉴于此，2004年教育部在重庆工商大学设立了长江上游经济研究中心，作为研究长江上游地区经济社会生态发展和建设的国家基地和平台。要推进该地区的系统研究和全面发展，亟须提供一套研究该区域的系列丛书。"长江上游地区经济丛书"正是基于这种考虑而问世的，本书是其中之一，它是认识该区域资源环境的基础性书籍。

全书共分六章，具体内容如下：第一章对长江上游流域的范围作了大尺度、中尺度和小尺度的界定，明确了长江上游流域不同层次范围的边界，为科学研究和实际工作提供基本依据；第二章系统描述了长江上游流域所涉及省份的自然资源环境，为认识和研究该区域提供基础资料；第三章评述了长江上游地区经济社会发展现状，对该区域的人文环境作了概括；第四章系统回顾了我国区划研究的历程和主要观点，在此基础上，进行长江上游流域自然区域的划分；第五章根据我国区域发展战略的重大调整，阐述了我国主体功能区划分的主要成果，着重对长江上游地区作了主体功能区划分；第六章比较系统地提出了长江上游流域不同区域经济社会生态建设的对策、措施。

本书由白志礼提出构思框架，拟定编写大纲，主持编写，并总纂全稿。本书编写人员如下：重庆工商大学长江上游经济研究中心白志礼研究员、朱莉芬博士、谭灵芝博士，经济实验教学管理中心张凌阳博士，规划处邱枫硕士。区域经济学研究生舒晶、冯翰文、李晓倩、熊依琳、钟城、司林杰、周艳参加研究和资料整理；经济实验教学管理中心赵伟博士为本书绘制了有关图件；科学出版社的杨婵娟编辑一丝不苟，仔细校改，为本书的出版付出了辛勤劳动。在此一并表示衷心的感谢！

　　由于本书信息量大，涉猎面广，资料收集难度较大，书中不妥和疏漏之处在所难免，敬请广大读者批评指正。

白志礼

2012 年 9 月 19 日

Contents 目录

第一章

长江上游地区空间范围界定

长江流域是中华文明的发祥地之一，也是中国现代经济发展的脊梁。长江上游地区是长江流域生态环境保护的龙头，也是西部乃至全国经济发展的重要增长极。认真分析该区域的空间范围及水系网络构成，对研究该区域的经济社会发展和生态环境建设有重要的基础性作用。

第一节　长江及长江流域概述

一、长江概述

（一）长江概况

长江是我国第一大河，世界第三大河（其长度仅次于非洲的尼罗河、南美洲的亚马孙河）。长江横贯我国东西，气势磅礴，源远流长，与黄河一起，成为中华民族的摇篮，哺育了一代又一代中华儿女。

长江发源于青海境内青藏高原北部唐古拉山主峰各拉丹冬西南侧的姜根迪如冰川。从源头至襄极巴陇的当曲河口称沱沱河，河长358km；当曲河口至玉树境内的巴塘河口称通天河，全长822km；巴塘河口至宜宾岷江河口称金沙江，全长2284km；宜宾以下称为长江。长江按习惯划分，宜昌以上河段为上游，长4529km；宜昌至江西湖口为中游，长927km；湖口以下为下游，长844km。长江干流流经青海、四川、西藏、云南、重庆、湖北、湖南、江西、安徽、江苏和上海这11个省（直辖市、自治区），注入东海，全长6300余千米（2001年，中国科学院遥感应用研究所专家刘少创等测量其为6211.31km）。支流展延到甘肃、陕西、贵州、河南、浙江、广西、福建和广东这8个省（自治区）。长江河口多年平均流量为32 400m³/s。

长江水系发达，干流横贯万里，沿途有成千上万条大小支流汇入。其中，流域面积超过1000km²的有437条，超过3000km²的有170条，超过1万km²

的有 49 条，超过 5 万 km² 的有 9 条（即雅砻江、岷江、大渡河、嘉陵江、乌江、沅江、湘江、汉江、赣江）。雅砻江、岷江、嘉陵江和汉江的流域面积都超过 10 万 km²。其中，嘉陵江流域面积为 16 万 km²，居第一位；汉江流域面积为 15.9 万 km²，居第二位。

长江干流各河段名称和别名总计不下 30 种。例如，宜宾至湖北宜昌，因大部分流经四川盆地，俗称川江；长江在重庆江津附近弯曲呈"几"字形，又称"几江"；重庆奉节白帝城至宜昌三峡河段，俗称峡江；湖北枝城至湖南岳阳城陵矶，因流经古荆州地区，俗称"荆江"，这段河流迂回曲折，素有"九曲回肠"之称；江西九江古称浔阳，附近江段又称"浔阳江"。

（二）长江分段特征

从长江江源至入海口，整个地势西高东低，横贯我国三大阶梯，总落差达 5400m 左右。

在第一阶梯，长江流长 2300 余千米。从沱沱河至通天河，蜿蜒于海拔 4500 多米的青藏高原，河床宽广，沼泽遍布。自青海直门达向南深切横断山脉，至云南折向东北到四川宜宾，称金沙江。金沙江奔腾于川藏高山峡谷地带，江面狭窄，水流湍急，接纳的主要支流有雅砻江、牛栏江、恒江等。

在第二阶梯，长江流长 2100 余千米。宜宾至湖北宜昌称川江，穿行于四川盆地丘陵和川、鄂中低山地的二级阶梯上，依次加入的主要支流有岷江、沱江、嘉陵江和乌江等。其中，自奉节至宜昌南津关 195km 江段，是著名的长江三峡，江面狭窄，滩多流急，峭壁高耸，雄伟壮观。

在第三阶梯，长江流长近 1900km。宜昌以下长江流入平原、低山交错的第三级阶梯，江面宽阔，河道曲折，沙洲众多，两岸筑有堤防。其中，枝城至城陵矶是著名的荆江河段。上荆江堤高地低，形势险要；下荆江河道曲折蜿蜒，泄洪不畅，防洪问题突出。从宜昌至湖口的中游河段，汇入的主要支流有汉江、洞庭湖水系和鄱阳湖水系。江西湖口以下，地势平坦，江宽，湖泊众多，有巢湖水系、青弋江、水阳江、滁河、黄浦江等支流入江。

二、长江流域概述

（一）流域及分水线概念

流域，一般是指地面集水区。每条河流都有自己的流域，一个大流域可以按照水系等级分成数个小流域，小流域又可以分成更小的流域。另外，也可以截取河道的一段，单独划分为一个流域。流域之间的分水地带称为分水岭，分

水岭上最高点的连线为分水线，即集水区的边界线。处于分水岭最高处的大气
降水，以分水线为界分别流向相邻的河系或水系。

分水线，就是流域四周水流方向不同的界线，在山区是山脊线，在平原则
常以堤防或岗地为分水线。分水线一般为封闭的连线。地下水的分水线难以测
定，常以地表水的分水线来划分流域的范围。由分水线所包围的河流集水区，
分地面集水区和地下集水区两类。由于地形、地质等原因，有的流域地表水与
地下水的分水线在垂直投影面上不重合，这种情形下的流域称为非闭合流域；
两者重合时称闭合流域。

（二）长江流域范围

长江流域是指长江干支流的集水范围（即集水面积，通称流域面积），为
180 万 km²（不包括淮河流域），占中国陆地面积的 18.8%。包括 15 个省（青
海、云南、贵州、四川、甘肃、陕西、河南、湖北、湖南、江西、安徽、江苏、
浙江、广东、福建）、2 个自治区（西藏、广西）、2 个直辖市（重庆、上海）中
的全部或部分地区。

长江流域的自然分界线，北以巴颜喀拉山、西倾山、岷山、秦岭、伏牛山、
桐柏山、大别山、淮阳丘陵等与黄河和淮河流域为界；南以横断山脉的云岭、
大理鸡足山、滇中东西向山岭、乌蒙山、苗岭、南岭等与澜沧江、元江（红河）
和珠江流域为界；东南以武夷山、石耳山、黄山、天目山等与闽浙水系为界；
长江源头地区的北部以昆仑山与柴达木盆地内陆水系为界；西部以可可西里山、
乌兰乌拉山、祖尔肯乌拉山、尕恰迪如岗雪山群与藏北羌塘内陆水系为界；南
部以唐古拉山与怒江流域为界；长江三角洲北部，地形平坦，水网密布，与淮
河流域难以分界，通常以通扬运河附近的江都至拼茶公路为界；长江三角洲南
部以杭嘉湖平原南侧丘陵与钱塘江流域为界。

长江流域介于东经 90°33′~112°25′，北纬 24°30′~35°45′，其轮廓像两端
窄、中部宽的菱角，东西直线距离在 3000km 以上，南北宽度除江源和长江三角
洲地区外，一般均达 1000km 左右。

因淮河大部分水量也通过大运河汇入长江，从某种意义上说，淮河也是长
江的一条支流。如加上淮河流域，长江流域的面积则接近 200 万 km²。

长江流域在全国的地理位置见图 1-1，各省级行政区在长江流域的面积见
表 1-1。

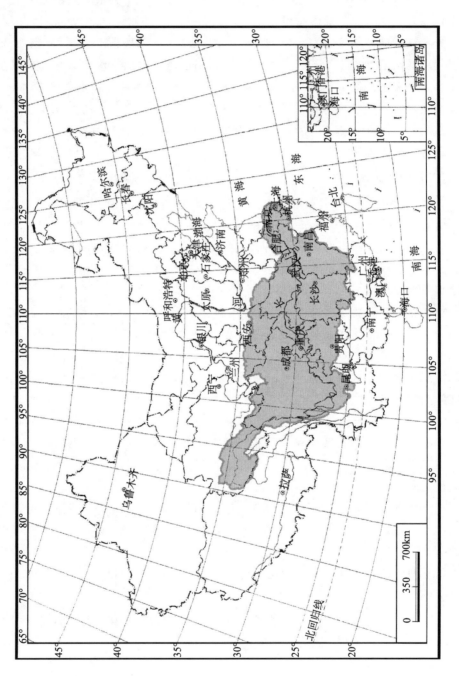

图1-1　长江流域在全国的地理位置示意图

表 1-1　各省级行政区在长江流域的面积

序号	省（自治区、直辖市）名	全省（自治区、直辖市）面积/万 km²	在长江流域内面积/km²	流域内面积占全省（自治区、直辖市）面积比例/%
1	青海	72	169 308	23.5
2	西藏	123	29 205	2.4
3	四川	49	468 275	95.5
4	云南	39	109 096	27.9
5	贵州	18	115 747	64.3
6	重庆	8.2	82 368	100
7	甘肃	43	38 369	8.9
8	陕西	21	72 770	34.7
9	湖北	19	183 851	96.7
10	湖南	21	206 650	98.4
11	河南	17	27 370	16.1
12	江西	17	163 262	96.1
13	安徽	14	65 634	46.9
14	江苏	10	39 853	39.9
15	浙江	10	12 225	12.2
16	上海	0.6	6 185	100
17	福建	12	1 048	0.09
18	广东	18	340	0.02
19	广西	24	8 444	3.5
	合计	535.8	1800 000	33.6*

* 表示平均值

资料来源：根据《长江流域地图集》（水利部长江水利委员会编）和《中华人民共和国行政区划简册》（2009）相关资料整理而得

第二节　长江上游流域范围界定

一、长江上游概述

　　长江上游长 4500km，占长江长度的 71.4%，其河段横跨两个地形阶梯。长江上游的沱沱河和通天河（从囊极巴陇至巴塘河口）位于第一阶梯——青藏高原腹地内。因在高原顶部，河谷开阔，河槽宽浅，一般河宽 300～1700m，河道蜿蜒曲折，水流缓慢散乱，汊流很多。从巴塘河口到宜宾称金沙江，是第一至第二阶梯的过渡地段，这里地形突变，山高谷深，除局部河段为宽谷外，河流穿行于峡谷之中，比降大，河水湍急。到云南石鼓以下，突然转向东北流，著名的虎跳峡就在石鼓以下 35km 的地方。虎跳峡峡长 16km，最窄处仅 30m。出虎跳峡后，穿越云贵高原北部，到四川新市镇以下进入第二阶梯，在宜宾附近汇集了岷江之后，遂称长江。自宜宾以下至宜昌之间，习惯上称川江。河道蜿蜒于四川盆地之内，河床平缓，沿途接纳沱江、嘉陵江和乌江等众多支流，水量大增，江面展宽。过奉节白帝城，长江穿行在第二阶梯至第三阶梯的过渡地段，切过七岳、巫山和黄陵三个背斜、两个向斜，形成举世闻名的长江三峡（瞿塘峡、巫峡、西陵峡），长约 200km，峡谷与宽谷相间排列。

二、长江上游流域概述

长江在宜昌南津关以上总称为长江上游，全长 4500km，占长江总长度的 71.4%。长江上游接纳的主要支流有雅砻江、岷江、沱江、嘉陵江、乌江等。长江上游全流域区涉及青海、西藏、云南、贵州、四川、甘肃、重庆、陕西、湖北 9 省（自治区、直辖市），52 个地（州、市），409 个县（市、区）。以长江上游干、支流的分水岭为界计算的全部集水区面积为 111 余万平方千米，占长江流域总面积的 61.7%。以流域涉及的 409 个县（市、区）全部面积计算为 130.13 万 km²，占 9 个省（自治区、直辖市）面积的 33.2%；2008 年人口 19 118 万人，占 9 个省（自治区、直辖市）总人口的 56.7%（表 1-2）。

表 1-2 长江上游流域行政区划范围

合计	9 个省（自治区、直辖市）；52 个地（州、市）；409 个县（市、区） 面积：130.13 万 km²，占 9 个省（自治区、直辖市）总面积的 33.2% 人口：19 118 万人，占 9 个省（自治区、直辖市）总人口的 56.7%			
一	青海：3 个州；9 个县（市） 面积：255 328km²，占全省面积的 35.5% 人口：34 万人，占全省人口的 6.5%			
	序号	县（市、区）名称	面积/km²	人口/万人
	（一）	玉树藏族自治州		
	1	玉树县	13 462	9
	2	杂多县	33 333	5
	3	称多县	13 793	5
	4	治多县	66 667	3
	5	曲麻莱县	50 000	3
	（二）	果洛藏族自治州		
	1	班玛县	6 452	3
	2	达日县	15 385	3
	3	久治县	8 696	2
	（三）	海西蒙古族藏族自治州		
	1	格尔木市 唐古拉山镇	47 540	0.9

续表

	西藏：1个地区；4个县 面积：41 539km²，占全区面积的 3.4% 人口：29 万人，占全区人口的 10.6%			
二	序号	县（市、区）名称	面积/km²	人口/万人
	（一）	昌都地区		
	1	昌都县	10 652	9
	2	江达县	13 200	8
	3	贡觉县	6 256	4
	4	芒康县	11 431	8

	甘肃：4个州、市；15个县（区） 面积：50 811km²，占全省面积的 11.8% 人口：472 万人，占全省人口的 17.8%			
三	序号	县（市、区）名称	面积/km²	人口/万人
	（一）	陇南市		
	1	武都区	4 683	56
	2	成 县	1 701	26
	3	宕昌县	3 331	29
	4	康 县	2 958	20
	5	文 县	4 994	25
	6	西和县	1 861	41
	7	礼 县	4 299	52
	8	两当县	1 374	5
	9	徽 县	2 722	22
	（二）	甘南藏族自治州		
	1	舟曲县	3 010	14
	2	迭部县	5 108	6
	3	碌曲县	5 298	3
	（三）	天水市		
	1	秦州区	2 442	67
	2	麦积区	3 452	60
	（四）	定西市		
	1	岷 县	3 578	46

	陕西：5个市；31个县（区） 面积：78 852km²，占全省面积的 37.5% 人口：1000 万人，占全省人口的 26.4%			
四	序号	县（市、区）名称	面积/km²	人口/万人
	（一）	汉中市		
	1	汉台区	556	54
	2	南郑县	2 849	55
	3	城固县	2 265	53
	4	洋 县	3 206	44
	5	西乡县	3 204	41
	6	勉 县	2 406	42

续表

序号	县（市、区）名称	面积/km²	人口/万人
7	宁强县	3 243	34
8	略阳县	2 831	20
9	镇巴县	3 437	28
10	留坝县	1 970	4
11	佛坪县	1 279	3
（二）	安康市		
1	汉滨区	3 652	98
2	汉阴县	1 347	30
3	石泉县	1 525	18
4	宁陕县	3 678	7
5	紫阳县	2 204	34
6	岚皋县	1 851	17
7	平利县	2 627	23
8	镇坪县	1 503	6
9	旬阳县	3 554	45
10	白河县	1 450	21
（三）	商洛市		
1	商州区	2 672	55
2	丹凤县	2 438	30
3	商南县	2 307	24
4	山阳县	3 514	44
5	镇安县	3 477	29
6	柞水县	2 322	16
7	洛南县	2 562	45
（四）	宝鸡市		
1	凤　县	3 187	10
2	太白县	2 780	5
（五）	西安市		
1	周至县	2 956	65

（以上为序号"四"栏）

云南：7个市、州，48个县（区、市）
面积：138 615km²，占全省面积的35.5%
人口：1829万人，占全省人口的41.8%

序号	县（市、区）名称	面积/km²	人口/万人
（一）	昆明市		
1	盘龙区	340	42
2	五华区	398	65
3	官渡区	552	49
4	西山区	791	46
5	东川区	1 674	31
6	安宁市	1 313	27
7	呈贡县	541	17
8	晋宁县	1 391	28

（以上为序号"五"栏）

续表

	序号	县（市、区）名称	面积/km²	人口/万人
	9	富民县	1 030	14
	10	嵩明县	1 442	36
	11	禄劝彝族苗族自治县	4 378	46
	12	寻甸回族彝族自治县	3 966	51
	（二）	曲靖市		
	1	宣威市	6 257	143
	2	马龙县	1 751	20
	3	沾益县	2 910	41
	4	会泽县	6 077	96
	（三）	昭通市		
	1	昭阳区	2 240	80
	2	鲁甸县	1519	41
	3	巧家县	3 245	54
	4	盐津县	2 096	38
	5	大关县	1 802	27
	6	永善县	2 833	44
	7	绥江县	882	16
	8	镇雄县	3 785	138
五	9	彝良县	2884	56
	10	威信县	1416	41
	11	水富县	319	10
	（四）	丽江市		
	1	古城区	1 127	15
	2	永胜县	5 099	40
	3	华坪县	2 266	16
	4	玉龙纳西族自治县	6 521	21
	5	宁蒗彝族自治县	6 206	26
	（五）	楚雄彝族自治州		
	1	楚雄市	4 482	51
	2	牟定县	1 494	20
	3	南华县	2 343	24
	4	姚安县	1 803	21
	5	大姚县	4 146	28
	6	永仁县	2 189	11
	7	元谋县	1 803	21
	8	武定县	3 322	27
	9	禄丰县	3 631	42
	（六）	大理白族自治州		
	1	祥云县	2 498	46
	2	宾川县	2 627	33
	3	洱源县	2 961	28
	4	鹤庆县	2 395	27

续表

序号	县（市、区）名称	面积/km²	人口/万人
（七）	迪庆藏族自治州		
1	香格里拉县	11 613	14
2	德钦县	7 596	6
3	维西傈僳族自治县	4 661	15

（表左侧："五"）

贵州：8个地（市、州）；70个县（区、市）
面积：132 767km²，占全省面积的73.8%
人口：3252万人，占全省人口的81.6%

序号	县（市、区）名称	面积/km²	人口/万人
（一）	贵阳市		
1	乌当区	962	31
2	南明区	89	55
3	云岩区	68	62
4	花溪区	963	33
5	白云区	260	19
6	小河区	61	14
7	清镇市	1 492	50
8	开阳县	2 026	42
9	修文县	1 076	29
10	息烽县	1 037	25
（二）	六盘水市		
1	钟山区	476	46
2	六枝特区	1 792	64
3	水城县	3 589	76
（三）	遵义市		
1	汇川区	709	34
2	红花岗区	595	50
3	赤水市	1 801	30
4	仁怀市	1 788	63
5	遵义县	4 104	118
6	桐梓县	3 190	67
7	绥阳县	2 566	52
8	正安县	2 595	61
9	凤冈县	1 883	42
10	湄潭县	1 845	48
11	余庆县	1 630	29
12	习水县	3 128	68
13	道真仡佬族苗族自治县	2 156	33
14	务川仡佬族苗族自治县	2 773	44
（四）	毕节地区（2011年设市）		
1	毕节市	3 412	136
2	大方县	3 502	101
3	黔西县	2 554	87

（表左侧："六"）

续表

序号	县（市、区）名称	面积/km²	人口/万人
4	金沙县	2 528	62
5	织金县	2 867	99
6	纳雍县	2 448	85
7	赫章县	3 245	69
8	威宁彝族回族自治县	6 296	120
（五）	铜仁地区（2011年设市）		
1	铜仁市	1 514	37
2	江口县	1 869	23
3	石阡县	2 172	39
4	思南县	2 231	65
5	德江县	2 072	49
6	玉屏侗族自治县	516	15
7	印江土家族苗族自治县	1 961	42
8	沿河土家族自治县	2 469	59
9	松桃苗族自治县	2 861	68
10	万山特区	338	6
（六）	安顺市		
1	西秀区	1 705	83
2	平坝县	999	34
3	普定县	1 092	45
4	镇宁县	1 721	36
（七）	黔南布依族苗族自治州		
1	都匀市	2 278	48
2	福泉市	1 691	31
3	贵定县	1 631	28
4	瓮安县	1 974	45
5	长顺县	1 555	26
6	龙里县	1518	21
（八）	黔东南苗族侗族自治州		
1	凯里市	1 306	48
2	黄平县	1 668	36
3	施秉县	1 544	16
4	三穗县	1 036	21
5	镇远县	1 878	26
6	岑巩县	1 487	22
7	天柱县	2 201	40
8	锦屏县	1 597	22
9	剑河县	2 165	25
10	台江县	1 078	15
11	黎平县	4 439	51
12	榕江县	3 316	34

六

续表

	序号	县（市、区）名称	面积/km²	人口/万人
六	13	雷山县	1 219	15
	14	麻江县	1 222	21
	15	丹寨县	938	16
七	湖北：3 个市、州；11 个县（区、市） 面积：31 431km²，占全省面积的 16.5% 人口：452 万人，占全省人口的 7.4%			
	序号	县（市、区）名称	面积/km²	人口/万人
	（一）	恩施土家族苗族自治州		
	1	利川市	4 603	87
	2	巴东县	3 354	49
	（二）	十堰市		
	1	茅箭区	578	26
	2	张湾区	652	27
	3	郧县	3 863	64
	4	竹山县	3 586	46
	5	郧西县	3 509	51
	6	竹溪县	3 279	37
	（三）	宜昌市		
	1	兴山县	2 327	18
	2	秭归县	2 427	39
	（四）	省直辖县级行政单位		
	1	神农架林区	3 253	8
八	四川：21 个市、州；181 个县（区、市） 面积：490 000 km²，占全省 100% 人口：8815 万人，占全省 100%			
九	重庆：40 个县（区） 面积：82 000 k㎡，占全省 100% 人口：3235 万人，占全省 100%			

资料来源：根据《长江流域地图集》（水利部长江水利委员会编）和《中华人民共和国行政区划简册（2009）》相关资料整理而得

　　显然，这种区域范围的划分是完全依据唯一的主导因素——以分水岭为界的流域概念进行的。尽管这些区域连成一片，同属长江上游流域，但内部的气候、地质地貌、土壤、经济、人文传统等差别甚大。所以，它只是以流域为依据的一种自然区划。

　　长江上游流域在全国的地理位置和行政区划范围如图 1-2 和表 1-2 所示。

　　表 1-2 中需要说明的有以下三点：

　　（1）处于流域边缘的一些县（市、区），可能只有部分区域属于长江流域，但为了保持县级行政区划的完整性，则把全县（市、区）的面积、人口统计在内，故该表中一些省（自治区、直辖市）的面积、人口数字略大于以分水岭为界统计的数据。

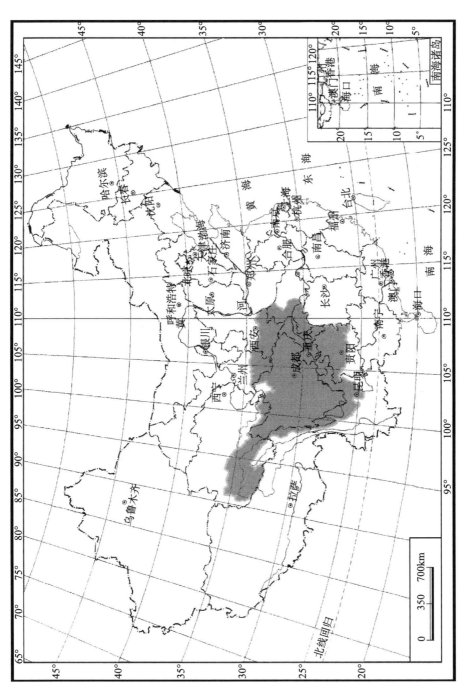

图1-2 长江上游流域在全国的地理位置示意图

（2）湖北省处在长江上游与中游的交界处，大体在宜昌以西为长江上游流域。具体包含的县区以国家环境保护总局办公厅《关于印发长江中下游水污染防治"十一五"规划编制工作方案和技术大纲的函》（环办函〔2005〕682号）所列的长江中下游区域范围表所界定的中游与上游的范围为准。

（3）汉江在武汉注入长江，注入地属于中游地区。但汉江上游地区与长江上游其他地区区域相连，自然条件相似，所以本书把汉江上游地区计入长江上游流域。若仅依据汉江注入地属于中游地区而把汉江全流域划为中游地区显然不大合理。

第三节　长江上游经济区范围界定

一、长江上游经济区界定的主要学术观点

经济区（带）是具有自然条件相似性、经济技术联系紧密的区域空间集合体。它依托区域内增长极的聚集和辐射作用以及区域内的分工与协作，实现区域的共同发展和进步。为了明确研究对象，科学制定和有效实施区域政策，必须合理地划定经济区（带）边界。关于长江上游经济区（带）的划分，历来有不同的观点和划分方案，主要有如下观点和方案。

（1）1992年在国家计划委员会（简称国家计委，现为国家发展和改革委员会）组织完成的《长江三角洲及沿江地区经济规划》中，长江上游经济区（带）的范围包括长江三角洲的14个市和沿江的14个市、8个地区。其中，涉及长江上游地区的仅有重庆（原重庆市市区划范围）和万县、涪陵地区及宜昌的一部分。

（2）1995年在国家计委组织完成的《21世纪长江经济带综合开发》一书中，长江经济带的地域范围包括长江三角洲的14个市和沿江的23个市、4个地区，共41个行政单位。其中，涉及长江上游地区的有重庆（原11个区、3个市、7个县范围）和四川的泸州、攀枝花、成都、万县、涪陵、宜宾地区及宜昌的一部分。

（3）中国区域经济学会副会长陈栋生先生在《长江上游经济带发展的几个问题》一文中认为，"长江经济带和长江流域、长江沿岸是不尽相同的几个概念。从水系段落划分看，长江上游是指长江源头至宜昌段，其干流流经青海、西藏、四川、云南、湖北五省区，支流则及甘肃、陕西、贵州三省。如果把长江上游105万km²的流域面积全部纳入上游经济带的范围，显然失之过宽，也不具现实的操作性；但如按干流沿岸仅包括重庆—宜昌段来划分，则失之过窄，

若按相同'规则',中下游湖南、江西、安徽三省的中心城市长沙、南昌、合肥也不属长江经济带之内,这样割裂经济的内在联系,对长江经济带的发展实则不利。长江'黄金水道'固然是联结、构建长江经济带的重要纽带,但也决不可忽视其他运输方式和通信网络等的重要作用。"因此,作者认为,"把四川全省和云南、贵州两省有关地区作为长江上游经济带是较适宜的"。

(4)重庆学者雷亨顺先生在《重庆经济协作区》一文中认为,重庆经济协作区(这里实际上指的是长江上游地区)包括21个地市县,涉及云南、贵州、四川三省,覆盖四川的川东、川南和川北大片地区(当时重庆未直辖,包含了重庆),贵州遵义和毕节地区以及云南的昭通地区。从地理位置看,这一地区是从长江上游三峡心脏的巫峡逆流而上经重庆到宜宾,再逆金沙江直上攀枝花市,沿岸两侧重要的经济与资源片区。

(5)国务院西部开发办公室综合组组长宁吉喆在论述《西部开发重点区域及政策》时,对西部的两个重点经济带和一个重点开发区进行了界定。长江上游经济带的主要方向是:沿长江黄金水道,沿长江水运航线、上海至成都公路国道主干线,沿长江铁路为依托;中心城市有重庆、成都等大城市;重点开发区包括成渝地区、攀(枝花)成(都)绵(阳)地区、长江三峡地区,还可辐射四川盆地周边地区、湘西地区、鄂西地区。

(6)中国科学院陆大道等学者,把西部重点地区划分为"四个一级经济带(区)和四个二级经济带"。其中,作为一级经济带之一的"长江上游成渝经济带"的范围是:"东起重庆的万州,沿长江到重庆市区后分为两支,一支沿长江到宜宾,另一支沿成渝线、宝成线至成都和绵阳。轴线上的主要城市包括重庆市区、万州区和涪陵区,四川的成都、绵阳、德阳、资阳、内江、泸州和宜宾等"。同时,把"川渝黔线经济带"作为四个二级经济带之一,范围包括"北起重庆,经遵义至贵阳",认为"川渝地区与贵州历来社会经济交往密切。将川黔线作为西部开发的二级经济带,可以促进南贵昆经济区和长江上游经济带之间的联络和交流"。在这里,长江上游一级经济带和川黔线二级经济带通过重庆这一同时跨两个经济带的地域空间,实际上联结成了一个有机整体。

(7)2002年四川大学邓玲教授在其主持的四川社科项目"建设长江上游经济带 推进西部大开发"中提出,"现代交通意义上的长江上游经济带,主要是指沿长江干流分布的攀枝花、宜宾、泸州、江津、合川、永川、重庆(市区)、长寿、涪陵、丰都、忠县、万县、云阳、奉节、巫山等沿江城市,沿成渝高速公路、川藏公路、成都至上海国道主干线(上游境内包括成都—遂宁—南充—梁平—万县—宜昌)、成渝铁路、遂渝铁路、渝怀铁路等交通干线分布的拉萨、成都、乐山、绵阳、德阳、遂宁、南充、内江等中心城市,其经济腹地包括四川、重庆、西藏三省（区、市）"。

（8）四川社会科学院刘世庆研究员在《长江上游经济带西部大开发战略与政策研究》一书中提出，"长江上游经济带的范围可以明确界定为四川和重庆"。

（9）2004年重庆市发展和改革委员会在研究报告《建设"人"字形构架的长江上游经济带》中，将长江上游经济带的范围界定为：东以宜昌为界，西以成都为界，北以绵阳、南充、达州为界，南以宜宾、泸州为界，覆盖重庆的全部行政区域。

（10）2000年12月颁布的《国务院关于实施西部大开发若干政策措施的通知》中，将西部地区划分为西陇海兰新线、长江上游和南（宁）贵（阳）昆（明）三大跨行政区域的经济带，其中，长江上游经济带包括了四川、重庆和西藏。2002年7月，国家在《"十五"西部开发总体规划》中，考虑到民族地区经济发展的特殊性，将西藏、新疆等民族地区单列出来进行规划，并将长江上游经济带的规划范围明确为四川和重庆。

（11）重庆学者马晓燕在《浅谈长江上游经济带的地位和作用》一文中认为："长江上游经济带是指以重庆、成都两个特大城市及城市群为依托，以重庆、四川、湖北、贵州、云南一批区域中心城市为支撑的经济社会相对发达的地区。北与西部的'陇海—兰新'经济带接壤，南与'南—贵—昆'经济重点区域相邻，东面通过长江黄金水道与长江中游的武汉、长江下游'长三角'的龙头上海遥相呼应"。

（12）重庆学者陈兴述和田代贵在《长江上游经济带发展目标及空间发展战略》一文以及田代贵在《长江上游经济带协调发展研究》一书中提出，长江上游经济带的划分为：东起湖北宜昌，西至四川攀枝花，南至贵州遵义，北至四川绵阳，东北至四川达州。东西长896.6km，南北宽667.6km，涵盖四川、重庆、贵州、湖北和云南5个省（直辖市）中的188个区县和县级市。其中，四川包括成都、自贡、泸州、德阳、绵阳、遂宁、内江、乐山、南充、眉山、宜宾、广安、达州、资阳、攀枝花这15个市下辖的113个区县；重庆包括除酉阳、秀山和黔江3个区县以外的37个区市县；贵州包括遵义所辖的13个市县；湖北包括宜昌下辖的13个区（市）县以及恩施的巴东县；云南包括昭通地区下辖的8个区县。总面积29.66万km²，占5个省（直辖市）的32.57%，占我国西部地区的4.3%。长江上游经济带辐射区是指包括重庆的酉阳、秀山、黔江及与之接壤的鄂西、湘西、黔北即武陵山片区，四川的雅安、广元、巴中以及"三州"地区。

（13）在刘盛佳主编的《长江流域经济发展的上、中、下游比较研究》一书中，作者将长江流域研究范围界定为四川（含重庆）、贵州、云南、湖北、湖南、江西、安徽、上海、江苏、浙江10个省（此书研究过程中重庆还未列为直辖市），其中，四川（含重庆）、贵州、云南为长江上游地区；湖北、湖南、江西、安徽为长江中游地区；上海、江苏、浙江为长江下游地区。中国科学院资深院士、著名经济地理学家吴传钧教授在为该书所作的序中，也表达了同样的观点。

（14）廖元和研究员在其主持的国家社会科学基金西部项目《西部大开发的重点地区——长江上游经济带发展战略研究》报告中，将长江上游经济带的范围界定为：湖北宜昌和恩施的7个县市；四川成都、自贡、泸州、德阳、绵阳、遂宁、内江、乐山、南充、眉山、宜宾、广安、达州、雅安、资阳、凉山、攀枝花的116个区县；重庆的38个区县；云南的4个县；贵州的2个县市，共计167个县级行政单元。

二、行政区、经济区和流域经济区的内涵与特征

（一）行政区与经济区

行政区是根据国家行政管理和经济社会的发展需要，依据地理条件、历史传统、经济联系和民族分布等因素而划分的各级区域单元。行政区是行政区划的产物，是与一定等级的政府相对应的政治、经济、社会综合体。

经济区是遵从劳动地域分工规律，依据地理环境、资源条件、经济发展基础、经济联系和建立不同等级的经济综合体的要求所划分的综合经济区域或类型经济区域。它是社会物质生产的重要地域组织形式，是现代化大生产的产物。人们通过逐步认识经济区的客观规律，划分具有紧密联系、富有鲜明特色的一定类型的经济区，确定合理的劳动地域分工，明确各经济区生产发展的方向，促进各种资源的有效开发利用，合理布局生产力，推动区域经济和整个国民经济的协调持续发展。

（二）流域经济区

流域是以分水岭为界的河流集水区域。在自然地理中，每一条河流和每一个水系都从一定的陆地面积上获得水资源的补给，这部分陆地面积便是河流和水系的流域（长江技术经济学会，2006）。

流域实际上是以河流水系为纽带的一种特殊区域。水作为流域的天然资源和核心，通过水系的流通把各流域连通起来，形成了一个天然的网络结构，而这个网络结构是以河流的供水、航运、水能、养殖和旅游这五大基本功能为基础和纽带而形成的。

流域经济是具有以流域为地理界限的特征的区域经济，是以水资源为先导和主体的自然经济综合体。

翻开人类的文明发展史，可以看出，大河流域是人类文明的摇篮。在一定

意义上说，人类的经济社会发展史，就是一部流域文明史。古代的世界各大文明都与大河流域有不解的渊源。古埃及文明源于尼罗河流域，古巴比伦文明源于底格里斯河和幼发拉底河（"两河"）流域，古印度文明源于恒河流域，华夏文明源于黄河和长江流域。可以说，大河流域孕育了人类文明。

流域经济的特征：一是流域经济以河流为纽带和中枢；二是流域经济具有较强的关联性和整体性，流域内上中下游、干支流、各区域之间相互影响、相互制约；三是流域内，特别是大河流域内，有明显的区段性和差异性；四是流域经济对流域内资源的开发和生态环境保护有强烈的依赖性（常剑波，2006）。

三、长江上游地区不同尺度范围经济区的界定

（一）长江上游经济区范围确定的依据和原则

由于流域经济区是生态、经济、社会三个子系统的复合体，所以其经济区范围的划分界定必须依据自然、经济、社会等多方面的因素确定。具体有如下依据和原则。

1. 流域一致性

长江上游经济区是流域经济区，它存在的基础和载体是流域。所以，流域是确定区域边界的主导因素。

2. 自然生态条件的相对一致性

在同一流域内，不同区域在地貌、气候、土壤、水文、生物等方面可能有较大差异，而在同一经济区内，其以上生态条件须具有相对的一致性。

3. 经济社会特征和条件的相对一致性

建立在自然生态条件基础上的经济区，最终要构成特色鲜明的经济社会系统，所以说，区域内的人口、产业发展、城乡结构、人文传统具有比较紧密的联系和相对一致性，这是建立经济区的经济社会基础。

4. 区域经济发展方向的相对一致性

经济区确立的目的是促进区域经济的协调发展，所以，区域内经济发展方向的一致性将为区内经济发展建立内在结构和联系，提供前瞻性、方向性指导。

5. 区域连片性

由于我们划定的是综合经济区，而不是类型区，为了便于区域内经济活动的组织以及交通、通信等基础设施网络的建设和连通，所以要求区域连片。

6. 行政区界的完整性

区域是由一定的行政单元组成的。各类经济社会资料的取得、经济问题的分

析、区域内经济的组织、政策的制定和落实，依赖于一定的行政区。所以，在确定经济区时，保持一定层级行政区界的完整性，既考虑了区域内经济的联系性，又考虑了行政区在经济区内的地位与作用，这样的经济区才具有实际操作意义。

（二）长江上游地区不同尺度范围经济区的界定

水系是以流域为单元组织和流动的，而经济区的形成和组织，并不是完全依据流域划界和区分的。在长江上游流域中，青海、甘肃、陕西均属于西北地区，与西南的长江上游流域地区的自然环境条件和经济发展水平差距较大，联系也较弱，显然，不能把该区域划为长江上游经济区；西藏虽然与长江上游流域的四川、重庆、云南和贵州4个省（直辖市）相连，但西藏有其独特的自然环境和经济类型，且西藏是民族自治地区，加之西藏在长江上游流域的面积很小，所以，不宜将西藏与其他4个省（直辖市）一并作为长江上游经济区规划并组织实施；湖北是长江上游与中游的分界，其属于长江上游流域的面积很小，且湖北在我国整体上被划为中部地区，其上游流域的区县经济与武汉和其他中部地区联系更为紧密，因此，本书也不将湖北的长江上游流域的区县划为长江上游经济区。在其余的四川、重庆、云南、贵州4个省（直辖市）中，为了满足不同规划的目标和需要，依据不同的区划要素，可有不同的区域范围界定。本书从3个尺度对长江上游地区作了划分。

1. 大尺度范围——长江上游地区（经济区）

大尺度范围的长江上游地区的划分，除考虑自然条件的相对一致性和区域的连片性外，更重要的是考虑了经济联系的紧密性和省级行政区划的完整性。根据以上原则，大尺度范围的长江上游地区包括四川、重庆、云南和贵州4个省（直辖市），它相当于杨树珍的十大经济区方案中（杨树珍，1990）的西南区，前者是以该区域在长江流域的区位确定的，而后者是以该区域在全国的方位命名的。该区域面积114.2万 km²，人口 20 406万人。应当说，四川、重庆全区域基本上属于长江上游流域范围，贵州64.3%的面积属于长江上游流域，而云南仅有27.9%的面积属于长江上游流域，但是，这两个省份与四川、重庆地域相连，区位、气候和地质地貌等自然条件相似，经济社会联系紧密，因此，可以将这4个省市划做大尺度长江上游地区范围。显然，这是以流域区为基础的经济区的概念。大尺度长江上游地区范围如图1-3所示。

2. 中尺度范围——长江上游流域经济带（区）

中尺度范围的长江上游流域经济带的确定，主要基于三方面的考虑：一是该区域均属长江上游流域区的范围；二是区域内各行政区经济联系紧密，互补性强；三是保持县级（市、区）行政单元的完整性。根据总的区划原则和以上

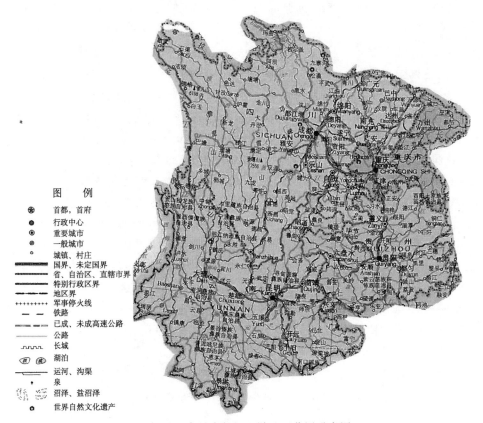

图例

- ⊛ 首都，首府
- ◉ 行政中心
- ◎ 重要城市
- ◉ 一般城市
- ∘ 城镇、村庄
- 国界、未定国界
- 省、自治区、直辖市界
- 特别行政区界
- 地区界
- ┼┼┼┼┼ 军事停火线
- ━ ━ 铁路
- 已成、未成高速公路
- 公路
- 长城
- 湖泊
- 运河、沟渠
- ⌐ 泉
- 沼泽、盐沼泽
- ✿ 世界自然文化遗产

图 1-3　大尺度长江上游地区范围示意图

三方面的考虑，确定了中尺度的长江上游流域经济区的范围。具体包括四川全省、重庆全市和贵州省 4 个地（市）的 42 个县（区、市）、云南省 5 个市（州）的 40 个县（区、市）。面积 76.98 万 km²，占 4 个省（直辖市）总面积的67.1%；人口 15 706 万人，占 4 个省市总人口的 77.0%，详见表 1-3 和图 1-4。

表 1-3　长江上游流域经济区行政区划范围

合计	4 个省（直辖市）；30 个地（州、市）；303 个县（区、市） 面积：76.68 万 km²，占 4 省（直辖市）总面积的 67.1% 人口：15 706 万人，占 4 省（直辖市）总人口的 77.0%
一	四川：21 个市、州；181 个县（区、市） 面积：490 000 km²，占全省面积的 100% 人口：8815 万人，占全省人口的 100%
二	重庆：40 个县（区、市） 面积：82 000km²，占全省面积的 100% 人口：3235 万人，占全省人口的 100%

续表

三	云南：5个市（州）；40个县（区、市） 面积：111 139km²，占全省面积的28.5% 人口：1395万人，占全省人口的31.9%			
	序号	县（市、区）名称	面积/km²	人口/万人
	（一）	昆明市		
	1	盘龙区	340	42
	2	五华区	398	65
	3	官渡区	552	49
	4	西山区	791	46
	5	东川区	1 674	31
	6	安宁市	1 313	27
	7	呈贡县	541	17
	8	晋宁县	1 391	28
	9	富民县	1 030	14
	10	嵩明县	1 442	36
	11	禄劝彝族苗族自治县	4 378	46
	12	寻甸回族彝族自治县	3 966	51
	（二）	昭通市		
	1	昭阳区	2 240	80
	2	鲁甸县	1 519	41
	3	巧家县	3 245	54
	4	盐津县	2 096	38
	5	大关县	1 802	27
	6	永善县	2 833	44
	7	绥江县	882	16
	8	镇雄县	3 785	138
	9	彝良县	2 884	56
	10	威信县	1 416	41
	11	水富县	319	10
	（三）	丽江市		
	1	古城区	1 127	15
	2	永胜县	5 099	40
	3	华坪县	2 266	16
	4	玉龙纳西族自治县	6 521	21
	5	宁蒗彝族自治县	6 206	26
	（四）	楚雄彝族自治州		
	1	楚雄市	4 482	51
	2	牟定县	1 494	20
	3	南华县	2 343	24
	4	姚安县	1 803	21
	5	大姚县	4 146	28
	6	永仁县	2 189	11
	7	元谋县	1 803	21

序号	县（市、区）名称	面积/km²	人口/万人
8	武定县	3 322	27
9	禄丰县	3 631	42
（五）	迪庆藏族自治州		
1	香格里拉县	11 613	14
2	德钦县	7 596	6
3	维西傈僳族自治县	4 661	15

| 四 | 贵州：4个地（市）；42个县（区、市）
面积：83 652km²，占全省面积的46.5%
人口：2261万人，占全省人口的56.7% |||

序号	县（市、区）名称	面积/km²	人口/万人
（一）	贵阳市		
1	乌当区	962	31
2	南明区	89	55
3	云岩区	68	62
4	花溪区	963	33
5	白云区	260	19
6	小河区	61	14
7	清镇市	1 492	50
8	开阳县	2 026	42
9	修文县	1 076	29
10	息烽县	1 037	25
（二）	遵义市		
1	汇川区	709	34
2	红花岗区	595	50
3	赤水市	1 801	30
4	仁怀市	1 788	63
5	遵义县	4 104	118
6	桐梓县	3 190	67
7	绥阳县	2 566	52
8	正安县	2 595	61
9	凤冈县	1 883	42
10	湄潭县	1 845	48
11	余庆县	1630	29
12	习水县	3128	68
13	道真仡佬族苗族自治县	2 156	33
14	务川仡佬族苗族自治县	2 773	44
（三）	毕节地区（2011年设市）		
1	毕节市	3 412	136
2	大方县	3 502	101
3	黔西县	2554	87
4	金沙县	2 528	62
5	织金县	2 867	99

续表

序号	县（市、区）名称	面积/km²	人口/万人
6	纳雍县	2 448	85
7	赫章县	3 245	69
8	威宁自治县	6 296	120
（四）	铜仁地区（2011年设市）		
1	铜仁市	1 514	37
2	江口县	1 869	23
3	石阡县	2 172	39
4	思南县	2 231	65
5	德江县	2 072	49
6	玉屏侗族自治县	516	15
7	印江土家族苗族自治县	1 961	42
8	沿河土家族自治县	2 469	59
9	松桃苗族自治县	2 861	68
10	万山特区	338	6

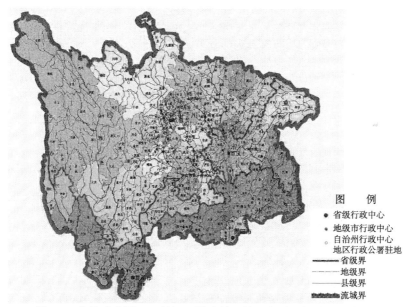

图1-4 中尺度范围——长江上游流域经济区行政区划范围示意图

3. 小尺度范围——长江上游核心经济区（成渝经济区）

小尺度范围的长江上游经济区的划分，突出了区域经济增长极的概念。2003年，林凌先生主持完成的《成渝经济区发展思路研究报告》指出，成渝经济区的范围包括：四川15个市的105个县（区、市），重庆37个县（区、市），共有县级行政单位142个；面积为20.28万km²，占四川、重庆两省市总面积的

35.75%。在 2007 年 4 月 2 日签订的《重庆市人民政府四川省人民政府关于推进川渝合作共建成渝经济区的协议》中对成渝经济区的范围界定为：四川 14 个市的 109 个县（区、市）和重庆 23 个区（县）。具体包括四川的成都、绵阳、德阳、内江、资阳、遂宁、自贡、泸州、宜宾、南充、广安、达州、眉山、乐山，重庆一小时经济圈的渝中、大渡口、江北、沙坪坝、九龙坡、南岸、北碚、渝北、巴南（以上为都市 9 区），涪陵、万盛、双桥、江津、合川、永川、长寿、南川（以上为都市区外 8 区），綦江、潼南、铜梁、大足、荣昌、璧山（6 县）。成渝经济区面积 16.8 万 km²，其中，四川 13.9 万 km²，重庆 2.9 万 km²；2007 年年底总人口 9048 万人，其中，四川 7238 万人，重庆 1810 万人。2011 年 3 月，国务院讨论并原则通过《成渝经济区区域规划》。该区域涵盖四川的 15 个市和重庆的 31 个区县，总面积 20.61 万 km²，其中，四川 15.46 万 km²，重庆 5.15 万 km²；总人口 9840.7 万人，其中，四川 7460.7 万人，重庆 2380 万人。这一方案在四川、重庆两省市达成的方案基础上，范围有所扩大，四川增加了雅安 1 个市，重庆增加了 8 个区县：渝东北的万州、梁平、丰都、开县、云阳、忠县、垫江和渝东南的石柱。为了便于应用，本书采用国务院批准的成渝经济区范围界定的方案。成渝经济区范围及区位如图 1-5 所示。

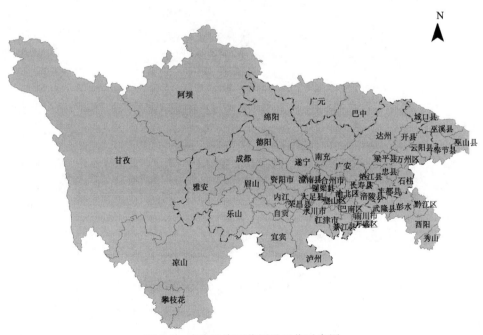

图 1-5　成渝经济区范围及区位示意图

（三）关于长江上游地区范围界定问题的讨论

本书提出了两类关于长江上游地区范围的界定：一类是自然地理范围的界定，即以自然分水岭为界划分的长江上游流域区，它是自然形成的区域单元，人们不能根据自己的意愿任意划定。人类在水源涵养、水质保障和流域生态环境治理等方面必须依据流域区实施。因为水系网络贯通，支流影响干流，上游影响中游、下游，流域影响干流、支流，只有把流域作为一个系统、一个整体，流域内的河流和生态环境才能得到有效保护和治理。另一类是经济区。它是在自然环境条件的基础上，依据一定的原则和需要划分的经济区。

本书从 3 个尺度对长江上游地区作了划分。例如，大尺度范围的长江上游地区包括了四川、重庆、云南和贵州 4 省（直辖市）的全部，这保持了省级行政区划的完整性，有利于在整省市的范围研究区域经济问题并组织经济协作。中尺度范围的长江上游经济带保持了县级（市、区）行政单元的完整性，且各行政区均处在长江上游流域区，突出了流域区与经济区的结合。它的范围比大尺度范围的长江上游地区要小，而区域内的经济联系性更加紧密。小尺度范围的长江上游经济区，是以区域经济增长极的概念为主导因素划分的，它是区域的经济核心，是带动区域或更大范围内经济增长的引擎。所以，这三类区域的划分可以满足不同目标的需要。

第二章

长江上游流域自然资源环境①

第一节　重庆市自然资源环境

重庆市位于长江上游，简称渝，地处北纬 $28°10'\sim32°13'$，东经 $105°11'\sim110°11'$，东西长 470km，南北宽 450km，面积 8.24 万 km^2。截至 2008 年年底，全市户籍人口 3235 万人，常住人口 2839 万人。

一、土地资源

（一）地貌特征

重庆市地势起伏较大，高低悬殊。巫溪县境东部的界梁子山主峰阴条岭，海拔 2796.8m，为市内最高峰；巫山县境东部长江南岸的碚石，海拔 73m，为市内最低点。市内地貌复杂多样，各种地貌类型较全，山地面积广大。按形态类型分，山地约占全市总面积的 60%，丘陵约占 30%，平原（平坝、缓丘）约占 10%。由于地貌发育及地质构造的差异，地貌类型组合、区域分异明显，大致以方斗山为界，其东新构造运动上升强烈，以中山、低山组合景观为主；其西地表主要以侏罗系红层及上三叠流砂、泥岩组成的低山、丘陵、台地为主。

（二）各地类规模

根据《全国土地利用变更调查报告（2008）》（国土资源部地籍管理司，2009），截至 2008 年 12 月 31 日，全市农用地为 10 380.61 万亩②，占土地总面

---

① 本章数据如无特殊说明，均来自中国自然资源丛书编撰委员会 1995 年编著的《中国自然资源丛书：四川卷，贵州卷，云南卷》（北京：中国环境科学出版社），《中国西部开发信息百科》编撰委员会 2003 年编著的《中国西部开发信息百科》重庆卷（重庆：重庆出版社）、四川卷（四川：四川科学技术出版社）、贵州卷（贵州：贵州科技出版社）、云南卷（云南：云南科学技术出版社）

② 1亩$\approx$666.7m^2

积的 84.1%，主要以耕地、林地和其他农用地为主，分别占土地总面积的 27.2%、40.0%、11.1%，体现了重庆市大农村的特色；建设用地为 889.76 万亩，占土地总面积的 7.2%，主要以居民点及工矿用地为主，其占全市建设用地总量的 82.5%；未利用地为 1069.93 万亩，占土地总面积的 8.7%（表 2-1）。

表 2-1　重庆市 2008 年度土地分类面积

项目	辖区面积	农用地					
		小计	耕地	园地	林地	牧草地	其他农用地
面积/万亩	12 340.30	10 380.61	3 353.90	360.37	4 936.65	355.82	1 373.88
占辖区面积的比例/%	100.0	84.1	27.2	2.9	40.0	2.9	11.1

项目	建设用地				未利用地		
	小计	居民点及工矿用地	交通运输用地	水利设施用地	小 计	未利用土地	其他土地
面积/万亩	889.76	734.18	72.56	83.01	1 069.93	798.37	2 715.66
占辖区面积的比例/%	7.2	6.0	0.6	0.6	8.7	6.5	2.2

注：因存在约数，故存在数据加总不完全一致的情况

（三）土地资源特征及利用中存在的问题

1. 人均土地数量少，耕地质量较差

全市人均土地面积只相当于全国人均土地面积的 1/3，只有世界平均水平的约 1/9；人均耕地为全国人均水平的 77%，约为世界平均水平的 35%。

全市坡耕地占耕地总面积的 95.3%，15°以上的坡耕地占 48.2%（25°以上的坡耕地占 16.1%）。在全市耕地总量中，有水源保证和灌溉设施的为 36%，比全国平均水平低 4 个百分点。中低产田土达 60% 以上。

2. 耕地不断减少，用地矛盾突出

城市建设用地、三峡工程淹没和迁建占用耕地面积大。库区淹没耕地 22.98 万亩，移民迁建用耕地 7.32 万亩，两项合计占用耕地 30.3 万亩。

3. 水土流失面积大，土地退化、损毁严重

重庆市属重危岩滑坡地区，山地灾害频繁，损毁面积大。全市水土流失面积达 4.9 万 km^2，占土地面积的 59.7%。平均侵蚀模数达 4864.83t/km^2。

4. 可开垦为耕地的后备资源匮乏，分布面积小

二、气候资源

重庆市属中亚热带湿润季风气候。其特点是：夏热冬暖，湿润多阴；水热丰富，雨热同季；雾多，日照少；河谷炎热，山地凉爽；东部多伏旱。

（一）气候资源与特征

重庆市的气候资源状况如表 2-2 所示。

表 2-2　重庆市气候资源分类表

气候资源	资源特点
光能资源	山地、丘陵多，地形地貌复杂，云雾多，日照少； 日照时数年均值为 986～1580h，日照时数年内分布是夏多冬少，春季略多于秋季； 平均太阳辐射总量为 3000～3900MJ/m²，是全国光能资源最低值地区之一
热量资源	年平均气温为 14.8～18.7℃，其中，城口县为 13.7℃。其季节变化具有以下特点： 冬暖，大部地区最冷月平均气温为 6.0～8.0℃； 春早，按候温法划分四季的标准，大部地区在 2 月底至 3 月上旬先后进入春季； 夏热，累年最热月平均气温 24.8～29.3℃，大部地区≥35℃的高温日数年平均在 20 天以上； 秋迟，大部分地区秋季延迟到 9 月中下旬； 因此，重庆是中国中纬度地带热量资源最丰富的地区之一
水分资源	水分资源包括大气降水、地表水、土壤水和地下水，而大气降水是水分资源的主要部分，也是其他"三水"的影响因素，因此，可以用大气降水量来表示水分资源。重庆市多年平均降水量为 1020～1370mm；多年平均降水日数一般为 150～165 天，与长江流域以南大部地区相当，多于全国其他地区；夜雨昼晴，对植物光合作用有利

重庆市气候资源主要有以下 6 个方面特征。

1. 冬暖春早，热量丰富

市内河谷平坝浅丘地区冬季最冷月平均气温 5.0～8.2℃。按候温法划分四季的标准，2 月底至 3 月上旬就先后进入春季。无霜期长，年平均无霜期长达280～350 天。较暖的冬季，较早的入春，丰富的热量，对果木、牲畜安全越冬和作物适时早播，以及提高农业复种指数、进行多熟种植有利。

2. 雨量充沛，空气湿度大

重庆市地处长江上游，远离海洋，但降水量仍丰沛，年平均降水量达到1020～1370mm。空气潮湿，年平均相对湿度大多在 80% 左右。

3. 太阳辐射弱，日照时间短

重庆市是全国太阳辐射量和日照时数最少的地区之一，年太阳辐射量仅为3000～3900MJ/m²，年日照时数 986～1580h。太阳辐射弱，光照少，空气潮湿，昼夜温差小，形成了重庆较明显的阴湿气候特色，这对农作物籽粒干物质增长和水果糖分积累及着色均不利，但较有利于茎叶植物的生长与发育。

4. 光热雨匹配同季

重庆市光照、热量和降水量各自的季节分布均存在很大差异，但相互匹配同季，资源的数量集中分布在暖季，5～9 月资源量占全年总量的 60% 左右。

5. 农业气候垂直差异大

重庆市山区比重大,气候垂直差异显著,降水量在一定范围内随高度增加而增加,气温随高度增加而递减,伏旱随高度减弱,而寒害随高度增强。在农业生产上宜立体布局,全面发展。重庆市山地气候的另一特点是局部地方逆温明显,通过小气候考察,摸清山地逆温层的分布,对山区农业开发十分有利。

6. 农业气象灾害频繁

农业气象灾害主要有夏伏旱、春秋低温、暴雨洪涝、大风、冰雹、6月阴雨以及寒潮霜冻等。

重庆市气象灾害天气分类及特征,如表2-3所示。

表 2-3　重庆市气象灾害天气分类及特征

灾害天气		特征及标准	危害
干旱		春旱:标准为3月降水量<20mm或4月降水量<50mm	影响玉米播种出苗及小春农作物
		夏旱:标准为5月降水量<30mm	影响水稻和甘薯的栽插
		伏旱:标准为7月连续≥15天降水量<20mm,其中,有5天以上最高气温>35℃的高温出现;8月连续20天降水量<30mm,其中,有7天以上最高气温>35℃的高温出现	特别突出,是影响工农业生产和人民生活的主要气象灾害
连晴高温		标准为连续≥5天无雨,且日最高气温≥35℃;重庆市连晴高温最早出现于5月下旬,最晚出现于9月中旬,主要集中于7月下旬至8月中旬,年出现频率达71%	植物高温灼伤,阻碍植物开花授粉而造成空壳,主要对中稻危害最大,还会给社会生产和人民生活带来很大影响,造成人员"中暑"甚至危及生命
洪涝		标准为日降水量≥100mm或连续3日总降水量≥150mm;多出现在6~8月,以6月下旬到7月上旬为区域性洪涝高发期;3种类型:①本区域内出现强降水致灾型;②上游强降水过境洪水致灾型;③本区域与过境洪水同时发生致灾型	水土流失、田土被淹、农作物受损、人民生命财产蒙受损失
低温阴雨		倒春寒:春季低温阴雨的标准为连续≥4天日平均气温<12℃;发生时段为春季3~4月,平均每年出现1~2次	大春作物、蔬菜幼苗受冻,造成水稻烂秧和死苗
		秋绵雨:初秋低温阴雨的标准为连续≥5天日平均气温<22℃,其中,3天以上白天降水量≥0.1mm;发生时段集中在初秋9月中旬,平均每年出现0.4次	对晚稻和再生稻的抽穗扬花造成影响
梅雨		标准为6月中、下旬任意10天内有≥5天的阴雨,出现时段是在初夏6月,年出现频率为42.1%	对玉米开花授粉的危害很大,导致玉米产量不稳定
风雹	大风	寒潮大风:特点是影响范围大,持续时间长,危害较大;多出现在早春和秋季	—
		雷暴大风:特点是影响范围小,持续时间短,但破坏性很大;多出现在晚春和夏季	—
	冰雹	与雷暴大风相伴发生,多出现在山区和深丘地带,出现频率最高的是长寿;主要发生在3~8月,以4月最为集中	

灾害天气	特征及标准	危害
降雪	重庆市气候温暖，降雪日数很少，初始期在11月，终止期在4月，以12月、1月降雪次数为最多	压坏蔬菜以及热带、亚热带林木，对农村耕牛安全过冬有较大影响
降雾	重庆市地区湿度大、风速小，因而雾日较多，素有"雾都"之称。累积年平均雾日数各地相差较大，在13.0～69.3天。以市区雾日最多，年平均达69.3天；渝北区最少，为13.0天	造成交通运输事故，影响江河船只航行

（二）农业气候区划

重庆市农业气候区划以农业气候相似性，兼顾自然地貌、农业生产现状及未来发展的相似性为原则，并以热量条件为区划主要指标，以水分条件及主要农业气象灾害为辅助指标，以地形地貌为参考指标，将全市划分为4个农业气候区。

（1）河谷平坝浅丘温热区：海拔400m以内，气温高，热量资源丰富，高温伏旱严重，常有暴雨洪涝，低温危害轻，农业复种指数高，可一年三熟，以粮为主，兼果、菜、桑、蔗等全面发展。

（2）中深丘温暖区：海拔400～600m，气温较高，热量资源较丰富，高温伏旱以及低温危害较重，时有暴雨洪涝、冰雹大风发生，可两年五熟，以粮为主，兼果、菜、桑、茶等全面发展。

（3）低山温和区：海拔600～1000m，气温温和，高温伏旱轻，低温危害重，有暴雨洪涝、冰雹大风发生，可一年两熟，宜粮、果、药、茶、桑、蔬菜等综合发展。

（4）中山温凉地区：海拔1000m以上，气候温凉，无高温伏旱，低温危害严重，也有暴雨洪涝、冰雹大风发生，只能一年一熟，宜发展林牧业。

三、水资源①

（一）水系

重庆地区水系发达，河流纵横，有长江、嘉陵江、渠江、涪江、乌江、芙蓉江、阿蓬江、綦江、酉水、任河、濑溪河和清流河等大的河流。这些河流除任河注入汉江、酉水注入北河汇入沅江（洞庭湖）、濑溪河和清流河注入沱江外，其余均在境内注入长江汇入三峡水库。长江自西南向东北横贯全境，乌江、嘉陵江为南北两大支流，形成不对称的、向心的网状水系。

---

① 重庆市水利局.2009.重庆市2008年水资源公报

（二）湖泊水库

根据截至 2008 年年底的统计，大、中型水库共 65 座，其中，大型水库 6 座，中型水库 59 座，分别位于沱江、嘉陵江、长江上游干流、乌江、洞庭湖水系。2008 年年末，大中型水库蓄水总量为 21.39 亿 m³，其中，大型水库蓄水量为 13.16 亿 m³，中型水库蓄水量为 8.23 亿 m³。

（三）降水

全市各分区降水量见表 2-4。从表中可以看出，全市多年平均降水深为 1184.1mm，合降水量为 975.75 亿 m³。从行政分区看，巫溪县多年平均降水深最大，为 1401.9mm；秀山县次之，为 1324.9mm；潼南县最小，为 975.6mm。从经济社会区划来看，都市发达经济圈多年平均降水深为 1099.7mm，合降水量 60.17 亿 m³；渝西经济走廊为 1039.7mm，合降水量 195.75 亿 m³；三峡库区生态经济区为 1238.9mm，合降水量 719.82 亿 m³。总体来看，全市降水量西部较少，东北及东南部较多。

表 2-4　2008 年重庆市各行政区降水量统计表

行政分区	计算面积/km²	降水深/mm	降水量/10⁶m³
都市发达经济圈	5 472	1 099.7	6 017.48
渝中区	22	1 064.1	23.41
大渡口区	94	1 093.1	102.75
江北区	214	1 042.7	223.13
沙坪坝区	383	1 075.2	411.81
九龙坡区	443	1 059.3	469.26
南岸区	279	1 057.3	294.99
北碚区	755	1 137.4	858.77
渝北区	1 452	1 139.6	1 654.69
巴南区	1 830	1 081.2	1 978.67
渝西经济走廊	18 827	1 039.7	19 575.31
万盛区	566	1 070.1	605.69
双桥区	37	1 023.0	37.85
綦江县	2 182	993.1	2 166.93
潼南县	1 585	975.6	1 546.34
铜梁县	1 342	1 032.0	1 384.95
大足县	1 390	1 013.8	1 409.21
荣昌县	1 079	1 053.4	1 136.62
璧山县	912	1 042.2	950.49
江津市	3 200	1 070.0	3 424.00
合川市	2 356	1 054.2	2 483.62

续表

行政分区	计算面积/km²	降水深/mm	降水量/10⁶m³
永川市	1 576	1 048.0	1 651.70
南川市	2 602	1 067.6	2 777.91
三峡库区生态经济区	58 102	1 238.9	71 981.72
万州区	3 457	1 228.3	4 246.30
涪陵区	2 946	1 124.2	3 311.77
黔江区	2 397	1 260.0	3 020.26
长寿区	1 415	1 178.8	1 667.94
梁平县	1 890	1 228.9	2 322.64
城口县	3 286	1 227.9	4 034.83
丰都县	2 901	1 114.7	3 233.87
垫江县	1 518	1 193.6	1 811.86
武隆县	2 901	1 197.3	3 473.30
忠　县	2 184	1 166.6	2 547.81
开　县	3 959	1 317.1	5 214.21
云阳县	3 634	1 252.0	4 549.80
奉节县	4 087	1 179.4	4 820.07
巫山县	2 958	1 181.7	3 495.37
巫溪县	4 030	1 401.9	5 649.52
石柱土家族自治县	3 013	1 230.3	3 707.01
秀山土家族苗族自治县	2 450	1 324.9	3 246.01
酉阳土家族苗族自治县	5 173	1 296.3	6 705.56
彭水苗族土家族自治县	3 903	1 261.5	4 923.59
全　市	82 401	1 184.1	97 574.50

（四）地表水资源量

全市地表水资源总量为 567.75 亿 m³。多年平均径流深为 689mm，为全市多年平均降水量 1184.1mm 的 58.2%。从行政分区看，巫溪县多年平均径流深最大，为 1171.9mm；酉阳县次之，为 867.0mm；潼南县多年平均径流深最小，为 318.5mm。从经济社会区划来看，都市发达经济圈多年平均径流深为 544.8mm；渝西经济走廊为 482.4mm；三峡库区生态经济区为 769.5mm。径流的地区分布与降水的分布具有一致性。各行政区地表水资源量见表 2-5。

表 2-5　2008 年重庆市各行政区径流量统计表

行政分区	计算面积/km²	径流深/mm	径流量/10⁶m³	不同频率年径流量/10⁶m³			
				20%	50%	75%	95%
都市发达经济圈	5472	544.8	2 981.04	3 647.18	2 901.98	2 357.27	1 750.55
渝中区	22	561.8	12.36	15.08	11.99	9.76	7.29
大渡口区	94	435.7	40.96	53.66	38.91	29.08	18.43
江北区	214	571.0	122.19	147.85	119.75	97.75	74.54
沙坪坝区	383	549.0	210.25	256.51	203.95	166.10	124.05
九龙坡区	443	478.8	212.12	265.15	205.76	163.33	114.54
南岸区	279	515.6	143.85	172.62	140.97	117.96	90.63
北碚区	755	568.1	428.93	536.16	416.06	334.57	235.91

续表

行政分区	计算面积 /km²	径流深 /mm	径流量 /10⁶ m³	不同频率年径流量/10⁶ m³			
				20%	50%	75%	95%
渝北区	1452	586.7	851.94	1 030.85	834.90	681.55	519.68
巴南区	1 830	523.7	958.44	1 169.30	929.69	757.17	565.48
渝西经济走廊	18 827	482.4	9 081.88	10 855.80	8 884.15	7 514.95	5 841.89
万盛区	566	557.8	315.74	382.05	309.43	258.91	195.76
双桥区	37	445.9	16.50	19.97	16.17	13.53	10.23
綦江县	2 182	474.7	1 035.71	1 242.85	1 015.00	849.28	652.50
潼南县	1 585	318.5	504.90	605.88	494.80	414.02	318.09
铜梁县	1 342	451.6	605.99	709.01	593.87	515.09	412.07
大足县	1 390	414.2	575.80	719.75	558.53	449.12	316.69
荣昌县	1 079	434.8	469.15	609.90	445.69	342.48	220.50
璧山县	912	467.2	426.09	507.05	417.57	357.92	281.22
江津市	3 200	556.0	1 779.33	2 099.61	1 743.74	1 494.64	1 192.15
合川市	2 356	477.2	1 124.29	1 382.88	1 090.56	888.19	652.09
永川市	1 576	463.3	730.09	868.81	715.49	613.28	481.86
南川市	2 602	575.8	1 498.29	1 708.05	1 483.31	1 318.50	1 108.73
三峡库区生态经济区	58 102	769.6	44 712.64	53 494.33	43 817.49	36 963.90	28 669.75
万州区	3 457	645.0	2 229.61	2 653.24	2 185.02	1 850.58	1 426.95
涪陵区	2 946	579.3	1 706.76	1 996.91	1 672.62	1 450.75	1 160.60
黔江区	2 397	805.5	1 930.71	2 316.85	1 892.10	1 583.18	1 216.35
长寿区	1 415	492.2	696.44	835.73	682.51	571.08	438.76
梁平县	1 890	531.7	1 004.94	1 236.08	974.79	793.90	582.87
城口县	3 286	863.7	2 838.18	3 547.73	2 753.03	2 185.40	1 532.62
丰都县	2 901	584.6	1 695.94	1 984.25	1 664.96	1 441.55	1 153.24
垫江县	1 518	504.5	765.78	941.91	742.81	604.96	444.15
武隆县	2 901	787.2	2 283.75	2 740.50	2 238.08	1 872.68	1 438.76
忠　县	2 184	517.1	1 129.28	1 366.43	1 106.69	903.42	688.86
开　县	3 959	766.7	3 035.17	3 702.91	2 944.11	2 397.78	1 790.75
云阳县	3 634	852.0	3 096.31	3 684.61	3 034.38	2 600.90	2 043.56
奉节县	4 087	749.6	3 063.49	3 614.92	3 002.22	2 573.33	2 052.54
巫山县	2 958	811.1	2 399.27	2 831.14	2 351.28	2 015.37	1 607.51
巫溪县	4 030	1 171.9	4 722.85	5 572.96	4 628.39	3 967.19	3 164.31
石柱县	3 013	735.0	2 214.61	2 568.95	2 192.46	1 904.56	1 550.22
秀山县	2 450	852.9	2 089.59	2 486.61	2 047.80	1 734.36	1 337.34
酉阳县	5 173	867.0	4 484.74	5 488.85	4 445.52	3 719.72	2 812.47
彭水县	3 903	852.0	3 325.22	3 923.76	3 258.72	2 793.18	2 227.90
全　市	82 401	689.0	56 775.56	65 291.89	56 207.80	49 962.49	40 878.40

（五）地下水资源量

全市地下水资源总量为104.54亿 m³。在行政分区中，酉阳县地下水资源量最为丰富，为 10.18 亿 m³，占全市的 9.7%；巫溪县次之，为 8.00 亿 m³，占全市的 7.7%；渝中区最小，为 0.018 亿 m³，占全市的 0.18%。从经济社会区划来看，都市发达经济圈地下水资源量为 4.79 亿 m³，占全市的 4.6%；渝西经济走廊地下水资源量为 17.09 亿 m³，占全市的 16.3%；三峡库区生态经济区地下水资源量为 82.66 亿 m³，占全市的 79.1%。

全市地下水系降水入渗补给，地下水资源量地区分布特征与降水分布具有一致性，呈现由东往西递减的趋势，这也符合市域地质岩类分布的特征。

（六）水资源总量

各行政分区和流域分区的水资源总量（不含过境水资源量）见表 2-6。

从表中可以看出，全市水资源总量为 567.76 亿 m³，其中，地表水资源量为 567.76 亿 m³，地下水资源量为 104.54 亿 m³，重复计算量为 104.54 亿 m³。全市产水系数为 0.58。

市域水资源地区分布不均，东部和东南部经济欠发达地区水资源总量明显高于西部经济较发达地区；水资源量年际变化较大，年内分布不均，多集中在 5～8 月，不利于利用。

表 2-6　2008 年重庆市各行政区水资源总量统计表

行政区	计算面积/km²	降水量/10⁶ m³	地表水资源量/10⁶ m³	地下水资源量/10⁶ m³	地下水与地表水重复计算量/10⁶ m³	水资源总量/10⁶ m³	产水模数	产水系数
都市发达经济圈	5 472	6 017.48	2 981.04	4 91.98	4 91.98	2 981.04	0.54	0.50
渝中区	22	23.41	12.36	1.69	1.69	12.36	0.56	0.53
大渡口区	94	102.75	40.96	7.49	7.49	40.96	0.44	0.40
江北区	214	223.13	122.19	15.80	15.80	122.19	0.57	0.55
沙坪坝区	383	411.81	210.25	30.66	30.66	210.25	0.55	0.51
九龙坡区	443	469.26	212.12	39.56	39.56	212.12	0.48	0.45
南岸区	279	294.99	143.85	22.53	22.53	143.85	0.52	0.49
北碚区	755	858.77	428.93	62.61	62.61	428.93	0.57	0.50
渝北区	1 452	1 654.69	851.94	122.15	122.15	851.94	0.59	0.51
巴南区	1 830	1 978.67	958.44	189.49	189.49	958.44	0.52	0.48
渝西经济走廊	18 827	19 575.31	9 081.88	1 707.95	1 707.95	9 081.88	0.48	0.46
万盛区	566	605.69	315.74	77.17	77.17	315.74	0.56	0.52
双桥区	37	37.85	16.50	3.02	3.02	16.50	0.45	0.44
綦江县	2 182	2 166.93	1 035.71	2 74.90	274.90	1 035.71	0.47	0.48
潼南县	1 585	1 546.34	504.90	81.46	81.46	504.90	0.32	0.33
铜梁县	1 342	1 384.95	605.99	98.36	98.36	605.99	0.45	0.44
大足县	1 390	1 409.21	575.80	77.95	77.95	575.80	0.41	0.41
荣昌县	1 079	1 136.62	469.15	78.62	78.62	469.15	0.43	0.41
璧山县	912	950.49	426.09	73.33	73.33	426.09	0.47	0.45
江津市	3 200	3 424.00	1 779.33	314.62	314.62	1 779.33	0.56	0.52

续表

行政区	计算面积 /km²	降水量 /10⁶m³	地表水资源量/10⁶m³	地下水资源量/10⁶m³	地下水与地表水重复计算量/10⁶m³	水资源总量/10⁶m³	产水模数	产水系数
合川市	2 356	2 483.62	1 124.29	180.07	180.07	1 124.29	0.48	0.45
永川市	1 576	1 651.70	730.09	128.22	128.22	730.09	0.46	0.44
南川市	2 602	2 777.91	1 498.29	320.23	320.23	1 498.29	0.58	0.54
三峡库区生态经济区	58 102	71 981.72	44 712.64	8 254.22	8 254.22	44 712.64	0.77	0.62
万州区	3 457	4 246.30	2 229.61	317.55	317.55	2 229.61	0.64	0.53
涪陵区	2 946	3 311.77	1 706.76	256.74	256.74	1 706.76	0.58	0.52
黔江区	2 397	3 020.26	1 930.71	393.59	393.59	1 930.71	0.81	0.64
长寿区	1 415	1 667.94	696.44	122.36	122.36	696.44	0.49	0.42
梁平县	1 890	2 322.64	1 004.94	143.82	143.82	1 004.94	0.53	0.43
城口县	3 286	4 034.83	2 838.18	465.32	465.32	2 838.18	0.86	0.70
丰都县	2 901	3 233.87	1 695.94	302.57	302.57	1 695.94	0.58	0.52
垫江县	1 518	1 811.86	765.78	114.35	114.35	765.78	0.50	0.42
武隆县	2 901	3 473.30	2 283.75	395.21	395.21	2 283.75	0.79	0.66
忠 县	2 184	2 547.81	1 129.28	194.62	194.62	1 129.28	0.52	0.44
开 县	3 959	5 214.21	3 035.17	450.57	450.57	3 035.17	0.77	0.58
云阳县	3 634	4 549.80	3 096.31	326.85	326.85	3 096.31	0.85	0.68
奉节县	4 087	4 820.07	3 063.49	779.57	779.57	3 063.49	0.75	0.64
巫山县	2 958	3 495.37	2 399.27	714.28	714.28	2 399.27	0.81	0.69
巫溪县	4 030	5 649.52	4 722.85	797.84	797.84	4 722.85	1.17	0.84
石柱县	3 013	3 707.01	2 214.61	318.26	318.26	2 214.61	0.74	0.60
秀山县	2 450	3 246.01	2 089.59	568.75	568.75	2 089.59	0.85	0.64
酉阳县	5 173	6 705.56	4 484.74	1 004.51	1 004.51	4 484.74	0.87	0.67
彭水县	3 903	4 923.59	3 325.22	587.46	587.46	3 325.22	0.85	0.68
全 市	82 401	97 574.50	56 775.56	10 454.15	10 454.15	56 775.56	0.69	0.58

（七）水资源利用

2003 年全市总供水量为 63.1682 亿 m³，较 2002 年增加 4.7%；总用水量为 63.1682 亿 m³，较 2002 年增加 4.7%，供用水量一致。分析 2003 年供用水量较 2002 年增加的原因，主要是工业用水、农业灌溉用水和居民生活用水量有所增加。2003 年全市总耗水量为 28.1717 亿 m³，平均耗水率为 44.6%，耗水以农业耗水为主，农业耗水量占耗水总量的 50.9%。

水资源利用存在的主要问题有以下四个方面[1]。

（1）本地水资源短缺，过境水利用难度大。全市本地人均水资源量

---

[1] 重庆市发展改革委员会.2011-10-12.重庆市资源与能源开发利用科技问题研究（摘要）. http://www.doc88.com/p-14068789197.html

1665m³，属中度缺水地区。渝西地区缺水问题比较严重。

（2）水资源开发利用程度低，供水基础设施脆弱，用水效率不高，供需矛盾突出。

（3）洪旱灾害严重，抗灾减灾能力弱。

（4）三峡库区水环境污染问题突出。

加强对水资源的管理，合理开发、利用和保护水资源，实现水资源的可持续利用，科学合理地利用水能资源，建立迅捷有效的防灾减灾体系，已成为重庆市未来若干年内亟待研究的战略问题。

四、矿产资源[①]

截至 2008 年，重庆市已发现矿产 68 种，初步探明的矿产 40 多种，查明矿产地 415 处，其中，大中型矿床 129 处。储量矿产潜在价值 3882 亿元。查明资源储量排在全国前 10 位的矿产 17 种。重要矿产有天然气、煤、地热、铁、锰、铝、锶、钡、岩盐、粉石英、汞等 10 余种，集中分布于城口锰、钡成矿带，巫山铁、煤成矿带，云阳-开县粉石英成矿远景区，渝中地热、煤、铁成矿远景区，长寿-万州天然气、岩盐、铁成矿远景区，渝西锶、煤成矿带，渝南铝、煤、硫成矿带，渝东南锰、汞、铅锌多金属成矿带等八大成矿带或成矿远景区。其中，渝东南锰、汞、铅锌多金属成矿带处于全国 16 个重要成矿区带之一的"鄂西湘西多金属成矿带"西部，重庆市域属四川含油气岩盐盆地和渝东-湘鄂西含油气构造的一部分，渝南铝、煤成矿带属黔北成矿带的北延部分，渝东北城口锰、钡成矿带处于川陕渝鄂成矿带中段，以上成矿带均在全国占有较重要的地位。

锶矿是重庆市最具特色的优势矿种，储量和质量均居全国之首。锰矿探明储量居全国第二。钒、钼、钡储量居全国第三。分布在秀山、酉阳的汞矿是全国罕见的特大型矿床，已探明储量 1.9 万 t。此外，还有岩盐、重晶石、萤石、石灰石、硅等非金属矿产。

在发现的矿种中，具有现实资源优势并在全市国民经济中占有重要地位的矿产有天然气、锶、锰、毒重石、水泥用灰岩、煤等；成矿远景好，具有开发利用潜力的矿种有铅锌矿、煤成气、石膏、岩盐、粉石英、含钾砂页岩、滑石等；具有找矿潜力的矿种有硒、铂等。除金属矿产主要集中在渝东北、渝东南及渝西外，天然气、煤成气、煤、石灰岩等分布较广。

---

① 重庆市人民政府 . 2003. 重庆市矿产资源总体规划（2001～2010）；中国矿业年鉴编辑部 . 2010.
中国矿业年鉴 2009

市内部分矿产资源在全国占有显著地位。天然气资源总量大；锶矿储量大，质量优；锰矿保有资源储量居全国第六；汞矿为全国罕见的特大型矿床；毒重石属大型矿床，探明资源储量居全国第一；岩盐矿床是我国大型矿床之一。

全市固体矿产资源赋存特点总体上是，中小型矿床多，大型矿床少；共生、伴生矿床多，单一矿床少；贫矿多，富矿少；能源矿产、非金属矿产多，金属矿产少。含硫量大于3％的煤占保有资源储量的91％（表2-7）。

表 2-7　重庆市矿产资源保有基础储量及分布情况表

矿产资源	矿种	保有基础储量/万 t	分布范围	矿石类型及成分组成
黑色金属	铁矿	112	綦江、巴南、长寿、巫山、武隆等地	菱铁矿、赤铁矿，含铁25％～30％
	锰矿	1 845	城口、酉阳、秀山	碳酸锰矿石、氧化锰矿石，含锰15％～30％，含磷0.1％～0.2％
有色金属	锌矿	15	酉阳、石柱	一水型铝土矿为主，平均含铝51％～63％，含硅9％～15％，铝硅比为3：8，多属Ⅱ、Ⅲ级品矿石
	铝矿	3 639	南川、丰都、武隆、黔江、万盛	
	汞矿	1.398	秀山、酉阳等地	
稀有金属	锶矿	43	铜梁、大足、合川等地	
冶金辅助原料非金属	熔剂用灰岩	10 287	—	—
	冶金用白云岩	4 546		
	冶金用石英岩	382		
	陶瓷用砂岩	495		
	耐火黏土	169		
	重晶石	185		
	盐矿	100 296		

资料来源：重庆市统计局，国家统计局重庆调查总队.重庆统计年鉴 2009：211，212

五、能源资源[①]

重庆市的能源矿产主要有天然气、煤和少量的煤成气。

（一）煤炭资源

2005 年，全市已探明煤炭储量 31 亿 t，保有煤炭储量 23 亿 t，人均煤炭可采储量 76t，远低于全国人均可采储量的 230t[②]。资源赋存条件差，水、火、瓦斯、煤尘、顶板五大灾害俱全，储量分散，薄煤层和极薄煤层居多，大部分不

---

① 参见重庆市人民政府发布的《重庆市矿产资源总体规划（2001～2010）》
② 参见中国人大网，重庆市节约能源条例提交市人大常委会议初审，http://www.npc.gov.cn/npc/xinwen/dfrd/chongqing/2007-05/17/content_365480.htm，2007 年 5 月 17 日

具备规模开采条件。但煤种较为齐全，按 1958 年的分类方案，10 个大类煤种中占有 6 个大类。重庆市能源利用效率较低。1997 年重庆成为直辖后，全市虽然采取了节能技术改造和加强能源管理措施，但整体能源利用率为 35％左右，低于我国先进地区 40％左右的能源利用率，发达国家 50％的能源利用率。

（二）天然气资源

重庆市天然气资源优势明显，资源分布范围广，产出层系多，赋存类型复杂，资源总量大。到 2008 年年底保有基础储量 1559 亿 m^3，已探明储量 3200 亿 m^3。

（三）水能资源

重庆市境内江河纵横，水网密布，水能蕴藏量巨大，极具开发潜力。全市水能理论蕴藏量 2296 万 kW，其中，长江占 80％以上，嘉陵江占 9.9％，其他河流约占 10％；技术可开发量 981 万 kW，占理论蕴藏量的 42.7％。全市每平方千米拥有的可开发水电总装机容量是全国平均数的 3 倍，水能资源开发量在全国城市中名列前茅。

（四）地热资源

重庆市地热资源丰富，以中温热水为主，资源总量 6.06×10^{12} kJ/a，相当于 1.68 亿 kW 电能，可采资源量为 0.507 亿 m^3/a。

总体来看，重庆市水电和天然气资源丰富，有煤、贫油，此外还有一定的太阳能、地热能等清洁能源。重庆市煤炭年生产能力为 2500 万～3000 万 t，为南方各省（自治区、直辖市）、中较少能够自足供应的地区之一。水力资源储藏量大，理论蕴藏量 1 万 kW 以上的河流共 124 条。截至 2010 年年底，水电装机 402 万 kW，占总装机容量的 34.8％。

六、生物资源

（一）植物资源

市域植物资源丰富，6000 多种各类植物中，有被称做植物"活化石"的桫椤、水杉、秃杉、银杉、珙桐等珍稀树种。仅在号称"川东小峨嵋"的缙云山，亚热带树木就达 1700 多种，至今还保留着 1.6 亿年以前的"活化石"水杉及伯乐树、飞蛾树等世界罕见的珍稀植物。国家级自然保护和风景名胜区南川金佛山，植物种类达 333 科 5880 种，有银杉、方竹、银杏、大茶树、人参等珍稀植物 52 种，有黑叶猴、金钱豹等国家级保护动物 36 种；江津四面山有 1500 多种植物和 207 种动物，其中，国家重点保护动植物 47 种，珍稀动物 23 种。重庆市药用植物资源极其丰富，是全国重要的中药材产地之一，大面积山区生长的野生和人工培植的中药材有 2000 余种，主要有黄连、白术、金银花、党参、贝母、天麻、厚朴、黄柏、杜仲、元胡、当归等，石柱土家族自治县黄连产量居全国第一，是著名的"黄连之乡"。重庆市全市有栽培植物 560 多种，主要是水稻、玉米、小麦、红薯四大类，尤以水稻居首。重庆市除粮、油、蔬菜等农作物外，还有油菜、花生、油桐、乌柏、茶叶、蚕桑、黄红麻、烤烟等名优经济作物，有"柑橘之乡"，"油桐之乡"，"乌柏之乡"的称号。黔江具有生产云贵型优质烤烟的气候和地理条件，被誉为"烤烟之乡"；涪陵榨菜誉满全国，是著名的"榨菜之乡"。重庆市的果树作物主要有柑橘、甜橙、柚、桃、李等，尤以柑橘最具盛名。[①]

1. 森林资源

在 1997 年建立直辖市之前，重庆市森林资源归四川省一并清查统计。建立直辖市后，2002 年重庆市作为独立总体，初次建立重庆市森林资源连续清查体系。根据 2002 年重庆市森林资源清查结果，全市有林业用地面积 366.84 万 hm²，占全市土地总面积的 44.55％，其中，有林地面积 183.18 万 hm²，占林业用地面积的 49.93％。活立木总蓄积量 10 580.49 万 m³，其中，森林蓄积量 8441.08 万 m³，占 79.78％。全市天然林面积为 120.31 万 hm²，蓄积量为 6614.29 万 m³，分别占有林地面积和森林蓄积量的 65.68％和 78.36％；人工林面积为 62.87 万 hm²，蓄积量为 1826.79 万 m³，分别占有林地面积和森林蓄积量的 34.32％和 21.64％。根据第六次全国森林资源清查结果，重庆市森林覆盖率居全国各省（自治区、直辖市）的第 17 位，森林面积和森林蓄积量分别居全国的第 25 位和第 20 位，重庆市的森林资源对于维护三峡库区乃至长江流域的生态平衡发挥着重要作用。重庆市 2002 年清查森林资源概况见表 2-8（雷加富，2005）。

表 2-8 重庆市 2002 年清查森林资源概况

| 清查时间 | 林业用地面积/万 hm² | 活立木总蓄积/万 m³ | 有林地面积/万 hm² | | | | 森林蓄积量/万 m³ | 灌木林地面积/万 hm² | 森林覆盖率/% |
			合计	林分	经济林	竹林			
2002 年	366.84	10 580.49	183.18	153.19	18.28	11.71	8 441.08	80.52	22.25

2. 草地资源

据农业部《中国草业统计》，2009 年重庆市草原总面积 3237 万亩，其中，可利用面积 2800 万亩。草原累计承包面积 476 万亩。年末保留种草面积 114 万亩。多年生牧草种类主要有串叶松香草、多年生黑麦草、菊苣、聚合草、三叶

---

① 参见重庆市政府公众信息网，物产资源，http://www.cq.gov.cn/cqgk/wczy，2012 年 9 月 19 日

草、苇状羊茅、象草、鸭茅、羊草、杂交酸模、紫花苜蓿等。

3. 药用植物资源

重庆市野生药用植物资源较为丰富,共有近 2000 种。其中,原万县地区 1449 种药用植物中,杜仲、厚朴、贝母、天麻、半夏、三七、何首乌、黄连、党参、当归、木瓜、枳壳等,已成为大宗收购的优势药品;原黔江地区的 1400 多种药用植物中,黄连、五倍子、白术、金银花、黄檗、元胡已成为优势药品,石柱黄连产量居全国之冠。

4. 珍稀濒危保护植物资源

重庆市属国家一至三级保护的植物达 50 多种。其中,原万县地区有保护植物 35 种,其中,属国家一级保护的有水杉、珙桐 2 种;属国家二级保护的有 15 种;属国家三级保护的有 18 种。缙云山、四面山有珍稀保护植物 30 种,原涪陵地区属国家一至三级保护的植物有 25 种,原黔江地区有黄檗、红豆杉、罗汉松等保护植物。

(二) 动物资源

全市动物资源有 600 多种,其中主要有兽类 69 种,鸟类 191 种,爬行类 27 种,两栖类 28 种,鱼类 180 多种。属国家一至三级保护的珍稀动物近 100 种。其中,属国家一级保护的有金丝猴、梅花鹿、长尾叶猴、华南虎、白鹤、黑鹤等;属国家二级保护的有林麝、毛冠鹿、穿山甲、猕猴、大鲵、苍鹰等;属国家三级保护的有獐、岩羊、灵猫、云豹、苏门羚、白鹇等。除了野生动物外,饲养动物有 70 多种。畜禽类有猪、牛、羊、鸡、鸭、兔等 40 多种,其中,猪、牛、兔种在全国有一定优势。荣昌猪为全国三大猪种之首,有"华夏国宝"之称;石柱土家族自治县是全国最大的长毛兔生产基地。

七、旅游资源

重庆市长江干流自西向东横贯全境,流程长达 665km,横穿巫山的三个背斜,形成著名的瞿塘峡、巫峡、西陵峡,即举世闻名的长江三峡。嘉陵江自西北而来,三折入长江,有沥鼻峡、温塘峡、观音峡,即嘉陵江小三峡。重庆市中心城区为长江、嘉陵江所环抱,夹两江、拥群山,山清水秀,风景独特,各类建筑依山傍水,鳞次栉比,错落有致,素以美丽的"山城"、"江城"著称于世。钟灵毓秀的山川地理孕育了集山、水、林、泉、瀑、峡、洞为一体的奇特壮丽的自然景观。最负盛名的立体画廊长江三峡奇峰陡立、峭壁对峙,以瞿塘雄、巫峡秀、西陵险而驰名,千姿百态,各具魅力,更有流晶滴翠的大宁河小三峡、马渡河小小三峡。神奇的自然地理还造就了有"天然基因宝库"之称的南川金佛山、全球同纬度地区唯一幸存的最大的原始森林江津四面山等自然资源富集之地,乌江、嘉陵江、大宁河等江河峡谷风光,以及长寿湖、小南海、青龙湖等湖泊风光。

截至 2008 年年底,重庆市有国家 A 级旅游景区 78 个,其中,5A 级 2 个,4A 级 31 个,3A 级 21 个,2A 级 23 个,1A 级 1 个。有国家工农业旅游示范点 18 个。旅游资源分布的总体格局为一个中心(重庆市山城都市旅游中心)、一条主线(长江三峡黄金旅游线)、八大特色旅游区(表 2-9)。

表 2-9　重庆市旅游资源概况

	旅游资源	旅游功能	景点分布
一个中心	山城都市旅游中心	主城区以典型的山城都市风貌、著名的革命纪念地、丰富的抗战文化史迹以及城市园林景观为特色	重庆市人民大礼堂、红岩革命纪念馆、歌乐山烈士陵园、朝天门广场、解放碑购物中心广场、山城夜景
一条主线	长江三峡黄金旅游线	集旅游观光、科考怀古、宗教朝圣、艺术鉴赏、文化研究、建筑考察、民俗采风等多种类型、多种层次、多种服务于一体的水陆立体旅游网络	白鹤梁水文碑林、丰都名山、石宝寨、张飞庙、白帝城、长江三峡、大宁河小三峡
八大特色旅游区	大足石刻艺术旅游区	观赏以"大足石刻"为代表的我国古代杰出的晚期石窟艺术、中国佛教文化和古老的铜梁文化,采购精美的民间工艺制品	大足石刻、龙水湖
	四面山-金佛山生态旅游区	自然观光、生态旅游、休闲度假	四面山、金佛山、万盛石林、黑山谷风景区、铜鼓滩峡谷
	缙云山-钓鱼城古战场遗址旅游区	凭吊著名古战场钓鱼城遗址,观赏游览缙云山、北温泉、嘉陵江小三峡等自然风景名胜	缙云山、合川钓鱼城
	芙蓉洞猎奇旅游区	领略险奇峻秀的自然风光、岩溶洞穴和罕见的南方高山草原	芙蓉洞、仙女山
	万州科考旅游区	科学考察、探险猎奇	小寨天坑、天井峡地缝、红池坝夏冰洞
	巫山小三峡旅游区	观赏峡谷风光,体验漂流情趣,科考怀古,民俗采风等	龙骨坡古猿人遗址、马渡河小小三峡
	黔江民族民俗旅游区	领略山川风光、体验民族风情,同时,又可作为旅游者出入张家界风景区的重要口岸	小南海、大西洞桃花源
	近郊温泉湖泊度假旅游区	会议旅游、商务旅游、保健疗养、水上游乐、体验乡村野趣、观赏田园风光等	统景风景区、南温泉公园、北温泉公园、长寿湖

第二节 四川省自然资源环境

四川省位于我国中部偏西，长江上游，简称川或蜀，省会为成都市。地处北纬 26°03′～34°19′，东经 97°21′～110°12′。西依青藏高原，东邻长江三峡，北靠秦岭巴山，南毗云贵高原，是连接我国西北、西南和华中地区的天然纽带。1997 年重庆市直辖后，四川省现有国土面积 48.5 万 km²。截至 2008 年年底，全省户籍人口 8907 万人，常住人口 8138 万人。

一、土地资源

（一）地貌特征

四川省地跨青藏高原、横断山脉、云贵高原、秦巴山地、四川盆地等几大地貌单元，地势西高东低，由西北向东南倾斜。地形复杂多样，地表起伏悬殊。以龙门山—大凉山一线为界，东部为四川盆地及盆缘山地，西部为川西高山高原及川西南山地。山地、高原和丘陵约占全省土地面积的 97.46%，除四川盆地底部的平原和丘陵外，大部分地区岭谷高差均在 500m 以上。最高点是西部的大雪山主峰贡嘎山，海拔 7556m。

（二）2008 年年底土地利用现状

根据《全国土地利用变更调查报告》（2008），截至 2008 年 12 月 31 日，四川省土地利用现状是：农用地 63 597.24 万亩（4239.82 万 hm²），建设用地 2405.20 万亩（16.05 万 hm²），未利用地 6605.97 万亩（440.40 万 hm²）（表 2-10）。

表 2-10 四川省 2008 年年底土地利用现状分类统计表

地类		各地类面积/万亩	比例/%
农用地	合计	63 597.24	87.59
	耕地	8 921.10	12.29
	园地	1 074.22	1.48
	林地	29 516.51	40.65
	牧草地	20 566.54	28.32
	其他农用地	3 518.87	4.85
建设用地	合计	2 405.20	3.31
	居民点及工矿用地	2 049.71	2.82
	交通运输用地	203.00	0.28
	水利设施用地	152.49	0.21

续表

地类		各地类面积/万亩	比例/%
未利用地	合计	6 605.97	9.10
	未利用地	5 537.07	7.63
	其他土地	1 068.90	1.47
总　计		72 608.41	100

二、气候资源

(一) 光能资源

四川省光能资源按日照时数分布主要表现为由东向西增多，由东北向西南增多。东部盆地区为 900～1600h，川西北高原、高山峡谷区为 2000～2600h，川西南山地普遍为 1600～2400h，攀枝花市达 2700 余小时，为全省日照时数最多的地区。而东部盆地区表现为自西向东规则地增加，盆西为 900～1200h，盆中为 1200～1400h，盆东为 1400～1600h。

(二) 热量资源

1. 年平均气温

四川省的年平均气温分布由东南向西北降低。最高中心在攀枝花，其最高值在 20℃ 以上；次中心在盆地长江河谷，最高值 19℃；最低中心在石渠、色达一带，最低值 -2.0℃ 左右。盆地年平均气温呈纬向分布，以盆东南长江河谷高中心向四周递减。长江河谷在 18℃ 以上，其余大部分地区为 16～18℃，盆周山地多为 14～16℃，南缘略高，为 17℃ 左右，北缘略低，为 14℃ 上下。川西南山地一般为 14～18℃，川西高山峡谷，年平均气温分布沿纵列山系南北迂回，谷地暖，高山、山原冷，热量差异悬殊。川西北高原年平均气温多为 0～6℃，呈现由南向北降低的分布态势。

2. 日均温 ≥0℃ 积温

四川省 ≥0℃ 年积温的地区分布从高到低为盆地区、川西南山地区、川西高山峡谷区的河谷地带、理塘山原和西北高原以及石渠、色达地区。其积温分布如表 2-11 所示。

表 2-11　四川省日均温 ≥0℃ 的积温分布

项目	地区				
	盆地区	川西南山地区	川西高山峡谷区的河谷地带	理塘山原和西北高原	石渠、色达
积温/℃	5000～6800	5000～7400	3000～5000	<2000	<1500

3. 日均温 ≥ 10℃ 积温

四川省≥10℃积温的地区分布从高到低为川西南山地区、盆地区、西北高原及理塘山原。攀枝花日均温≥10℃的时间最长，且积温最高，如表 2-12 所示。

表 2-12   四川省日均温 ≥ 10℃ 的持续时间及积温分布

项目	攀枝花	川西南山地区	盆地区	西北高原及理塘山原
持续时间/天	350	210～300	240～280	＜120
积温/℃	7400	4000～6800	4500～6000	＜1000

4. 无霜期

四川省无霜期日数东部与西部相差甚大，盆地无霜期长，普遍为 250～300 天。盆地南部大部分地区无霜期长达 300 天以上，盆周山区少于 250 天；川西南山地除大凉山区少于 240 天外，其余地区为 240～300 天；川西高山峡谷区的河谷地带普遍有 100～200 天，最长可达 250 天以上；西北高原及理塘山原面少于 50 天；石渠、色达、红原、若尔盖一线仅约 20 天。

（三）降水资源

降水量在地区分布上基本呈经度地带性变化，由东南往西北减少。盆地地区自然降水资源丰富，大部分地区年降水量 1000～1200mm，即使雨水最少的盆中丘陵区也有 800～1000mm，多雨区则在 1200mm 以上，盆地边缘天全至峨眉一带是全省的多雨地区，年降水量普遍超过 1400mm，多雨中心雅安达 1700mm。此外，盆东北和盆西北多雨中心在江油、安县、北川一线，自盆西边缘多雨带往西，降水量骤减至 800mm 以下，川西北高原年降水量为 600～800mm，川西中部年降水量明显地由东向西减少，从 800mm 减至 400mm 以下，为全省的最少雨区。川西南山地年降水量一般为 800～1000mm，唯有攀枝花市不足 800mm。

三、水资源[①②]

四川省江河纵横，水量充沛，有着较为丰富的地表水和地下水资源，以及极其巨大的水能资源。

（一）水系

四川省水系可划分为金沙江、岷沱江、嘉陵江、长江上游干流、乌江、汉江、

---

① 参见四川省情简介，http://xbzs.chinawestnews.net/system/2008/03/17/010000149.shtml，2008 年 10 月 25 日

② 刘立彬 . 2006. 四川省水资源及水利建设总体布局研究 . 四川水力发电，25（04）：1-5

洞庭湖、黄河等八个区。其中,岷沱江区、金沙江区产水量最大,分别为1003亿 m³ 和847亿 m³,各占全省河川径流资源的32.04%、27.05%。其次是嘉陵江区,径流资源为546亿 m³,占全省的17.44%。长江上游干流区年径流量为499.1亿 m³,占15.94%。其他如乌江区年径流量为123亿 m³,汉江区为22.8亿 m³,洞庭湖区为42.4亿 m³,黄河区为47.6亿 m³,所占比例为0.7%~4%(表2-13)。

表2-13　四川省水资源分布

水系	流域面积/km²	年径流量/亿 m³	年径流量占全省总量/%
金沙江区	18.7	847	27.05
岷沱江区	15.51	1003	32.04
嘉陵江区	11.06	546	17.44
长江上游干流区	7.46	499.1	15.94
乌江区	1.5	123	3.93
汉江区	0.2874	22.8	0.73
洞庭湖区	0.4539	42.4	1.35
黄河区	1.69	47.6	1.52
合计	56.6613	3130.9	100

(二) 径流

全省平均每平方千米产水量的地区分布极不均匀。在东部盆地底部径流深一般为200~500mm;而盆地腹部的涪江、沱江中游地区不到300mm,为省内的径流低值区;盆地西部鹿头山、青衣江暴雨区则为1000~2000mm,最大可达1966mm,是省内径流高值区。盆周山地北缘、南缘和东缘为600~1600mm;西部高原北纬30°以北地区为200~600mm;以南由于气候条件与下垫面条件错综复杂,无论是山谷、迎风面还是背风面,径流的局部差异显著,如安宁河中游为500~700mm,而其上、下游为800~1400mm。全省径流的地区分布极不均匀,为210~1370mm,分区最大径流深是分区最小径流深的6.5倍。径流的年内分配也很不均匀,全省各地月最大径流与月最小径流的比值变化为3~52倍。年际和年内分布不均是省内干旱频繁、季节性缺水的主要原因之一。同时,汛期则洪涝灾害严重,影响人民群众的生命财产安全。

(三) 地下水资源

根据《中国统计年鉴2009》,2008年全省地下水资源量598.2亿 m³。地下水资源与大地构造和区域地貌密切相关。全省可分为三大区域:①东部盆地水文地质区。本区以低山丘陵及小型平原为主,降水丰沛。平原区地下水多为松散岩类孔隙水,丘陵及低山区地下水则以基岩裂隙水、岩溶水、层间水为主,矿化度较低,水质良好。②川西南山地。本区山峦起伏,在安宁河谷及山间盆地分布着丰富的松散岩类孔隙水和岩溶水。③川西高山高原区。本区地势高亢，变质岩广布，多数地区的地下水均为风化带裂隙水。

（四）水资源总量

据《中国统计年鉴 2009》报告，2008 年四川省水资源总量 2489.9 亿 m^3，其中，地表水资源量 2488.3 亿 m^3，地下水资源量 598.2 亿 m^3，地表水与地下水重复量 596.6 亿 m^3。人均水资源量 3061.7m^3。

按 1956～2000 年共 45 年的资料系列分析，全省多年平均降水深为 978.8mm，多年平均降水量为 4739.86 亿 m^3。多年平均水资源总量约 2615.69 亿 m^3，为降水量的 55.0%。平均每平方千米产水量为 55 万 m^3。另外，全省入境水 1317.99 亿 m^3，出境水 3859.1 亿 m^3。按 2004 年统计公布的全省人口数 8595.29 万人计算，全省人均占有当地水资源 3043m^3。

按流域划分，其中，长江流域水资源总量为 2568.21 亿 m^3，占全省的 98.2%，产水量为 55 万 m^3/km^2；黄河流域水资源总量为 47.48 亿 m^3，占全省的 1.8%，产水量为 28 万 m^3/km^2，见表 2-14。

表 2-14 四川省水资源总量特征值表

	二级区	计算面积 /km^2	年均降水深 /mm	年均径流量 /亿 m^3	占全省水资源量/%	人均水资源量/(m^3/人)	2004 年用水量/亿 m^3	占全省用水量/%
	四川省	484 252	978.8	2 615.69	100	3 043	271.26	100
按流域	长江流域	467 292	988.8	2 568.21	98.2	2 991	271.1	99.9
	黄河	16 960	702.3	47.48	1.8	49 095	0.16	0.059
按河流	金沙江	191 372	860.4	907.93	34.9	15 309	36.63	13.5
	岷江	151 396	1 103.7	1 027.82	39.6	2 844	131.47	48.5
	嘉陵江	101 315	1045.1	496.49	13.6	1 368	71.61	26.4
	宜宾至宜昌长江干流	22 707	1 127.9	131.99	5.0	1 432	17.61	6.49
	汉江	503	1 357.0	3.94	0.1	3 700	0.16	0.066
	黄河	16 960	702.3	47.48	1.8	49 095	0.16	0.059

四、矿产资源[①]

四川省地质构造复杂，岩浆活动频繁，成矿条件有利，矿产资源丰富，矿产种类比较齐全。已发现矿产 132 种，占全国总数的 69.52%；已探明一定储量的有 90 种。仅攀西地区就蕴藏有全国 13.3% 的铁、93% 的钛、69% 的钒和 83% 的钴。有 32 种矿产的保有储量居全国前五位，它们分别是，第一位：钛矿、钒

---

① 参见四川省矿产资源分布及概况，http://menku.baidu.com/view/860edb26482fb4daa58d4b5c.html，2012 年 9 月 19 日

矿、硫铁矿、熔炼水晶、光学萤石、白垩、玻璃用脉石英，共计 7 种；第二位：天然气、锂矿、芒硝、碘矿、盐矿、晶质石墨、石棉、云母、砖瓦用砂岩、霞石正长岩、石榴子石，共计 11 种；第三位：铂族金属、铁矿、铍矿、熔剂用灰岩、毒重石，共计 5 种；第四位：炼镁用白云岩、轻稀土矿、镉矿、铸型用砂岩、蓝石棉、玻璃用白云岩、海泡石黏土、水泥配料用黏土，共计 8 种；第五位：磷矿 1 种。在对国民经济有重要价值的 45 种矿产资源中，有天然气、铁、钛、钒、铂族金属、轻稀土、硫铁矿、磷、芒硝、岩盐、玻璃用脉石英、石棉、石墨、镁矿这 14 种矿产资源的保有储量居全国前五位。2008 年四川省矿产资源保有储量见表 2-15。

表 2-15 2008 年四川省矿产资源保有储量

矿种	单位	2008 年保有储量
煤炭	亿 t	49.76
铁矿（矿石）	亿 t	28.96
锰矿（矿石）	万 t	29.55
钛矿（钛铁矿 TiO_2）	万 t	22 761.44
钒矿（V_2O_5）	万 t	692.17
铜矿（铜）	万 t	83.17
铅矿（铅）	万 t	71.97
锌矿（锌）	万 t	220.39
镁矿（炼镁白云岩，矿石）	万 t	1 781.20
金矿（金）	t	74.47
银矿（银）	t	2 547.40
锂矿（Li_2O）	万 t	42.58
石墨（晶质石墨）	万 t	318.80
硫铁矿（矿石）	万 t	40 485.94
石棉（矿石）	万 t	1 192.44
石榴子石（矿石）	万 t	550.50
芒硝（矿石）	万 t	774 646.67
石膏（矿石）	万 t	10 250.17
菱镁矿（矿石）	万 t	178.69
熔剂用灰岩（矿石）	亿 t	2.22
水泥用灰岩（矿石）	万 t	201 754.35
冶金用白云岩（矿石）	亿 t	0.97
冶金用石英岩（矿石）	万 t	656.00
玻璃用砂岩（矿石）	万 t	2 833.09
水泥配料用砂岩（矿石）	万 t	4 361.16
砖瓦用砂岩（矿石）	万 m^3	151.00
铸型用砂岩（矿石）	万 t	36.00
玻璃用脉石英（矿石）	万 t	882.60
硅藻土（矿石）	万 t	387.10
高岭土（矿石）	万 t	56.10
耐火黏土（矿石）	万 t	1 245.20

续表

矿种	单位	2008 年保有储量
水泥配料用黏土（矿石）	万 t	3 779.22
水泥配料用泥岩（矿石）	万 t	2 360.00
化肥用蛇纹岩（矿石）	万 t	3 889.70
饰面用花岗岩（矿石）	万 m³	3 974.98
霞石正长岩（矿石）	万 t	174.90
饰面用大理岩（矿石）	万 m³	2 412.57
盐矿（矿石）	万 t	269 810.38
磷矿（矿石）	万 t	32 513.80

资料来源：四川省统计局和国家统计局四川调查总队，2009

四川省矿产资源有以下特点：一是分布相对集中，区域特色明显。矿产集中分布在川西南（攀西）、川南、川西北三个区，并各具特色。川西南地区黑色、有色金属和稀土资源优势突出，是我国的冶金基地之一。川南地区以煤、硫、磷、岩盐、天然气为主的非金属矿产种类多，蕴藏量大，是我国化工工业基地之一。川西北地区稀贵金属和能源矿产特色明显，是潜在的尖端技术产品的原料供应地。二是以中、低位的贫矿为主，富矿少，多数矿床易采，选矿性好。部分矿产贫中有富，铁、铜、锰、金等也有富矿产地，多数贫矿经选矿后，能适合工业利用。三是共生、伴生组分多，综合利用效益高。有不少矿产均非单一矿床，综合利用后，可获得较高的经济效益。四是资源组合与配套集中，便于合理开发利用。五是资源种类齐全，但多数矿种储量不足。

五、能源资源[①]

四川省能源资源丰富，以水能、煤炭和天然气为主，其在四川省一次能源生产总量中占 99.96% 的比重。常规能源资源具有"水丰气多，煤少油缺"的特点。其中，水能资源最为丰富，理论蕴藏量达 1.43 亿 kW，占全国的 21.2%，仅次于西藏自治区；技术可开发量 1.03 亿 kW，占全国的 27.2%，经济可开发量 7611.2 万 kW，占全国的 31.9%，均居全国首位。水能资源集中分布于川西南山地的大渡河、金沙江、雅砻江三大水系，约占全省水能资源蕴藏量的 2/3，也是全国最大的水电"富矿区"，开发利用规模居全国前列。在全省 4 种常规能源（水能、煤、天然气、石油）的总储量中，水能资源超过了 80%，是四川省未来经济发展的重要支柱。

四川省是我国主要产煤省之一，但又是缺煤省，保有储量仅占全国的 6%，居第 13 位。煤炭资源保有储量 97.33 亿 t，探明储量约占全国总储量的 0.9%。

---

① 四川省统计局，国家统计局四川调查总队 . 2009. 四川统计年鉴 2008. 北京：中国统计出版社

天然气资源远景资源量为 7.19 万亿 m³，累计探明地质储量为 7590.56 亿 m³。四川省属贫油省份，2008 年石油基础储量 338 万 t。生物能源比较丰富。泥炭资源初步查明储量约 20 亿 t。此外，太阳能、风能、地热资源也较为丰富。

六、生物资源

四川省的自然植被共有 8 个植被型、18 个群系纲、48 个群系组、123 个群系。森林植被的区系和类型极为丰富，地带分布规律也很明显，形成了包括亚热带、暖温带、温带、寒温带等不同类型的森林。省内西部高山地区为茂密的原始林，分布着以冷杉、云杉为主的亚高山常绿针叶林和以高山栎为主的山地常绿阔叶林。东部盆周与川西南山地区有连片的天然次生林和部分人工林，分布有以云南松为主的亚热带针叶林和以壳斗科为优势的干性亚热带常绿阔叶林，盆周山地丘陵和盆中地区，生长有以樟科、壳斗科、山茶科为建群种的湿性亚热带常绿阔叶林和以马尾松、杉木、柏木为主的亚热带低山针叶林，并分布有以楠竹、慈竹为主的亚热带竹林和以油桐、油茶、乌桕为主的经济林。盆中丘陵与平原区仅有小片次生林及人工林，也是四旁树主要分布区。全省有高等植物 1 万余种，木本植物有乔木 1240 多种，有 60 多种珍贵树木，被列为国家重点保护的有珙桐、水杉、银杉、秃杉、四川红杉、岷江柏、连香树、水青树等。被列为全国重点保护的野生植物有 101 种，还有 460 多种为四川省特有种，如崖柏、白皮云杉、康定云杉等。

（一）森林资源

四川省是全国重点林区之一。根据整理分析和推算结果，1949 年新中国成立时，有林地面积 945.19 万 hm²，森林蓄积量 144 752.56 万 m³，森林覆盖率 16.92%。新中国成立之初，经济建设需要大量木材，加上大炼钢铁和毁林开荒对森林资源的破坏，森林资源数量减少，森林覆盖率大幅度下降，到 1962 年，森林覆盖率减少到 12.9%，有林地面积 719.92 万 hm²，森林蓄积量 129 083.20 万 m³。20 世纪 60 年代开展造林活动，有林地逐渐恢复，到 1975 年，森林覆盖率增加到 13.3%，但由于森林采伐规模仍在扩大，森林蓄积量继续减少。1975～1979 年，森林资源减少的幅度又趋加大，森林覆盖率下降到 12.0%。20 世纪 80 年代以来，四川省强化了森林资源管理，加大了造林绿化和封山育林的力度，特别是森林限额采伐管理制度的实施，控制了对森林资源的过度采伐，森林资源得以逐步恢复与发展，森林面积有所扩大，森林蓄积量逐步回升。根据 1988 年和 1992 年两次森林资源清查结果，森林覆盖率分别提高到 19.21% 和 20.37%，扭转了资源减少的局面，实现了森林面积和蓄积量的双增长。

世纪之交，随着六大林业重点工程的全面实施，四川省的林业迎来新的发展机遇，森林资源进入快速发展阶段。据全国第六次森林资源清查（1999～2003年）资料，森林覆盖率达30.27％（不含重庆市，下同），全省现有林业用地面积2266.02万hm²，占全省土地总面积的46.84％，其中，有林地面积1234.24万hm²，占林业用地面积的54.47％。全省活立木总蓄积量158 216.65万m³，其中，森林蓄积量149 543.36万m³，占94.52％。全省森林资源以天然林为主，天然林面积为890.95万hm²，蓄积量为139 183.13万m³，分别占林地面积和森林蓄积量的72.19％和93.07％。

四川省森林覆盖率居全国各省（自治区、直辖市）的第13位，森林面积和森林蓄积量分别居全国的第4位和第2位，天然林面积居全国第4位，是我国天然林主要分布省份之一。四川省历次清查森林资源概况见表2-16（雷加富，2005）。

表2-16 四川省历次清查森林资源概况

清查时间	林业用地面积/万 hm²	活立木总蓄积量/万 m³	有林地面积/万 hm²				森林蓄积量/万 m³	灌木林地面积/万 hm²	森林覆盖率/%
			合计	林分	经济林	竹林			
1975 年	2 027	134 692	746	714	18	14	124 148	593	13.3
1979 年	1 903.09	115 292.83	681.08	642.92	23.76	14.40	104 880.42	574.28	12.0
1988 年	2 677.57	140 979.19	1 087.21	983.85	69.15	34.21	127 300.87	782.82	19.21
1992 年	2 672.20	145 643.78	1 153.18	1 034.64	83.98	34.56	130 531.09	790.94	20.37
1997 年	2 657.91	154 520.65	1 330.15	1 197.72	96.39	36.04	144 621.65	789.27	23.50
2002 年	2 266.02	158 216.65	1 234.24	1 103.63	93.23	37.38	149 543.36	692.38	30.27

注：重庆1997年建直辖市以前，1975年、1979年、1988年、1997年四川省的森林资源统计包含重庆市

（二）草地资源

根据农业部的《中国草业统计》[①]，2009年四川省草原总面积30 571万亩，其中，可利用面积26 630万亩。草原累计承包面积24 517万亩。年末保留种草面积2757万亩。多年生牧草种类主要有串叶松香草、多年生黑麦草、红豆草、菊苣、聚合草、老芒麦、牛鞭草、披碱草、三叶草、苇状羊茅、象草、鸭茅、羊草、杂交酸模、柱花草、紫花苜蓿等。

据草地普查资料，四川省草地类型复杂，主要有十大类：高寒草甸草地占全省草地面积的43.8％；高寒沼泽草地占5％；高寒灌丛草甸草地占13.4％；亚高山疏林草甸草地占1.3％；山地草甸草地占1.16％；山地疏林草丛草地占7.7％；山地灌木草丛草地占10.4％；山地草丛草地占5.8％；干旱河谷灌木草丛草地占1.3％；干热稀树草丛草地占0.3％。各类草地资源的分布较集中，主要分布在川西北的丘状高原和山原地区，具体分布见表2-17。

———————————

① 全国畜牧总站.2009.中国草业统计（内部报告）

表 2-17 草地资源分布

草地类型	高寒草甸草地	高寒沼泽草地	高寒灌丛草甸草地	亚高山疏林草甸草地	山地草甸草地	山地疏林草丛草地	山地灌木丛草地	山地草丛草地	干旱河谷灌木草丛草地	干热稀树草丛草地
分布地	四川省西北的丘状高原和山原地区	四川省西部的若尔盖、红原、阿坝、甘孜藏族自治州和凉山彝族自治州部分地区	甘孜、阿坝、凉山	甘孜、阿坝、凉山的高山峡谷区	凉山彝族自治州、攀枝花市、盆周部分县	四川省低、中山及部分丘陵地区	四川低山丘陵及部分中山地区	盆地内部的低山、丘陵和盆地边缘山地、部分干旱河谷地区	四川省西部呈南北走向的几条河流的谷域	攀枝花市、凉山彝族自治州南部的部分地区

（三）水产资源

四川省水产资源十分丰富。水面资源主要有江河、河渠、塘堰、湖泊、水库、山平塘、稻田六大类，尚有部分沼泽和荒滩地可开发形成水面。境内有长江干流及其支流嘉陵江、岷江、金沙江、沱江、大渡河、青衣江等大小江河1200 多条，水库 6000 多座，湖泊 1000 多个，石河堰 1000 余条，山平塘 40 余万口。水资源不仅蕴藏量丰富，而且暖水性、冷水性、热水性资源皆备，能够满足不同特色水产品养殖的多种需要。四川省水产物种资源也非常丰富，共有鱼类 241 种，占全国总数的 7.82%，占长江水系鱼类的 2/3。其中，分布有珍稀和长江上游特有鱼类 100 多种，属国家一级保护的水生野生动物有 3 种，属国家二级保护的水生野生动物有 7 种，属省重点保护的水生野生动物有 45 种。

（四）野生动植物资源

1. 动物资源

据统计，四川省仅脊椎动物就有 1247 种，占全国总数的 40% 左右，其中，鸟类和兽类约占全国的一半。有全国重点保护动物 139 种，世界闻名的大熊猫数量占全国 82%。四川盆地及其边缘山地，耕作历史悠久，种植业较为发达，以农田动物群为主，珍贵动物有鸳鸯、华南虎等。盆地西缘山地、川西高山峡谷及川西南山地，动物资源丰富，特产动物繁多。珍稀动物中主要有大熊猫、羚牛、金丝猴、小熊猫、白唇鹿、梅花鹿、毛冠鹿、林麝、兰马鸡、藏雪鸡、斑角雉等。鸟类以画眉亚科和雉科占优势，其中，四川山鹧鸪、雉鹑为特产鸟类。爬行类与两栖类种类丰富，有不少国内特有品种，如宜宾龙蜥、峨眉髭蟾、北鲵等。川西北高原动物食料较为稀少，主要是一些能适应高原恶劣条件的奔驰性和穴栖性动物群，毛皮资源动物量多质优，珍稀动物主要有野驴、野牦牛、白唇鹿、藏羚、马鹿、林麝、黑颈鹤、藏雪鸡等。毛皮资源动物中的喜马拉雅旱獭资源丰富。

2. 植物资源

据不完全统计，四川省有高等植物 270 余科，1700 多属，1 万余种。其中，乔木 1000 多种，占全国总数的一半，其中，460 多种为四川省特有，珙桐、攀枝花苏铁、桫椤、连香树等 101 种植物被列入全国重点野生植物保护名录。多种多样的树种资源，构成了繁多的森林类型。四川盆地（盆周山区）山地丘陵区，气候终年温暖湿润，其森林是以樟科、壳斗科、山茶科为建群种的湿性亚热带常绿阔叶林，以马尾松、杉木、柏木为主的亚热带低山常绿针叶林，以多种大茎竹为主的亚热带竹林。川东南山地宽谷盆地区，气候干湿季分明，森林是以耐干性的壳斗科种类为优势的干性亚热带常绿阔叶林和以云南松为主的亚热带针叶林。川西高山峡谷区，山高谷深，垂直差异大，但主要属温带高原气候，有大面积的以冷杉属、云杉属为主的亚高山常绿针叶林和以高山区为主的山地硬叶常绿阔叶林。川西北高原区，属高原寒冷大陆性气候，亚高山常绿针叶林仅呈小块状分布于局部水热条件适宜之地，而广大高原、山原面上，或因气候严寒，最暖月均温已在 10℃ 以下，在森林生长线之上；或因风速过大，环境条件恶劣，乔木难以成长，故广泛分布着高山高原灌丛和高山高原草甸。

七、旅游资源

截至 2008 年年底，四川省拥有世界遗产 5 处，国家级风景名胜区 15 处，省级风景名胜区 75 处；自然保护区 164 处，自然保护区面积 874 万 hm²。全省有 A 级旅游景区 128 家，其中，5A 级 3 家，4A 级 42 家，3A 级 37 家，2A 级 45 家，1A 级 1 家。全国工农业旅游示范点 36 家。

（一）自然景观旅游资源

四川省自然景观旅游资源主要种类与分布如表 2-18 所示。

表 2-18　四川省自然景观旅游资源主要种类与分布

大类	中类	分布
地景旅游资源	高山险峰	贡嘎山（甘孜）、四姑娘山（阿坝）、雀儿山（甘孜）、雪宝顶（松潘县）等
	名山秀岭	历史名山：蒙顶山、玉蟾山（泸州）、翠屏山（宜宾）、富乐山（绵阳）、螺髻山（凉山）等
		宗教名山：峨眉山、青城山、鹤鸣山（大邑）、金华山（射洪）、真武山（宜宾）、天台山（邛崃）、万岭箐（长宁）、方山（纳溪）等
		地貌名山：剑门山、千佛山（安县）、龙门山、邛崃山等
		科考名山：峨眉山、龙门山等

续表

大类	中类	分布
地景旅游资源	石林溶洞	石林：广安石林、安县汶江石林、乐山沙湾石林、文兴、筠连、华蓥等地； 溶洞：主要分布在文兴、叙永、南桐、广元、华蓥等地，如文兴的佛爷洞、神风洞、天狮洞、神龙洞，通江的中峰洞，江油的佛爷洞等
	峡谷关隘	峡谷：大渡河、雅砻江、金沙江以及峨眉山区的黑龙江栈道、大渡河上的老昌沟等"一线天"等 关隘："一夫当关，万夫莫开"的剑门关、"川西锁匙"的都江堰玉垒关、"川黔门户"的古蔺雪山关等
	矿物岩石	矿物：冕宁的大沙金（16kg）；石棉的石棉矿（纤维达240多厘米）；丹巴的水晶石（700多千克）等 岩石：石棉的"沉香白玉"大理石、宝兴的"蜀白玉"大理石、芦山的"中国红"的红色花岗岩等
水景旅游资源	江河溪沟	江：长江、岷江、沱江、嘉陵江、金沙江等； 河：大渡河、赤水河等； 溪：黄龙溪（黄龙）、梅溪（万县）等； 沟：九寨沟、卡龙沟（黑水）、通霄沟（新龙）、九龙沟（崇州）等
	湖	泸沽湖、邛海、雷波马湖、108个海子、德革新陆海、松潘黄龙五彩池、华蓥山天池、莲池（南充）、白水湖（安县）、房湖（广汉）等
	泉	榆林宫温泉和二道桥温泉（康定）、普格温泉和竹核温泉（凉山）、红格温泉（攀枝花）、茶洛温泉（巴塘）、药王泉（康定）、玉妃泉（绵竹）、翡翠泉（松潘）、玉液泉（峨眉山）等
	瀑布	九寨沟的诺日朗瀑布、珍珠滩瀑布等，攀枝花的箐河沟瀑布，峨眉的翠戟瀑布等
气景旅游资源	雨景	华西雨屏、巴山夜雨、龙岭春雨、银台宿雨等
	云景	方山云景（泸州）、漫山腾云（徐叙永）、郭达停云（康定）、宝鼎飞云（华蓥）等
	雾景	雾里峨眉、雾海云崖（蒙顶山）等
	雪景	西岭雪山（大邑）、华蓥积雪（华蓥）、瓦雪横空（洪雅）等
	冰景	四川全省冰川覆盖面积达510km²，现代冰川200多条。主要分布在贡嘎山、格聂山、雀儿山等极高山
	日景	峨眉山、青城山、瓦屋山、螺髻山和邛崃天台山等都有日出的壮景
	月景	琴台夜月（临邛）、双江映月（宜宾）、象池夜月（峨眉）等
	光景	峨眉佛光、瓦屋山佛光、螺髻山佛光、大邑白沙岗佛光等

大类	中类	分布
生景旅游资源	森林景色	川西山地高原和盆地边缘山地有广袤的原始森林，如云杉林、冷杉林、松林等；并且各地还开辟了大量的森林公园
	草地景色	主要分布在川西北高原地区，这里是牧区帐篷旅游的好去处
	名木古树	青城山的古银杏和古唐柏、峨眉山的洪椿树和岩桑、雅安的红豆树等
	珍稀保护动植物	有水杉、银杉、桫椤、珙桐银杏等国家一级保护植物；还有连香树、水青树等国家二级保护植物。 四川素有"物种富乡"之称，仅珍稀保护动物占全国一半以上，主要有大熊猫、金丝猴、羚牛、华南虎、云豹、雪豹、白唇鹿、梅花鹿、中华鲟、大鲵等。
	古生物化石	荣县、资中等地的恐龙化石，广云、宜宾等地的剑齿象、犀牛、熊等化石，自贡的迷齿类化石及硅化木群，北川石纽的生物礁化石，理塘的桉树化石等

（二）人文景观旅游资源

四川省人文景观旅游资源主要种类与分布如表 2-19 所示。

表 2-19　四川省人文景观旅游资源主要种类与分布

种类	分布
古人类遗址	资阳县发现了距今 3 万多年前的资阳人化石；汉源富林、乐山沙湾等地的旧石器遗址；攀枝花内的二滩、凉山等地发现新石器遗址
革命旧址	革命遗迹：通江中共川陕省委旧址、川陕省苏维埃政府旧址、通江红四军总指挥部旧址等 会议旧址：会理会议旧址、毛儿盖会议旧址、巴西会议旧址、红四军万源军事会议旧址等 名人纪念馆：仪陇朱德纪念馆、乐至陈毅纪念馆、沙湾郭沫若纪念馆、宜宾赵一曼纪念馆等
古代建筑	古刹名寺：成都的大慈寺、昭觉寺及龙泉驿的石经寺等，乐山的大佛寺和乌尤寺，峨眉山的报国寺、万年寺等，江油的云岩寺等 庙宇：梓潼的七曲山大庙，北川的禹王庙，达县的真佛山古庙，都江堰的二王庙等 殿堂：峨眉山的飞来殿，南溪的旋螺殿，宜宾的真武山玄祖殿等 楼阁：成都的望江楼，芦山的姜庆楼，宜宾的大观楼等 祠院：成都的武侯祠，眉山的三苏祠，叙永德春秋祠等
石窟造像	石窟：广云市的皇泽寺摩崖造像、千佛崖摩崖造像和观音崖摩崖造像，邛崃的花置寺和石笋山石刻造像，梓潼卧龙山千佛崖造像等 石刻：绵阳北山院石刻，安岳石刻，大邑药师崖石刻，隆昌东晋摩崖石刻，简阳东岩和龙湾石刻等 壁画：剑阁觉苑寺壁画，蓬溪宝梵寺壁画，广汉龙居寺壁画等 佛像：四川素有"大佛之乡"的美称，有乐山大佛、荣县大佛、屏山八仙山大佛、邛崃的大肚弥勒佛等
佛塔陵墓	四川有砖塔、铜塔、磁塔等佛塔数十座，地域上主要分布在四川盆地区。例如，乐山的凌云塔和灵宝塔，宜宾的旧州塔、白塔和黑塔，泸州的报恩塔和龙错塔等 四川还有许多战国墓、汉墓和三国蜀汉墓、唐宋墓等古墓分布，如刘备墓、马超墓、王建墓等

续表

种类	分布
民族风情	四川有少数民族 52 个，造就了丰富多彩的民族风情，如川西北藏族地区的青稞节、转山节、看花节等，川西南凉山地区的彝族火把节，川东南的土家族的牛王节，川滇边境纳西族的牛马节等

（三）复合旅游资源

四川省复合旅游资源主要种类与分布如表 2-20 所示。

表 2-20　四川省复合旅游资源主要种类与分布

类型	分布
城乡风光	全国历史文化名城：成都、自贡、宜宾、乐山、都江堰、泸州、阆中 7 个；各城市特色鲜明，如"蓉城"成都、"盐城"自贡、"钢城"攀枝花、"甜城"内江等
地方土特产	全国十大名酒中，四川独占五席，如宜宾的五粮液、泸州老窖特曲、绵竹剑南春、成都全兴大曲、古蔺郎酒。四川还有很多名茶，如筠连的工夫红茶、名山的蒙顶茶、雅安德毛峰茶、峨眉的竹叶青茶等
手工艺美术	四川的手工业品在全国占有重要地位。驰名中外的有蜀绣、蜀锦、象牙雕刻、玉品雕琢、水印绢扇等。另外，四川的桩头盆景和山石盆景艺术，独树一帜
美味佳肴	川菜是我国八大菜系之一。据不完全统计，有菜品 4000 多种，其中，名菜 300 种左右。另外，四川的小吃、素食、药膳食品也很有名
文化体育设施	博物馆和展览馆是文化设施的重要组成部分。综合性博物馆有四川省博物馆、成都市博物馆、宜宾市博物馆、泸州市博物馆等。专业博物馆有四川省丝绸博物馆、四川省体育博物馆、自贡的盐业博物馆和恐龙博物馆。四川还有各种类型的展览馆、图书馆、剧场、公园等

第三节　贵州省自然资源环境

贵州省位于我国西南部，地处北纬 $24°30'\sim29°13'$，东经 $103°31'\sim109°30'$，属于云贵高原的北部，为我国主要的喀斯特地貌发育地区。整个省域东西长 570km，南北宽 510km，面积为 17.6 万 km^2。截至 2008 年年底，全省户籍人口 4036 万人，常住人口 3793 万人。

一、土地资源

（一）地貌特征

贵州省的地貌类型以高原山地、丘陵和盆地三种基本类型为主。其中，92.5％的面积为山地和丘陵，山间小盆地仅占 7.5％。境内山脉众多，层峦叠嶂，绵延纵横，是一个典型的山区省份。北部有大娄山，主峰娄山关，海拔

1576m，地势险要。东北部有武陵山脉，主峰为梵净山，海拔 2572m，生态系统发育良好。西部有乌蒙山，最高峰是贵州屋脊韭菜坪，海拔 2901m，石林与草场交相辉映。中部有苗岭，主要山脉是雷公山，海拔 2178m，森林茂密，溪水透明，拥有多种国家濒危、珍稀植物。

（二）2008 年土地利用结构

根据《全国土地利用变更调查报告（2008）》，截至 2008 年 12 月 31 日，贵州省全省总土地面积 26 422.87 万亩。土地利用结构是，农用地 22 868.78 万亩，占总土地面积的 86.55％；建设用地 835.66 万亩，占 3.16％；未利用地 2718.43 万亩，占 10.29％（表 2-21）。

表 2-21　贵州省 2008 年年末土地利用状况表

土地利用分类		各地类面积/万亩	比例/%
农用地	合计	22 868.78	86.55
	耕地	6 727.95	25.46
	园地	182.09	0.69
	林地	11 863.14	44.90
	牧草地	2 396.72	9.07
	其他农用地	1 698.89	6.43
建设用地	合计	835.66	3.16
	居民点及工矿用地	685.13	2.59
	交通运输用地	91.15	0.34
	水利设施用地	59.39	0.22
未利用地	合计	2 718.43	10.29
	未利用土地	2 477.18	9.38
	其他土地	241.25	0.91
总　计		26 422.87	100

注：因存在约数，故部分合计值约数不等于约数之和

农用地中，耕地 6727.95 万亩，占农用地总量的 29.4％；园地 182.09 万亩，占 0.8％；林地 11 863.14 万亩，占 51.9％；牧草地 2396.72 万亩，占 10.5％；其他农用地 1698.89 万亩，占 7.4％。

建设用地中，居民点及工矿用地 685.13 万亩，占建设用地总量的 82.0％；交通运输用地 91.15 万亩，占 10.9％；水利设施用地 59.39 万亩，占 7.1％。

未利用地中，未利用土地 2477.18 万亩，占未利用地总量的 91.1％；其他土地 241.25 万亩，占 8.9％。

全省 2008 年年末耕地中，灌溉水田 1214.33 万亩，望天田 927.91 万亩，水浇地 490.0 亩，旱地 4551.90 万亩，菜地 33.76 万亩。

贵州省土地坡度大，旱地梯化率很低，而垦殖指数高，林、草植被破坏严重，森林覆盖率低，所有这些因素造成了贵州省水土流失严重的局面。随着工

矿业的兴起，"三废"排放量不断增加，加上农药等化学物质在土地上残留积累，贵州省的土壤污染迅速扩大。

贵州省不仅地势陡峭，而且人为土地基垫面的岩层多为碳酸盐类岩，漏水严重。因此，许多处于丘陵顶部、高台地上部、坡地中上部的稻田缺乏灌溉条件，产量低且不稳，一旦雨水来迟，则产量大降。

二、气候资源

(一) 光能资源

贵州省光能资源的分布，以西北部、西部最好，以东北部、东部最差。以年日照时数来看光能资源的分布，省内年日照时数为 1100～1400h，西部最多，达到 1800h，东北最少，只有 1050h，由西南向东北递减。

(二) 热量资源

贵州省热量资源的分布不均，随着海拔自西向东、北、南三个方向的降低而气温升高。全省年平均气温为 12～18℃，大部分地区为 14～16℃。有两个高温区，年平均气温在 18℃以上，一个在北部赤水河下游，另一个在南部红水河、漳江及都柳江下游。其中，南部温度最高，罗甸达 19.6℃，西北部的威宁、大方、水城一带因地势较高，年平均气温不足 12℃，以威宁的 10.4℃为最低。

(三) 降水资源

贵州省多年平均降水深为 1100～1300mm。降水量的分布总趋势是南多北少，山脉的迎风坡多，背坡面少。在省的中部苗岭东西两段的迎风坡，是两个多雨区。西区包括黔西南州大部、六盘水市东部、安顺地区西部，年降水深 1300～1500mm，中心在晴隆，多达 1538.3mm；东区范围稍小，包括黔南布依族自治州（以下简称黔南州）东部、黔东南苗族侗族自治州（以下简称黔东南州）西部，年降水深 1300～1400mm，中心在丹寨，雨量达 1451.9mm。此外在武陵山东南迎风坡的铜仁、江口、松桃是次多雨区，年降水深 1250～1350mm。大娄山北坡的道真、正安及乌蒙山西坡赫章、威宁等地是省内的少雨区，年降水量只有 850～1050mm，其中，赫章 854.2mm。

三、水资源

据《中国统计年鉴 2009》（中华人民共和国国家统计局，2010）报告，2008年贵州省水资源总量为 1140.7 亿 m³，其中，地表水资源量 1140.7 亿 m³，地下水资源量 265.0 亿 m³，地表水与地下水重复量 265.0 亿 m³。人均水资源量 3019.7m³。

（一）地表水

1. 水系

全省水资源分布可划分为长江流域和珠江流域两大部分，长江流域在省境内主要有四大水系：牛栏江、横江水系，赤水河、綦江水系，乌江水系和沅江水系；珠江流域在省境内也有四大水系：北盘江水系、南盘江水系、红水河水系和柳江水系。从年径流量来看，长江流域的水资源较珠江流域丰富，乌江水系是八大水系中水资源最丰富的水系，见表 2-22。

表 2-22　贵州省水资源分布

流域水系	流域面积/km²	年径流量/亿 m³	年径流量占全省总量/%
全省合计	176 128	1 035	100
长江流域	115 747	668	64.54
牛栏江、横江水系	4 927	20	1.93
赤水河、綦江水系	13 702	68	6.57
乌江水系	66 849	376	36.33
沅江水系	30 269	204	19.71
珠江流域	60 381	367	35.46
北盘江水系	20 937	120.9	11.68
南盘江水系	7 840	52.1	5.03
红水河水系	15 877	89.1	8.61
柳江水系	15 727	105	10.14

贵州省河长大于 10km 的河流共有 984 条。按流域面积划分，10～100km² 的 556 条，101～500km² 的 330 条，501～1000 km² 的 37 条，1001～5000 km² 的 49 条，5001～10 000km² 的 5 条，大于 10 000km² 的 8 条（乌江、六冲河、清水江、赤水河、南盘江、北盘江、红水河、都柳江）。贵州省最大的河流是乌江，干流全长 1037km（省境内河长 874km，省内流域面积 66 849km²）。省内汇入乌江的主要支流有六冲河、猫跳河、野纪河、偏岩河、湘江、洛旺河（清水河）、余庆河、六池河、石阡河、印江河、洪渡河及芙蓉江等。

2. 地表水资源

在全国地表水资源分区的一级区中，贵州省有 2/3 的面积属长江流域，有 1/3 的面积属珠江流域。在长江流域中有 4 个二级区、11 个三级区。在珠江流域中有 2 个二级区、4 个三级区。一、二级区的年降水量、年径流量与年陆地蒸发量等主要特征值统计成果见表 2-23。

表 2-23　贵州省一、二级区地表水资源主要特征值

分区	面积/km²	年降水量		年径流量		年陆地蒸发量/mm	年径流系数
		水深/mm	水量/亿 m³	径流深/mm	水量/亿 m³		
长江流域部分	115 747	1134	1313.0	577	688.0	557	0.51
金沙江区	4 927	931	45.9	402	19.8	529	0.43
长上干区	13 702	1 022	140.0	504	69.1	518	0.49
乌江区	66 849	1 121	749.0	562	376.0	559	0.50
洞庭湖区	30 269	1 246	377.0	671	203.0	575	0.54
珠江流域部分	60 420	1 300	785.0	608	367.0	692	0.47
南北盘江区	28 633	1 277	367.0	601	173.0	676	0.47
红柳黔江区	31 787	1 322	418.0	614	194.0	708	0.46
全　省	176 167	1 191	2 098.0	588	1 035.0	603	0.49

（二）地下水资源

贵州省多年平均地下水资源量为 479.4 亿 m³，其中，枯季为 205.1 亿 m³；地下水平均年产水模数为 27.22 万 m³/（km²·a），贵州省是中国地下水资源较丰富的省份之一。由于各县（市）水文地质、地貌、气象等因素的差异，地下水资源量的富集程度也有一定差别。产水模量大于 35 万 m³/（km²·a）的县（市）分布在西南部的六盘水、织金一带，以及南部的长顺至独山一带和中部的贵阳、龙里、瓮安、福泉、黄平、麻江等地，其中，最大的是惠水，产水模量达 43.7 万 m³/（km²·a）；产水模量为 25 万～35 万 m³/（km²·a）的县（市）主要分布在东北部及北部，还有西部的威宁、赫章及南部的罗甸、贵定—丹寨—荔波一线和镇宁—清镇一线，以及西南部关岭至兴仁一带；产水模量小于 25 万 m³/（km²·a）的县（市）主要分布在东南部和西北部，还有东北部的印江、江口，以及西南部的册亨、望谟，其中，最小的是赤水，仅为 10.06 万 m³/（km²·a）。

四、矿产资源

贵州省矿产资源丰富，矿产种类繁多，分布广泛，储量丰富，且成矿地质条件好，是著名的矿产资源大省。截至 2002 年年底，全省已发现矿产有 110 多种，其中，探明储量的 76 种，有多种保有储量排在全国前列，排在第一位的有汞、重晶石、化肥用砂岩、冶金用砂岩、饰面用辉绿岩、砖瓦用砂岩等；排在第二位的有磷、铝土矿、稀土等；排在第三位的有镁、锰、镓等；此外，煤、锑、金、硫铁矿等也具有一定优势，在国内占有重要地位。贵州省煤炭不仅储量大，且煤种齐全，煤质优良，素有"江南煤海"之称，2002 年年末保有储量为 492.27 亿 t。贵州省铝土矿质佳量大，保有储量为 4.24 亿 t；磷矿储量 26.95 亿 t，占全国总量的 40% 以上，是中国磷矿最多的省份之一；重晶石保有储量 1.23 亿 t，占全国总量的 30%，居全国第一；锰矿探明储量 9054 万 t，保有储量 7181 万 t，居全国第

三位，占全国总量的15%；锑矿已探明储量49.2万t，保有储量24.51万t，居全国第四位；金矿已查明储量在150t以上，居全国第十二位，是中国新崛起的黄金生产基地；汞、铝、磷、煤、锑等矿产资源，在全国的优势地位突出，在业内早有"五朵金花"的美誉。此外，贵州省现已探明的黑色金属还有铁、钒、钛等数种。探明的建筑材料及其他非金属矿有26种，其中，有水晶、石棉、石膏、方解石、炭岩、砂岩、脉石英、页岩、高岭土、陶瓷土、黏土、辉绿岩、大理石等。发现的化学矿，如硫铁砂、电石用石灰石、白云石、硅石、砷等，在全国也占有较重要的地位。截至2008年年底，贵州省查明有资源储量的产地（矿区、矿段或井田）2729处。有42种矿产资源储量排名全国前十位。2009年贵州省主要矿产资源保有储量见表2-24。

表 2-24　贵州省矿产资源保有储量

矿产资源	资源量
煤炭/亿 t	549.00
铁矿/亿 t	7.74
锰矿/万 t	9702.23
钒矿/万 t	75.26
铜矿/万 t	10.83
铅矿/万 t	54.67
锌矿/万 t	144.89
铝土矿/亿 t	5.10
镁矿（炼镁白云岩）/万 t	5365.41
汞矿/万 t	3.04
锑矿/万 t	26.72
金矿（岩金）/t	238.55
冶金用砂岩/万 t	8295.92
硫铁矿/亿 t	6.31
重晶石/亿 t	1.27
磷矿/亿 t	28.03
水泥用灰岩/亿 t	18.28
玻璃用砂岩/万 t	5122.83

资料来源：贵州省统计局，国家统计局贵州调查总队，2010

五、能源资源

贵州省能源充足，种类齐全，储量丰富，分布广，开发利用价值大。主要有煤炭、水能和生物能源，还有地热、太阳能、铀矿、天然气等。

贵州省河流数量较多，截至2005年，水能资源蕴藏量为1874.5万 kW，居全国第六位，其中，可开发量1683.3万 kW，占全国总量的4.4%，特别是水位落差集中的河段多，开发条件优越。

贵州省煤炭资源储量497.28亿 t（2005年），居全国第五位。煤炭不仅储量大，且煤种齐全，煤质优良，为发展火电、实施"西电东送"奠定了坚实的基础，同时，为煤化工、实施"煤变油"工程提供了资源条件。

六、生物资源

(一) 森林资源

贵州省森林植被具有偏湿性和偏干性常绿阔叶林的不同特征，南部河谷则系南亚热带常绿阔叶季雨林，区系古老，类型多样。草本植物 4000 余种，木本植物 1480 种，主要经济树木 700 多种，珍贵树种 17 种，如珙桐、银杉、秃杉、水青树、香果树、钟萼木、连香树、鹅掌楸等，主要分布在梵净山、大沙河、雷公山等保护区。贵州森林的地理分布特点是边远山区多，中心地区少；东部和东南部多，西部和西北部少；变质岩区多，岩溶地区少。黔东南、黔南系以杉木、马尾松为主的中亚热带次生常绿林和常绿落叶混交林。黔东、黔东北系常绿阔叶林，破坏后被松、杉柏演替成混交林区（梵净山自然保护区仍然保持良好的原始林状态）。黔中中部山区原分布以樟树、栎类、木荷等为主的中亚热带常绿阔叶林，目前，已基本破坏殆尽，仅残存面积极小的片状次生常绿和落叶混生的阔叶林。黔西部和西北部处于乌江中上游和赤水河流域，呈高原山地及中低山峡谷地貌，森林植被分属中亚热带针叶林和常绿阔叶林，云南松及壳斗科树种为优势树种。赤水河则以杉木、马尾松为主，阔叶树多为樟科、山茶科、壳斗科等树种。贵州省是楠竹的主要产地。

贵州省由于其得天独厚的自然条件，在历史上森林资源十分丰富。但由于旧社会历代统治者一味的索取、战争及人为破坏，到 1949 年新中国成立时，森林已所剩无几，全省有林地面积 211.36 万 hm²，林木总蓄积量 18 217 万 m³，森林覆盖率为 12%。新中国成立后，各级政府十分重视林业建设，森林资源得以逐渐恢复与发展，到 1960 年，森林覆盖率提高到 12.97%。1957～1967 年，全省相继成立了国有林场 88 个，在国有林场的带动下，至 20 世纪 70 年代中期，前后涌现 3900 多个社、队办林场，加大了人工造林、封山育林的力度，森林资源得到了进一步发展，1975 年，森林覆盖率提高到 14.5%。

但 20 世纪 70 年代中期以后，尤其是 80 年代前期，林业政策放宽后，管理体制不完善，管理松懈，加上乱砍滥伐严重，致使森林资源又遭到破坏，森林面积、森林蓄积量再次下降。根据 1979 年和 1984 年两次森林资源清查结果，贵州省的森林覆盖率分别下降到 1979 年的 13.10% 和 1984 年的 12.58%。80 年代中期后，贵州省加强了森林资源管理，并加大了营造林力度，特别是由于森林限额采伐管理制度的实施，森林资源过量消耗有所控制。根据 1990 年森林资源清查结果，1984～1990 年森林面积开始增加，森林覆盖率提高到 14.75%，森林蓄积量下降的趋势已有缓和，但消耗量仍大于生长量，森林蓄积量继续减少。

进入 20 世纪 90 年代后，贵州省的造林绿化速度进一步加快，并强化了森林资源管理，加大了限额采伐管理制度的执行力度，森林资源步入了良性的发展轨道，实现了森林面积和蓄积量的双增长，1995 年和 2000 年森林覆盖率分别达到 20.81％和 23.83％。截至 2000 年，全省现有林业用地面积 761.83 万 hm²，占全省土地总面积的 43.17％，其中，有林地面积 420.15 万 hm²，占林业用地面积的 55.15％。全省活立木总蓄积量 21 022.16 万 m³，其中，森林蓄积量 17 795.72 万 m³，占 84.65％。全省人工林发展较快，人工林面积为 183.50 万 hm²，蓄积量为 5447.69 万 m³，分别占有林地面积和森林蓄积量的 43.67％和 30.61％。根据第六次全国森林资源清查结果，贵州省森林覆盖率居全国各省（自治区、直辖市）的第 16 位，森林面积和森林蓄积量分别居全国的第 17 位和第 14 位，人工林面积居全国第 13 位。随着以生态建设为主的林业发展战略的全面实施，贵州省的森林资源将进一步得到保护与发展，进入快速发展的新阶段。贵州省历次清查森林资源概况见表 2-25（雷加富，2005）。

表 2-25　贵州省历次清查森林资源概况

清查时间	林业用地面积/万 hm²	活立木总蓄积量/万 m³	有林地面积/万 hm²				森林蓄积量/万 m³	灌木林地面积/万 hm²	森林覆盖率/％
			合计	林分	经济林	竹林			
1975 年	915	15 881	256	229	21	6	12 510	146	14.5
1979 年	901.00	15 940.90	230.93	206.69	19.14	5.10	12 640.50	75.69	13.1
1984 年	844.91	13 968.86	222.28	195.52	21.58	4.96	10 801.03	68.26	12.58
1990 年	739.88	13 777.94	260.28	219.51	34.85	5.92	9 391.18	62.50	14.75
1995 年	740.71	17 022.35	367.31	301.99	59.88	5.44	14 050.18	79.10	20.81
2000 年	761.83	21 022.16	420.15	344.25	66.29	9.61	17 795.72	90.95	23.83

（二）草地资源

贵州省山区广泛分布各类草地。据农业部《中国草业统计》，2009 年贵州省草原总面积 6430 万亩，其中，可利用面积 5639 万亩。草原累计承包面积 258 万亩。年末保留种草面积 651 万亩。多年生牧草种类主要有多年生黑麦草、菊苣、三叶草、紫花苜蓿等。

（三）水产资源

贵州省水产资源主要有水面资源、鱼类资源和其他经济水生生物资源。水面资源类型包括江河、池塘、山塘、水库、沟渠、湖泊等。除江河水域外，有可养水面约 4.66 万 hm²。河流主要是赤水河、乌江、都柳江、清水河、六冲河、红水河、南北盘江等。贵州地貌复杂，水系发达，气候地域差异大，生态环境多样，鱼类种类繁多。全省现有鱼类 202 种及亚种，分别隶属于 6 目 20 科 98 属，分布于境内的长江、珠江两大水系。

（四）野生动植物资源

贵州省野生植物中，食用植物共有约 500 种，野生植物资源中的药用植物资源是贵州省的优势资源，现已查明的药用植物有约 3700 种，是中国四大产药区之一。另外，贵州的珍贵稀有植物种类较多，目前，已列入国家重点保护植物名录的共有 70 种，珙桐、银杉、秃杉和桫椤被列为国家一级保护植物。全省有野生动物 1000 余种，列入保护的珍稀动物有 85 种，其中，国家一级保护动物 14 种（亚种），国家二级保护动物 71 种。黔金丝猴仅分布于贵州省梵净山，现仅存数百只，是世界上公认的极珍贵动物。贵州省野生动植物资源丰富，分布比较广泛。

七、旅游资源

贵州省旅游资源有瀑布、溶洞、名山、峡谷、石林、温泉、历史文化名城、民族风情、旅游商品及气候等 10 个类型。从全省 5 个国家级风景名胜区、3 个国家级自然保护区、9 个国家级重点文物保护单位、2 个国家历史文化名城及 17 个省级风景名胜区和 10 多个旅游民族村寨看，无论其自然景观还是人文景观，无论其数量还是质量上，在全国和世界上都占有重要地位。

黄果树瀑布是全国最大的瀑布，也是世界著名的大瀑布之一；龙宫以国内暗河溶洞称奇，洞口第一厅是我国目前天然辐射剂量最低的地方，极具科学考察价值；织金洞规模宏大，誉称"洞中王"；历史文化名城遵义，是中国工农红军长征时中共中央召开具有伟大历史意义的遵义会议的地方；青龙洞是全国独特的岩壁古建筑群，气势宏伟壮观；少数民族风情古朴典雅，丰富多彩。

第四节　云南省自然资源环境

云南位于我国西南边陲，简称"云"或"滇"，省会昆明。地处北纬 21°9′～29°15′，东经 97°31′～106°12′。北与四川、西藏相连，东和贵州、广西接壤，南部和西部分别与越南、老挝、缅甸相邻。国土面积 39.4 万 km²，占全国总面积的 4.1%。2008 年年底，全省户籍人口 4417 万人，常住人口 4543 万人。

一、土地资源

（一）地貌特征

云南属青藏高原南延部分，是一个高原山区省份。全省土地面积中，山地约占 84%，高原、丘陵约占 10%，盆地、河谷约占 6%，平均海拔 2000m 左右，最高海拔 6740m，最低海拔 76.4m。地形一般以元江谷地和云岭山脉南段的宽谷为界，分为东、西两大地形区。东部（昆明、玉溪、楚雄、元江、曲靖、文山、昭通等地）为滇东、滇中高原，称云南高原，系云贵高原的组成部分，地形波状起伏，平均海拔 2000m 左右，表现为起伏和缓的低山和浑圆丘陵，发育着各种类型的喀斯特地貌。西部（大理、丽江、迪庆、怒江、保山、德宏等地）为横断山脉纵谷区，高山深谷相间，相对高差较大，地势险峻。总体上看，云南地貌呈波涛状，高山峡谷相间，山川湖泊纵横，由于盆地、河谷、丘陵、低山、中山、高山、山原、高原相间分布，各类地貌之间条件差异很大，类型多样复杂。①

（二）土地利用基本情况

根据《全国土地利用变更调查报告（2008）》，截至 2008 年 12 月 31 日，全省总土地面积 57 479.1 万亩。土地利用结构是：农用地 47 639.4 万亩，占总土地面积的 82.88%；建设用地 1223.8 万亩，占 2.13%；未利用地 8615.9 万亩，占 14.99%。各地类的面积及占全省总土地面积的比例见表 2-26。

表 2-26　云南省 2008 年年底土地利用现状表

地　类		各地类面积/万亩	比例/%
农用地	合计	47 639.4	82.88
	耕地	9 108.1	15.85
	园地	1 262.3	2.20
	林地	33 210.8	57.78
	牧草地	1 172.8	2.04
	其他农用地	2 885.4	5.02
建设用地	合计	1 223.8	2.13
	居民点及工矿用地	942.3	1.64
	交通运输用地	150.2	0.26
	水利设施用地	131.3	0.23
未利用地	合计	8 615.9	14.99
	未利用土地	7 952.1	13.83
	其他土地	663.8	1.15
总　计		57 479.1	100

注：因存在约数，故合计值所占比例与各部分比例之和不全一致

二、气候资源

（一）光能资源

1. 日照时数与日照百分率

云南省各地多年平均日照时数为 960～2840h，全省年日照时数高低相差达

---

① 参见云南概况，http://www.yunnantourism.com/show.aspx? aid＝6348，2009 年 8 月 28 日

3倍。昆明以东年日照时数一般在2200h以下，滇西多数地区在2300h以上，其中，大理、丽江、楚雄等多数地区在2400h以上。全省干季日照时数一般占全年的60%左右，雨季占全年的40%左右，河口、盐津等少数地方与此相反。云南各地年日照百分率为21%～65%，其中，滇西一般在50%以上，滇东南和滇西北边境地区在40%以下，滇东北部不到30%。

2. 太阳总辐射量

云南省太阳总辐射量为3600～6700MJ/m²，从东向西递增。其中，滇中及滇南多数地区为5000～5400MJ/m²，滇东北盐津等地为3600～3800MJ/m²，怒江州北部为4200MJ/m²左右。全省的太阳辐射强度一般以4～5月为最大，从8～16时，其均值在400W/m²以上。

(二) 热量资源

1. 年平均气温地区分布特点

云南省年平均气温分布有如下特点。

(1) 河谷地区气温高，高山地带气温低。元江、澜沧江、怒江、金沙江河谷部分地段，年平均气温为20～24℃，是省内年平均气温最高的地方。

(2) 自南向北随纬度的增加和海拔高度的增高，年平均气温急剧下降。见表2-27。

(3) 降水量多、湿润度大的地方气温偏低。这些地方因水分供应充足、蒸发耗热量多，因而气温明显低于高度和纬度相近但降水量少、湿润度小的地方。如思茅、龙陵、师宗等地。

表2-27　各地区年平均气温

地　区	海拔	年平均气温
滇　南	1300m以下	18℃以上
滇中及滇西	1300～2000m	14～18℃
滇东北及滇西北	2000～3400m	5～14℃
其他地区	3400m以上	5℃以下

云南省年平均气温分布有以下特殊规律。

(1) 温度径向分布规律比较明显，同纬度、同高度比较，越往西年平均气温越高。省内大致以东经102°为界，东部地区比西部地区同高度、同纬度处年平均气温一般低1～2℃。

(2) 不少地方北部气温比南部高。

2. 各级界限温度积温

1) 日均温≥0℃积温

省内日均温≥0℃积温各地差别悬殊，地区分布总的趋势自南而北渐减。省内几大河谷地带为高值区，其值均在 7500℃以上，滇西北、滇东北地区积温在 4500℃以下，其中，海拔 3000m 以上地区积温不到 2600℃。滇中及其他地区积温为 4500～6500℃。

2）日均温≥10℃积温

日均温≥10℃积温的地区分布总趋势是南多北少。河谷地区积温最多，全年皆稳定≥10℃的地区积温多在 7000℃以上，其中，元江、河口、元谋三地在 8000℃以上。滇西北、滇东北高海拔地区积温为 700～1400℃；元江哈尼族彝族自治州（以下简称元江州）大部、普洱市、临沧市大部、德宏傣族景颇族自治州（以下简称德宏州）、南涧、富宁等地为 6000～7000℃；昭通市北部、文山壮族苗族自治州（以下简称文山州）大部、元江州南部、玉溪市西部、大理白族自治州（以下简称大理州）西南部、施甸、福贡、永仁、宜良、禄丰等地为 5000～6000℃；曲靖市中部和南部、昆明市大部、玉溪市东部、楚雄彝族自治州（以下简称楚雄州）大部、大理州大部、保山市北部为 4000～5000℃；曲靖地区北部、昭通市南部和东部、丽江市、大理州北部、兰坪、维西等地为 3000～4000℃。

3）日均温≥18℃积温

日均温≥18℃积温的地区分布总的趋势自南而北递减。积温较多的地区在沅江河谷、西双版纳傣族自治州（以下简称西双版纳州）、临沧市西南部、德宏州大部及元谋、景谷、孟连、保山潞江坝、巧家等地，其值在 5000℃以上；滇南多数地区为 3500～5000℃，滇中以南一带及昭通地区北部、楚雄州、大理州南部等地为 2000～3500℃；积温较少的地区为昆明市、曲靖地区南部、昭通地区中部东部、大理州中部北部等地，其值为 1000～2000℃；丽江地区、曲靖地区北部及双柏等地不到 1000℃。维西、东川汤丹、兰坪等地在 500℃以下。

3. 初、终霜日期与无霜期

1）初、终霜日期

云南省多年平均初霜日期在 9 月上旬至次年 1 月下旬之间，初霜日期的地区分布趋势是南部迟北部早。多年平均终霜日期在 12 月下旬至次年 5 月下旬之间，终霜日期的地区分布趋势是南部早北部迟。

2）无霜期

云南省内无霜期日数为 120～365 天，其特点是南多北少，由南向北递减。北纬 24°以南地区在 300 天以上，其中，沅江河谷下游、澜沧江河谷下游在 350 天以上；滇中以北金沙江河谷、怒江河谷、马龙、下关等地在 300 天以上。滇西北迪庆州以及昭通大山包、东川落雪等地多在 200 天以下；滇中一带多数地区年无霜期日数在 250 天左右。

（三）水分资源

云南省平均年降水量为1200mm左右，其降水量的地区分布总特点是从南到北逐渐减少。省内各地区降水量分布情况如下。

(1) 滇中区：包括昆明、玉溪、楚雄等地州市，大部分地区年降水量为900～1100mm，滇中以北及金沙江河谷地区年降水量为600～800mm。

(2) 滇西北区：包括大理州、丽江市、迪庆藏族自治州（以下简称迪庆州）、怒江傈僳族自治州（以下简称怒江州）等地，其中，大理州、丽江市一带为900～1200mm，迪庆州为600～700mm，怒江州北部为1200～1600mm，金沙江河谷地带仅300～600mm。

(3) 滇西区：包括保山市、德宏州、临沧市等地，其中，腾冲、梁河一带为1400mm左右，龙陵附近达2100mm，保山市、临沧市北部为900～1100mm，其他地区为1100～1400mm。

(4) 滇西南区：包括普洱市、西双版纳州、临沧市西南部等地，年降水量一般在1500mm以上，河谷地区为1100～1300mm。

(5) 滇南、滇东南区：包括元江州、文山州一带，南部边境地区年降水量在1600mm以上，蒙自、开远一带为700～800mm，其他地区为1000～1200mm。

(6) 滇东、滇东北区：包括曲靖市、昭通市、东川区等地，其中，罗平、师宗年降水量在1400mm以上，东川、大关、巧家、昭通等地为700～800mm。其他地区为800～1000mm。

三、水资源

（一）水资源总量

据《中国统计年鉴2009》（中华人民共和国国家统计局，2010）报告，2008年云南省水资源总量为2314.5亿 m³，其中，地表水资源量2314.5亿 m³，地下水资源量801.6亿 m³，地表水与地下水重复量801.6亿 m³。人均水资源量5111.0m³。

云南省多年平均年降水总量为4820.8亿 m³。全省平均产水量为58万 m³/km²，每平方千米产水量的变化趋势是从西往东递减。

全省入境水量1541亿 m³，出境水量3702亿 m³。

云南六大水系水资源分布如表2-28所示。

表 2-28　云南省六大水系水资源分布

水系	年径流量/亿 m³	年径流量占全省总量/%	产水量/（万 m³/km²）
澜沧江	517.6	23.3	58
元江	472	21.2	63

续表

水系	年径流量/亿 m³	年径流量占全省总量/%	产水量/（万 m³/km²）
长江	450.2	20.3	42
怒江	280	12.6	84
伊洛瓦底江	263	11.8	140
珠江	239.2	10.8	41

（二）河流

云南省境内河流分属于伊洛瓦底江、怒江、澜沧江、金沙江（长江）、元江和南盘江（珠江）六大水系。按照河川径流循环的形式，云南省河流属外流河。澜沧江、元江、南盘江、金沙江注入太平洋；怒江、伊洛瓦底江注入印度洋。元江和珠江发源于云南省境内，其余为过境河流。除金沙江、珠江外，其余为国际河流。云南省水系主要特征值如表 2-29 所示。

表 2-29　云南省水系主要特征值

水系	流域面积/km²	河长/km	落差/m	比降/%
长江	10.91	1560	2000	12.5
南盘江	4.32	677	1414	27.1
元江	7.49	692	485	12.3
澜沧江	8.87	1170	1780	14.5
怒江	3.35	547	1123	18.1
伊洛瓦底江	1.88	—	—	—
珠江支流：龙江	1.12	—	1920	62.3
伊洛瓦底江支流：大盈江	0.75	186	1885	97.2

（三）湖泊

云南省有湖泊 40 多个，湖泊总面积约 1100km²，占全省总面积的 0.29%；集水面积约 9000km²，占全省土地面积的 2.34%。湖泊储水总量 290 亿 m³。多数湖泊平均水深在 20m 以内，超过 20m 深度的只有抚仙湖、阳宗海、清水海、程海和泸沽湖。其中，抚仙湖最深处达 151.5m，是我国第二大深水湖。

（四）降水

1. 年降水量的地区分布

云南省年平均降水量为 1258.4mm，其变化趋势大致由北部、中部向东部、西部、东南部和西南部递增。按降水量的大小，云南可划分为十分湿润带、湿润带和过渡带等三种类型地带（表 2-30）。

表 2-30　云南降水地带类型及特征

地带类型	定　义	所属地区及特征
十分湿润带	又称多雨带，年降水深 1600mm 以上	南部多雨区：主要分布在普洱市南部、元江州南部，中心在江城，包括河口、金平、绿春等地，年降水量 1800～2300mm 西南部多雨区：主要分布在德宏州、普洱市、临沧市的西南部，包括西盟、沧源、陇川、芒市等地，年降水量 1600～2800mm
湿润带	年降水深 1600～800mm	分布在云南中部、东部和北部地区，全年降水平均为 120～150 天
过渡带	又称半湿润带，年降水深 800～400mm	主要分布于金沙江河谷、宾川、蒙自、弥渡、南涧罗川坝、表村、旱阳、怒江坝等，年降水量在 800mm 以下

2. 各流域的年降水量

云南省各流域年降水量如表 2-31 所示。

表 2-31　云南省各流域年降水量表

流域	降水深/mm	降水量/亿 m³
长江	989.1	1078
珠江	1070.3	624
元江	1345.8	1007
澜沧江	1342.4	1190
怒江	1527.4	527
伊洛瓦底江	2101.9	395
全省	1258.4	4820.8

3. 降水量年内分配

全省 11 月至翌年 4 月划为干季，降水量只占年降水量的 15.8％；5～10 月划为湿季，降水量占年降水量的 84.2％。

雨季中，绝大部分地区最大 4 个月降水量出现在 6～9 月，降水量占年降水量的 60％以上，金沙江上段的丽江、中缅一带高于 80％；滇西北的怒江河谷低于 50％。东南部边境一带最大 4 个月降水量的出现时间是 5～8 月，滇西北的怒江和独龙江是 4～7 月。

(五) 水资源开发利用中的问题

1. 人均占有水资源地区差异较大

在各行政区中，人均水资源量最多的是怒江州，达 37 866m³；最少的是昆明，近 1530m³，前者是后者的 25 倍。按 1993 年"国际人口行动"提出的标准，人均水资源少于 1700m³ 的地区为用水紧张地区，昆明已属于这样的区域。

2. 水资源时间分布不利于农业灌溉

由于降水量年内分配极不均匀，造成径流量年内分配的巨大差异，这种差异不利于农业经济的发展。全省灌溉用水的 70％以上集中在 11 月至翌年 5 月，用水高峰多在 4～5 月，而该时段的径流量却不到全省的 30％，对应的年最小流量也出现在 4～5 月，造成来水和需水时间上的严重矛盾。此外，连续最大 4 个月径流量出现在 7～10 月，占年径流量的 60％以上，也就是说，60％以上的水资源量是洪水径流量；7～8 月水量最为集中，常形成洪水灾害，因而许多地区常发生春旱和夏涝交替出现的现象。径流量除有年内分布不均的特点外，年际变化也十分显著。从云南实测径流资料看，同一测站最大径流量和最小径流量相比，干旱地区高达 7 倍，湿润地区也达 3 倍。另外，径流量还会出现多年连续丰水或枯水现象，从而加剧了水资源供需矛盾和加大了防洪、抗旱工作的难度。

3. 水土资源自然配置不均衡

云南水土资源总的分布形势是西部水多地少，东部水少地多；坝区地多水少，山地地少水多。占总面积 94％的山区，地形复杂、山高坡陡、水流湍急，水资源虽多但难以利用；占全省面积 6％的坝区，是城镇和工农业聚集的主要区域，但水资源支撑社会经济发展的能力天然不足。从各行政区看，亩均水资源量最大的是怒江州，为 22 603m³；最小的是昭通市，为 2281m³，两者相差近 10 倍。昆明、楚雄、玉溪和大理等经济发达地区，亩均水资源量小于 3500m³，低于全省平均水平的 4918.19m³。

4. 洪涝灾害频繁

由于云南省地处高原地区，以降水补给为主的径流特点是短时间内高度集中，每年 5～10 月的河川径流占全年径流量的 75％～85％，连续最大 4 个月径流占全年径流的 65％～70％，极易形成频次高、破坏性强的洪涝灾害。在全省水资源总量中，洪水径流约占 2/3，径流大量集中在汛期，短时期以水多为患，洪涝灾害损失占全省各种灾害损失的首位。

四、矿产资源

截至 2008 年年底，云南省共发现各类矿产 142 种，占全国已发现矿种 (171) 的 83％，在已发现的矿产中，列入《云南省矿产资源储量简表》的有 86 种，其中，能源矿产 2 种，金属矿产 39 种，非金属矿产 45 种；上表矿区 1253 个。已探明矿产资源储量潜在经济价值 9.4 万亿元。截至 2008 年年底，全省有 62 种矿产保有储量排在全国前十位，其中，能源矿产 1 种，金属矿产 29 种，非金属矿产 32 种，24 种排在前三位，磷、铅、锌、锡、铜、铟、锗、镍、铂族金属、银、钛铁砂矿是云南省的优势矿种（表 2-32）。

表 2-32 云南省矿产资源储量列全国前十位的矿产

位次	矿产名称	矿种数
1	铅、锌、锡、铟、镉、磷、蓝石棉	8
2	钛铁矿砂、镍、铂族金属、硅灰石、硅藻土	5
3	铜、银、钴、锶、锗、钾盐、砷、芒硝矿石、化肥用蛇纹岩、霞石正长岩、水泥配料用砂岩	11
4	钛、铋、金、铍、锑、重稀土矿（磷铱矿矿物）、锆（锆英石矿物）、轻稀土矿（独居石矿物）、普通萤石、泥灰岩、水泥用凝灰岩、盐矿、压电水晶	13
5	镓、铝土矿、硫铁矿、电石用灰岩、石棉、水泥配料用页岩	6
6	铁、铸石用玄武岩、伴生硫	3
7	煤、水泥配料用泥岩、熔炼水晶、玻璃用白云岩	4
8	钛铁矿（TiO$_2$）、钨、汞、饰面用大理石	4
9	碲、长石、晶质石墨、建筑用砂、砂瓦用黏土	5
10	铌、高岭土、重晶石	3

资料来源：国土资源部.2008.2008年全国矿产资源储量汇总表

　　根据云南省矿产资源组合分布特征、开发现状及地区经济发展的不均衡性，可将矿产资源（矿业）划分为滇东北区、滇东南区、滇中区、滇西区、滇南、滇西南区6个矿产资源经济区。各区特征及探明量、矿产组合及矿种排序如表2-33所示。

表 2-33 各矿产区探明储量及矿产组合

矿产资源经济区	探明储量矿种数	已列入矿产储量表者			未列入矿产储量表者
		居全省第一位	居全省第二位	居全省第三位	
滇东北	20	煤、硫铁矿、水泥灰岩	磷、铝、石膏、汞、锗	铁、镉、镓	煤、银、铅、锌
滇东南	37	锰、锡、钨、锑、汞、铋、锗、镓、铟、砷、锰、伴生硫	铅、铜、钼、镉、煤	石膏、锌、镍、银、铍、硫、磷	银、铝、铅、锌、锡
滇中	33	磷、铜、富铁、玻璃砂、芒硝、高岭土、耐火材料	铁、金、银、铂族、铊、镓、岩盐、砷等	煤、钴	钛矿砂、磷、岩盐
滇西	42	铅、锌、钼、镉、银、铂族、铊、铍、天青石、石膏、大理石	锡、镍、铅、锑、钨、铋、伴生硫、石棉、高岭土	锰、岩盐、砷	铅、锌、银
滇南	20	金（镍）、石棉	锆	—	金
滇西南	13	锆、稀土	铍	锡	锡、硅灰石、硅藻土、地热

五、能源资源

（一）煤炭资源

云南省煤炭资源较丰富，煤种齐全，有无烟煤、烟煤、褐煤、泥炭。全省煤炭资源总量为 691 亿 t，居全国第九位。褐煤资源量仅次于内蒙古，居全国第二位。截至 2008 年年底，全省煤矿保有资源量 271 亿 t。煤炭资源主要集中在曲靖市、昭通市、元江哈尼族彝族自治州 3 地。2010 年全省原煤产量达到 9760 万 t，"十一五"期间累计生产原煤 42 430 万 t，进入全国十大产煤省行列。煤炭储量在南方各省区中仅次于贵州省，居第二位，是中国南方少数不缺煤的省（自治区、直辖市）之一。

（二）水能资源

据普查统计，全省拥有水能资源理论蕴藏量为 10 364 万 kW，年发电量可达 9078.66 亿 kW·h，占全国总量的 15.3%，仅次于西藏、四川两省（自治区），居全国第三位。可开发的装机容量为 7116.79 多万千瓦，年发电量为 3944.5 亿 kW·h，居全国第二位，仅次于西藏。

省境内有大小河流 600 余条，其中，水能资源蕴藏量在 1 万 kW 以上的有 300 条。水能资源主要分布于云南省西部和北部，东部和南部次之，中部地区比较少。82.5% 蕴藏于金沙江、澜沧江、怒江三大水系，尤以金沙江蕴藏量最大，占全省水能资源总量的 38.9%。

（三）石油天然气资源

据《中国统计年鉴 2009》（中华人民共和国国家统计局，2010）报告，2008 年云南省石油天然气矿产基础储量为：石油 12.00 万 t，天然气 2.63 亿 m³。石油天然气资源主要分布在楚雄盆地、陇川盆地、滇西六盆地和景谷盆地。

（四）太阳能资源

云南省太阳能资源比较丰富，全省各地区太阳总辐射量每年为 86.5～159.6kcal/cm²[①]，年日照时数为 960～2840h。各地区年日照时间分布趋势是西部高东部低。昆明市以东年日照时数一般在 2200h 以下；滇西北、滇西多数地区一般在 2300h 以下，大理州、丽江市和楚雄州等地区在 2400h 以上；滇中一带年日照时数在 2300h 以上；昭通市北部年日照时数约 1000h；怒江州北部年日照时数 1400h；滇南边境区年日照时数 1500～1600h；其他地区年日照时数为 2000～2300h。

---

① 1cal=4.190J

再从日照等时线来看，年日照时数在 2250h 以上的太阳能丰富区，主要集中分布在中部偏西地带。这个区域内，每年的太阳能辐射总量为 120 万～140 万 $kcal/m^2$，相当于 $160～200kg$ 标准煤/m^2 的发热量。

（五）地热能资源

云南省地热能资源丰富，类型齐全。全省地热露头点有 654 处，总流量为 7588L/s，天然热流量为 226 984kcal/s，全年的热流量相当于 102.3 万 t 标准煤。云南省地热资源的分布，大致沿元江断裂至滇西弥渡一带，与洱海—剑川断裂相接，再北至石鼓与金沙江断裂相重，大致以中甸—下关—个旧一线为界分为滇西、滇东两区。滇西区的水热活动具有水温高而流量小的特点，故其被称为滇西高温水热活动区。该区以高温热田为主，露头点 424 处，热水温度为 $60～105℃$，总流量约为 2663L/s，天然热流 87 146kcal/s；滇东区的水热活动具有水温低而流量较大的特点，故其被称为滇东中低温水热活动区。该区中低温为主的热田露头点 230 处，热水温度为 $40～60℃$（少数为 $60～80℃$），总流量 4925L/s，天然热流量 78 139kcal/s。

（六）风能资源

云南省多数平坝地区风能资源较为贫乏，山区风能资源丰富。全省风能资源有效密度 $44.2～167.5W/m^2$，有效利用时数 $300～6500h$。风能资源的地区分布特点是东多西少，哀牢山以东多数地区有效风能密度在 $75W/m^2$ 以上，有效利用时数在 2000h 以上。山区有效风能密度可达 $160W/m^2$ 以上，有效利用时数在 6000h 以上，接近全国风能最丰富区的水平。哀牢山以西多数地区的有效风能密度在 $60W/m^2$ 以下，有效利用时数为 $1500～2000h$，多数地区平均风速在 3m/s 以下，除个别山区外，风能已无开发利用价值。云南省风能资源年内季节分布的特点是干季大，雨季小。干季各月风速大，有效风能密度大，多为 $100～150W/m^2$，有效利用时数多在 500h 以上。雨季各月风速一般都在 2m/s 以下，已无开发利用价值。

六、生物资源

云南省生物资源十分丰富，素有"植物王国"、"动物王国"、"药材之乡"等美称。其主要特点是：①种类繁多，其生物多样性居全国首位；②特有和优良品种丰富；③有开发价值的种类多；④珍稀和濒危种类多。

据估计，云南省种子植物有约 14 000 种，几乎占全国的一半，其中，木本植物 3000～4000 种，而组成森林的树种也在 800 种左右，乔木上层的优势种也在 200 种以上，被列为国家保护的一、二、三级珍稀濒危树种共有 151 种。依据生物气候带和主要森林类型，云南省可分为 4 个森林分布区：①以冷杉林和云杉林为主的寒温性针叶林，主要分布在云南省的西部横断山区，海拔 3000～4000m，除多种冷杉、云杉外，还有高山松、落叶松、桦木、川滇高山栎和黄背栎。②以云南松林为主的暖性针叶林，主要分布在滇中高原及西部横断山区，为全省分布最广的森林，在海拔 1500～2800m 地区最多，除纯林外，常混生少量的云南油杉、栎类、木荷、旱冬瓜等。③以思茅松为主的暖性针叶林，此类针叶林是云南中南部森林组成结构中的一个主要森林类型，集中分布在海拔 1100～1700m，分布有明显的地带性。④热带阔叶林，主要分布在云南南部、西南部边境一带，呈狭带状，在《中国植被》上被列为"北热带季节性雨林、半常绿季雨林地带"，热带阔叶林内树种丰富，优势树种不明显，类型繁杂。

云南省药用植物共有 4758 种（1989 年全省中药资源普查结果），是全国药用植物种数最多的省份，其中，常用草药近 1300 种，目前，已列入收购和生产的药用植物有 360 多种；野生油料植物近 200 种；野生花卉植物 2100 种以上。还有鞣料植物、纤维植物、淀粉植物、树脂树胶植物等多种资源。

（一）植物资源

1. 森林资源

云南省是我国森林资源极其丰富的省份之一，1949 年新中国成立时，全省有林地面积 1086.2 万 hm²，森林蓄积量 168 177.1 万 m³，森林覆盖率 28.4%。新中国成立之初，对木材的需求与日俱增，长期存在过度采伐的现象，特别是三年"大跃进"和"大炼钢铁"期间，森林资源呈现逐年下降的态势，森林覆盖率从 1949 年的 28.4%，下降到 1964 年的 25.30%，1975 年的 24.9%，1980 年的 24.0%，森林面积逐年减少，森林蓄积量持续下降。

20 世纪 80 年代以后，云南省强化了森林资源管理，特别是实施采伐限额管理后，森林资源过量消耗得到了控制，森林资源开始得以恢复与发展。根据 1988 年、1992 年和 1997 年的三次森林资源清查结果，森林覆盖率开始回升，森林蓄积量开始逐年增加。特别是进入 21 世纪，随着天然林保护工程的实施，森林资源得到了有效保护与发展，进入了快速发展阶段。截至 2002 年，全省现有林业用地面积 2424.76 万 hm²，占全省土地总面积的 63.37%，其中，有林地面积 1501.50 万 hm²，占林业用地面积的 61.92%。全省活立木总蓄积量 154 759.40 万 m³，其中，森林蓄积量 139 929.16 万 m³，占 90.42%。全省天然林资源丰富，天然林面积为 1250.05 万 hm²，蓄积量为 134 726.73 万 m³，分别占有林地面积和森林蓄积量的 83.25% 和 96.28%。

根据第六次全国森林资源清查结果，云南省森林覆盖率居全国各省（自治区、直辖市）的第七位，森林面积和森林蓄积量均居全国的第三位，天然林面积居全国第三位。云南省的森林资源对于维护本省、西南地区乃至全国的生态

平衡、保护生物多样性发挥了重要作用。云南省历次清查森林资源概况见表 2-34（雷加富，2005）

表 2-34 云南省历次清查森林资源概况

清查时间	林业用地面积/万 hm²	活立木总蓄积量/万 m³	有林地面积/万 hm²				森林蓄积量/万 m³	灌木林地面积/万 hm²	森林覆盖率/%
			合计	林分	经济林	竹林			
1975 年	2 758	98 860	956	922	24	10	91 081	498	24.9
1980 年	2 612.38	132 131.38	919.65	871.84	32.06	15.75	109 703.30	552.99	24.0
1988 年	2 501.23	134 946.76	932.74	859.33	59.02	14.39	109 656.83	441.42	24.38
1992 年	2 435.97	136 640.61	940.42	860.28	67.66	12.48	110 528.18	406.40	24.58
1997 年	2 380.79	142 391.06	1 287.32	1 181.28	95.48	10.56	128 364.94	407.35	33.64
2002 年	2 424.76	154 759.40	1 501.50	1 356.58	136.28	8.64	139 929.16	408.37	40.77

2. 草地资源

据农业部《中国草业统计》，2009 年云南省草原总面积 22 962 万亩，其中，可利用面积 17 888 万亩。草原累计承包面积 2443 万亩。年末保留种草面积 720 万亩。多年生牧草种类主要有多年生黑麦草、狗尾草、菊苣、狼尾草、旗草、三叶草、象草、鸭茅、银合欢、柱花草、紫花苜蓿等。

全省草地分布面广，楚雄、元江、思茅三个地（州）草地面积比例较大，约占全省草地面积的 29.7%。以县为单位，有 100 个县的草地面积在 100 万亩以上，其中，中甸、宁蒗、会泽、永胜四个县的草地面积均在 400 万亩以上。

（二）动物资源

云南省有十分丰富的野生动物物种资源和野生经济动物资源，具有野生脊椎动物种类 1671 种，居全国首位。有被列为国家一、二、三级保护动物的珍稀动物，占全国保护动物种类的 41.6%，云南省还保存有一些古老的原始动物种类，是不可多得的野生动物物种基因库。

云南已记录的兽类资源有 9 目 34 科 116 属 283 种，分别占全国兽类目、科、属种的 69.2%、69.4%、58.0% 和 49.5%。其中，被列入国家保护动物的有蜂猴、滇金丝猴、戴帽叶猴、白眉长臂猴、黑长臂猴、云豹、金钱豹、印支虎、亚洲象、豚鹿、野牛、斑羚、熊猴、猕猴、豚尾猴、短尾猴、灰叶猴、穿山甲、印度穿山甲、棕熊、马来熊、水獭、斑灵狸、熊狸、金猫、小鼷鹿、林麝、马麝、黑麝、毛冠鹿、水鹿等。

云南省已记录的两栖爬行动物有 239 种，其中，两栖类 3 目 11 科 27 属 104 种，爬行类 3 目 14 科 60 属 135 种。

云南省鸟类资源有 19 目 71 科 282 属 782 种，按居留情况划分，有留鸟 478

种、夏候鸟 107 种、冬候鸟 112 种、旅鸟 69 种。

云南省淡水鱼资源已记录的有 11 目 25 科 123 属 400 种，占全国总数的 50%。

云南省已记录的昆虫资源有 1 万多种，包括药用昆虫、食用昆虫、工业资源昆虫、授粉昆虫、观赏昆虫、天敌昆虫等大类群。其中，农林昆虫共有 28 目 291 科 6523 种。

(三) 微生物资源

云南省已记录的微生物种类共有 313 属 1 群。其中，病毒 16 属 1 群，衣原体 1 属，立克次氏体 1 属，细菌 51 属，放线菌 23 属，螺旋体 1 属，蓝细菌 92 属，丝状菌 92 属，酵母菌 9 属，原生动物 33 属，单细胞藻类 56 属。

七、旅游资源

云南自然资源丰富，素有自然风光博物馆之称；同时，云南文化底蕴深厚，有众多的历史古迹，多姿多彩的民俗风情，神秘的宗教文化。所有这些，都为云南的旅游增添了无限魅力。其主要旅游资源有以下几个景区。

(一) 昆明旅游风景区

1. 景区简介

昆明的旅游风景区（点）主要包括：大观楼、翠湖公园、东西寺塔、圆通公园、圆通寺、黑龙潭、金殿、昙华寺、西华园、春漫园、滇池、云南民族村、郊野公园、西山森林公园、观音山、石城、郑和故里、海埂公园、曹溪寺、安宁温泉、路南石林、大叠水瀑布、九乡、阳宗海。

2. 民族风情

昆明景区的民族风情主要是每年 6 月 24 日的彝族火把节。

3. 名特食品与旅游购物

昆明景区的特产主要有过桥米线、大救驾、汽锅鸡、滇八件、火腿月饼、云南鸡枞、云腿罐头、云烟、云南白药、云南围棋子、云南斑铜、乌铜走银铜器、昆明牙雕、撒尼绣花挂包。

(二) 大理旅游风景区

1. 景区简介

大理的旅游风景区（点）主要包括：苍山、洱海、洱海公园、大理三塔、大理蛇骨塔、蝴蝶泉、感通寺、鸡足山、巍宝山、巍山古城、大理古城、喜洲镇、石钟山石窟、金华山石刻睡佛、太和城遗址、南诏铁柱、元世祖平云南碑、玉龙雪山、虎跳峡、长江第一湾、丽江玉泉、明代丽江壁画、丽江玉峰寺、宁蒗泸沽湖、丽江古城大研镇。

2. 民族风情

大理景区的民族风情主要有三月街和绕三灵。

3. 名特食品与旅游购物

大理景区的特产主要有大理砂锅鱼、邓川乳扇、白族烤茶、大理石工艺品、云木家具、大理草帽、扎染。

(三)德宏旅游风景区

1. 景区简介

德宏的旅游风景区(点)主要包括:芒市菩提寺、树包塔、三仙洞、芒市民族文化宫、法帕温泉、瑞丽江风光、姐勒佛塔、等喊弄奘寺、中缅友谊井、芒令独树成林、姐告边境贸易区、国门畹町桥、大盈江风光、允燕山公园、榕树王、皇阁寺、保山玉泉阁、龙泉池、腾冲云峰山、火山地热奇观、来凤公园。

2. 民族风情

德宏景区的民族风情主要有泼水节、目脑纵歌节和刀杆节。

3. 名特食品与旅游购物

德宏景区的特产主要有遮放米、竹筒饭、香茅草烧鱼、油炸青苔、傣族筒帕、户撒刀。

(四)西双版纳景区

1. 景区简介

西双版纳的旅游风景区(点)主要包括:允景洪、热带植物研究所、景真八角亭、曼飞龙佛塔、孟连宣抚司署、独木成林、橄榄坝。

2. 民族风情

西双版纳景区的民族风情主要有关门节和开门节、爱尼的"嘎汤帕"节和基诺族的"特懋克"节。

3. 名特食品与旅游购物

西双版纳区的特产主要有芭蕉干、紫糯米、傣族彩绘木雕、竹编工艺品、普洱茶、傣锦。

(五)其他景区

1. 景区简介

其他旅游风景区(点)主要包括:元谋人遗址、云南土林、禄丰恐龙和拉玛古猿、龙江公园、万家坝古墓群、武定狮子山、玉溪九龙池、澄江抚仙湖、通海秀山、阿庐古洞、建水文庙、建水燕子洞、珠江源。

2. 民族风情

每年农历 5 月 5 日是苗族踩花山节。

3. 名特食品与旅游购物

云南其他旅游景区特产还有豆末糖、冬瓜蜜饯、石屏豆腐干、通海银饰品、建水陶器、个旧锡制工艺品、蜡染。

第三章
长江上游地区社会经济状况及其评价

第一节　人口与城镇化水平

一、人口和城镇化的关系

城镇是区域经济、政治、科技和文化教育的中心，是现代化工业与第三产业聚集的地方，在国民经济和社会发展中起主导作用。因此，我国《城市规划法》第三条明确将建制镇涵盖入城市之列，城市系统应包括市和镇两个部分，它们都是国家通过一定的法律程序设置的行政单元。

城镇化过程是一种影响极为深远的经济社会发展变化的过程，它是社会生产力的变革所引起的人类生产方式、生活方式和居住方式的改变，表现为，一个国家和地区内的人口由农村向城镇转移、农业人口转化为非农业人口；农村地区逐步演变为城镇地域；城镇人口不断膨胀、用地规模不断扩大；城镇基础设施和公共服务设施水平不断提高；城镇居民的生活水平和居住水平发生由量到质的改善；城镇文化和价值观念成为社会文化的主体，并在农村地区不断扩散和推广。总之，城镇化是人类文明由低级向高级不断发展的一个过程，是社会分工和生产力水平不断提高的结果，包括了人口非农化、产业高级化、设施完善化、生活方式现代化等。

人是城镇化进程中最能动的因素，也是最主要的因素。无论是工商业的集聚、城镇的增加，还是物质文明和精神文明的扩散，都离不开人的行为，尤其是人的迁徙行为。人口流动所导致的人口的集中既是城镇化的结果和标志，也是城镇化的动力。城镇化水平是表征城镇化发展的定量指标，目前，能被各类学科接受的衡量城镇化水平的指标是人口统计学指标，比较简明、通俗，常用的指标是城镇人口占总人口的百分比即城镇化率来表示人口的城镇化，以及非农人口占总人口的百分比即非农化率来表示经济的城市化。

二、人口状况及城镇化水平的特点

（一）人口及城镇化水平概况

长江上游地区主要是指四川、重庆、贵州、云南 4 个省（直辖市），总面积 113.75 万 km²；2008 年，长江上游地区常住人口 19 313.00 万人，城镇化率为 36.59%。可以看到，重庆的城镇化率最高，为 49.99%，其次是四川，为 37.40%，贵州的城镇化非常低，仅 29.11%；长江上游地区非农化率 21.77%。人口密度 182.37 人/km²，详见表 3-1。

表 3-1 长江上游地区人口状况及城镇化水平

地区	常住人口总量 /万人	城镇人口 /万人	城镇化率 /%	户籍人口 /万人	非农人口 /万人	非农化率 /%	人口密度 / (人/km²)
长江上游地区	19 313.00	7 066.04	36.59	20 744.60	4 515.47	—	182.37
四川	8 138.00	3 043.61	37.40	8 907.80	2 203.40	24.70	167.80
重庆	2 839.00	1 419.09	49.99	3 257.05	907.38	27.86	395.27
贵州	3 793.00	1 104.14	29.11	4 036.75	651.09	16.10	229.23
云南	4 543.00	1 499.20	33.00	4 543.00	753.60	16.59	115.30

注：表中数据根据《重庆统计年鉴》（2009 年）、《四川统计年鉴》（2009 年）、《云南统计年鉴》（2009 年）、《贵州统计年鉴》（2009 年）整理

（二）城镇化区域发展不平衡

城镇人口密度和城镇化水平受城镇密度、规模、经济发达程度和资源富集程度影响。城镇密度越高、城镇规模越大的地区，城镇人口密度相应较大，城镇化水平也较高。长江上游地区的城镇人口密度和城镇化水平极不平衡。重庆的城镇化率最高，达到 49.99%，人口密度最大，达到 395.27 人/km²；贵州城镇化率最低，仅 29.11%；人口密度最低的是云南，只有 115.30 人/km²。由于各地区经济、交通、地理、人口素质等因素的差异，各地区城镇化水平的差异在今后相当长一段时期内将仍然存在。在一些经济贫困地区和边远山区，仍然是以农业经济占主导地位，城镇化进程较慢。

（三）人口就业结构与产业结构不适应

2008 年，长江上游地区生产总值为 26 636.41 亿元，其中，第一产业 4510.34 亿元，占总值的 16.93%，第二产业和第三产业分别为 12 083.17 亿元和 10 042.9 亿元，所占比例分别为 45.36% 和 37.71%。而从人口就业结构来看，第一产业的就业人口数为 6241.88 万人，占总就业人口数的 55.16%，第二产业和第三产业的就业人口数分别为 1962.8 万人和 3112.28 万人，所占比重分别为 17.34% 和 27.5%。从发达国家的经验来看，第一产业产值和比重通常较小，而第二产业和第三产业的产值和比重通常较大，就业人口数方面也通常是

第一产业人数远远少于第二产业和第三产业。但从统计数据可以看出，长江上游地区第一产业在从业人口数量和比重上都远远高于第二产业和第三产业，大量的劳动力都滞留在第一产业从事生产活动，而第二产业和第三产业对劳动力的吸纳程度远未达到应有水平。可以看出，长江上游地区的人口就业结构和产业结构是十分不相匹配的，这种产业结构和就业结构的错位严重阻碍了人口城镇化的发展，详见表3-2～表3-4。

表3-2　长江上游地区三产业产值占比　　　　　（单位:%）

地区	第一产业产值占比	第二产业		第三产业产值占比
		产值占比	其中，工业产值占比	
长江上游地区	16.1	44.8	39.2	39.1
四川	18.9	46.3	39.4	34.8
重庆	11.3	47.7	40.0	41.0
贵州	16.4	42.3	37.3	41.3
云南	17.91	43.0	36.09	39.09

注：表中数据根据《重庆统计年鉴》（2009年）、《四川统计年鉴》（2009年）、《云南统计年鉴》（2009年）、《贵州统计年鉴》（2009年）整理

表3-3　长江上游地区三产业就业人数　　　　　（单位:万人）

地区	总就业人数	第一产业	第二产业	第三产业
长江上游地区	11 316.96	6 241.88	1 962.8	3 112.28
四川	4 740.00	2 186.18	1 108.32	1 145.50
重庆	1 646.44	747.30	338.78	560.36
贵州	2 292.12	1 630.00	217.10	445.02
云南	2 638.40	1 678.40	298.60	661.40

注：表中数据根据《重庆统计年鉴》（2009年）、《四川统计年鉴》（2009年）、《云南统计年鉴》（2009年）、《贵州统计年鉴》（2009年）整理

表3-4　长江上游地区三产业就业人数占比　　　　　（单位:%）

地区	第一产业就业人数占比	第二产业就业人数占比	第三产业就业人数占比
长江上游地区	55.16	17.34	24.85
四川	46.12	23.38	30.50
重庆	45.39	2058	34.03
贵州	71.11	9.47	19.42
云南	63.61	11.32	25.07

注：表中数据根据《重庆统计年鉴》（2009年）、《四川统计年鉴》（2009年）、《云南统计年鉴》（2009年）、《贵州统计年鉴》（2009年）整理

第二节　城　镇　体　系

城镇体系（urban system）是指一定地域范围内若干规模不等、性质不同的

城镇及其职能相互联系、相互依赖和制约而形成的一个有机的地域城镇系统。

　　长江上游地区与长江流域下游的长三角地区、中游的大武汉地区构成了长江流域三大经济集聚中心。长江上游地区是我国西部人口数量最密集的地区，也是西部地区工农业生产最为发达的区域，是西部大开发的重要支撑点。作为西南重要的科技、经济和商贸中心，这一区域具有一定的经济基础和科研能力，是国家高科技产业扩散的首选区域。

一、长江上游地区城镇行政等级结构

　　截至 2008 年，长江上游地区城镇体系已形成了直辖市、省（市）辖市（含四川、贵州、云南所辖市）、县级市、县城、建制镇五级行政等级体系。其中，长江上游地区有直辖市 1 个，副省级市 3 个，省（市）辖市 43 个，县级市 31 个，县城 312 个、建制镇 3672 个，聚集非农业人口 4515.47 万人，见表 3-5。

表 3-5　2008 年长江上游地区城镇行政等级结构

级别	个数	地名
直辖市	1	重庆
副省级市	3	成都、昆明、贵阳
省（市）辖市及民族自治州	43	自贡、攀枝花、泸州、德阳、绵阳、广元、遂宁、内江、乐山、南充、眉山、宜宾、广安、达州、雅安、巴中、资阳、阿坝藏族羌族自治州、甘孜藏族自治州、凉山彝族自治州；遵义、六盘水、安顺、毕节地区、铜仁地区、黔东南苗族侗族自治州、黔南苗族侗族自治州、黔西南布依族苗族自治州、黔南东布依族苗族自治州；曲靖、玉溪、保山、昭通、丽江、普洱、临沧、楚雄州、元江州、西双版纳、大理州、德宏州、怒江州、迪庆州
县级市	31	—
县城	312	—
建制镇	3672	—

二、长江上游地区城镇体系的等级规模结构

　　关于城市规模大小的分类，各个国家有不同的分类标准和规定。我国的设市城市，按市区和郊区（不包括市辖县）的非农业人口的规模大小，分为以下5 类。

　　（1）超大城市：200 万人口以上；

　　（2）特大城市：100 万～200 万人口；

　　（3）大城市：50 万～100 万人口；

　　（4）中等城市：20 万～50 万人口；

　　（5）小城市：20 万人口以下。

（一）等级规模特征

按非农业人口规模划分，现阶段，长江上游地区城镇体系形成了超大城市（3个）、特大城市（7个）、大城市（24个）、中等城市（14个）、小城市（9个）5级和建制镇（3672个）等级规模体系，如表3-6所示。

表3-6　2008年长江上游地区城镇体系规模等级结构

序号	规模等级	个数	地名
1	超大城市（＞200万）	3	成都、重庆、昆明
2	特大城市（100万～200万）	6	贵阳、遵义、自贡、绵阳、南充、达州
3	大城市（50万～100万）	19	万州、攀枝花、泸州、德阳、广元、遂宁、内江、乐山、眉山、宜宾、广安、资阳、凉山彝族自治州、曲靖、元江、六盘水、毕节市、黔东南州凯里市、黔南州
4	中等城市（20万～50万）	18	涪陵、江津、合川、永川、玉溪、保山、昭通、普洱、临沧、楚雄、文山、西双版纳、大理州、德宏州、雅安、安顺、铜仁市、黔西南州
5	小城市（20万以下）	11	—
6	建制镇	3672	—

注：表中数据根据《重庆统计年鉴》（2009年）、《四川统计年鉴》（2009年）、《云南统计年鉴》（2009年）、《贵州统计年鉴》（2009年）整理

从表3-6中不难发现，长江上游地区城镇体系没有出现断层，每一规模等级都有一定数量的城市。但从整体看来，中等城市发展滞后，小城镇发育十分缓慢，中小城市比例比较小，城镇规模等级结构有一定的不平衡。中小城市规模数量不足以对抑制各城市间、各城市与周边地区间的经济联系和梯度扩散产生一定的影响。同时，小城镇数量多，规模小，人口和生产要素的聚集程度较低，对周边农村地区的辐射作用较弱，难以发挥带动农村地区工业化、城镇化的有效作用。

（二）城市首位度分析

首位分布的规律由杰斐逊在1939年发现。他把在规模上与第二位城市保持很大差距，吸引了全国城市人口的很大部分，而且在国家的政治、经济、社会、文化生活中占据明显优势的领导城市定义为首位城市，将首位城市与第二位城市的人口规模之比称为首位度。城市首位度是衡量城市规模分布状况的指标。

$$城市首位度＝P_1/P_2$$

式中，P_1为最大城市的人口数；P_2为第二城市的人口数。

首位度虽然在一定程度上反映了城市体系中城市人口在首位城市的集中程度，但它毕竟只涉及首位城市的人口规模和第二位城市的人口规模之间的比例关系，比较简单。为了改进首位度指标的这种过分简单化的弊病，又有学者提

出了四城市指数和十一城市指数，即

$$四城市指数 = P_1 / (P_2 + P_3 + P_4)$$

$$十一城市指数 = 2P_1 / (P_2 + P_3 + \cdots + P_9 + P_{10} + P_{11})$$

式中，P_1，P_2，$\cdots$，P_{11}分别为第一位到第十一位城市的人口数。四城市指数和十一城市指数比首位度更全面地反映了首位城市与其他城市的比例关系以及城市规模分布的特点，这三个指标可统称为首位度指数。

2008年，长江上游地区从第一位到第十一位的城市人口规模如表3-7所示。通过计算得出首位度、四城市指数和十一城市指数分别为：1.56、0.74、0.84。

$$S_2 = P_1 / P_2 = 1.56$$

$$S_4 = P_1 / (P_2 + P_3 + P_4) = 0.74$$

$$S_{11} = 2P_1 / (P_2 + P_3 + P_4 + P_5 + P_6 + P_7 + P_8 + P_9 + P_{10} + P_{11}) = 0.84$$

表3-7 2008年长江上游地区城市人口排序（前11位）

排序	城市	人口/万人
1	成都市	612.1
2	重庆	392.31
3	昆明	255.8
4	贵阳	181.42
5	南充	150.1
6	绵阳	135.7
7	达州	121.7
8	遵义	113.78
9	自贡	103.1
10	宜宾	96.5
11	乐山	95.7

注：表中数据根据《重庆统计年鉴》（2009年）、《四川统计年鉴》（2009年）、《云南统计年鉴》（2009年）、《贵州统计年鉴》（2009年）整理

按照位序-规模规律的原理，正常的城市首位度应该是2，正常的四城市指数和十一城市指数应该都是1。由此可见，长江上游地区的城市首位度和四城市指数、十一城市指数都是偏低的，说明长江上游地区是具有多中心城市格局的地区，即成都、重庆均为长江上游地区的中心城市，作为"双核"结构是长江上游地区的经济中心城市，成渝城市群是长江上游地区的增长极。

三、长江上游地区城镇体系的空间结构

城镇体系的地域空间结构，是指城镇体系内各个城镇在空间上的分布、联系及组合状态。从本质上讲，它是一个国家或一定范围内经济和社会物质实体——城镇的空间组合形式，也是地域空间结构、社会结构和自然环境（包括自然条件和自然资源）对地域中心的空间作用结果。

受区域社会经济发展以及交通、地理等因素影响，长江上游地区的城镇密

度也呈现一定的地域差别。2008 年，长江上游地区城市密度为 0.49 个/万 km²，其中，超大城市为 0.03 个/万 km²，特大城市为 0.05 个/万 km²，大城市为 0.17 个/万 km²，中等城市为 0.17 个/万 km²，小城市为 0.09 个/万 km²，建制镇密度 32.28 个/万 km²（表 3-8、表 3-9）。

表 3-8　2008 年长江上游地区城镇个数及密度

名称	长江上游地区	四川	重庆	贵州	云南
城市个数/个	56	23	7	11	15
密度/（个/万 km²）	0.49	0.20	0.06	0.1	0.13
建制镇数/个	3672	1821	580	580	691
密度/（个/万 km²）	32.28	16.01	5.10	5.10	6.07

注：表中数据根据《重庆统计年鉴》（2009 年）、《四川统计年鉴》（2009 年）、《云南统计年鉴》（2009 年）、《贵州统计年鉴》（2009 年）整理

表 3-9　长江上游地区各类城镇密度　　　　（单位：个/万 km²）

地区	城市密度	超大城市	特大城市	大城市	中等城市	小城市	建制镇
长江上游地区	0.49	0.03	0.05	0.17	0.17	0.09	32.28
四川	0.20	0.01	0.04	0.11	0.01	0.04	16.01
重庆	0.06	0.01	0.00	0.01	0.04	0.01	5.10
贵州	0.1	0.00	0.01	0.04	0.03	0.02	5.10
云南	0.13	0.01	0.00	0.02	0.09	0.02	6.07

注：表中数据根据《重庆统计年鉴》（2009 年）、《四川统计年鉴》（2009 年）、《云南统计年鉴》（2009 年）、《贵州统计年鉴》（2009 年）整理

　　目前，长江上游地区城镇空间结构总体上仍处于极核式聚集发展阶段，即以重庆、成都两个超大城市为核心，结合一批中小城市形成一种初级形态的城市群结构，具有较为典型的中心-边缘特征；已经逐步形成了三个城市带、两个都市圈、两个城市密集区的城市空间布局。

　　三个城市带分别指：①成德绵乐城市带。即沿宝成铁路、成绵高速公路、成昆铁路、成乐高速公路一线，以成都为中心，由江油、绵阳、德阳、绵竹、什邡、广汉、成都、眉山、乐山、峨眉山等城市组成的发展轴线。②成内渝城市带。即以重庆、成都为两个端点，沿成渝铁路、成渝高速公路一线，由重庆、永川、内江、资阳、简阳、成都等城市组成的城市轴线。③长江上游城市带。即东部以重庆为中心，由宜宾、泸州、重庆、江津、涪陵、万县等城市组成的沿长江上游城市轴线。

　　两个都市圈分别指：①成都都市圈。以超大城市成都为中心，聚集了绵阳、德阳、资阳、乐山、峨眉山、眉山、广汉、什邡、绵竹、江油、简阳、彭州、崇州、邓峡、都江堰等城市。②重庆都市圈。以超大城市重庆中心城区为中心，聚集了涪陵、江津、合川、永川、南川等城市。

　　两个城市密集区分别指：①西南城市密集区。主要是自贡、泸州、宜宾、

内江 4 个中等城市及其周边城镇所组成的城市密集区。②东北城市密集区。主要由遂宁、南充、达州、广安这 4 个城市所组成的城镇密集区。其他城镇群，如攀枝花-昭通城镇群、南部遵义城镇群，城市密度都较低，发展速度缓慢。

四、长江上游地区城镇体系的职能结构

城市职能，是指城市对城市本身以外的区域在经济、政治、文化等方面所起的作用。我国的城镇基本职业类型分为以行政职能为主的综合性城镇、以交通职能为主的城镇、以经济职能为主的城镇、以流通职能为主的城镇和以文化职能为主的城镇 5 个大类，下分 27 个小类。

成都、重庆、昆明、贵阳是长江上游地区的综合性功能城市，具有政治、经济、文化、交通、信息中心的综合职能。成都在服务业和制造业方面都具有相当的优势；重庆主要在金融、社会商业服务、交通运输仓储与邮电通信业、制造业等方面发展比较快；昆明是我国重要的旅游和商贸城市；贵阳是一座以资源开发见长的综合型工业城市。

德阳的制造业、交通运输仓储和邮电通信业、公共管理社会组织是其主导职能；绵阳高度专业化部门有制造业、金融业、教育、文化体育和娱乐业、公共管理社会组织；乐山高度专业化部门有采矿业、制造业、金融业、教育、公共管理社会组织；眉山高度专业化部门有金融业、教育、文化体育和娱乐业、公共管理社会组织；资阳高度专业化部门有金融业、教育、公共管理社会组织；自贡高度专业化部门主要是金融业、公共管理社会组织和教育业；泸州高度化专业化部门主要是金融、房地产、教育、文化体育和娱乐业、公共管理社会组织；内江高度专业化部门有采矿业、建筑业、金融业、教育、公共管理社会组织；宜宾高度专业化部门有采矿业、金融业、教育、公共管理社会组织；遂宁高度专业化部门有建筑业、金融业、房地产业、教育、公共管理社会组织；南充高度专业化部门有建筑业、金融业、教育、文化体育和娱乐业、公共管理社会组织；广安高度专业化部门有采矿业、金融业、教育、文化体育和娱乐业、公共管理社会组织；达州高度专业化部门有采矿业、金融业、教育、文化体育和娱乐业、公共管理社会组织；万州是长江上游地区盐气化工业和食品加工业发展的重要基地之一；涪陵是长江上游地区中除重庆和万州之外的第三大港；宜昌以交通枢纽功能为主。

从总体上看，长江上游地区已经形成了比较完整的产业体系，在全国具有较大影响力的产业有机械、电子、食品饮料、化工、医药、冶金、能源、军工等。其中，汽车、摩托车、重大装备制造、彩电、中药、化肥、白酒、硫酸、丝绸、原盐、天然气等工业产品在全国占有重要地位。然而，长江上游地区城

镇职能以综合型、工商型为主，职能趋同性较强，专业化城镇数量不多，职能类同，分工不尽明确。成都和重庆集政治、经济、文化于一地，融工交、商贸于一体，政治、经济、文化、科技职能过分集中，限制了自己向更高更新层次的发展，影响了在长江上游地区多功能综合作用的充分发挥。其他区域性中心城市以内向型行政商贸为主，缺乏外向型工商、旅游职能，没有形成自己的主导产业部门，仅服务于所辖地区，未能开拓新领域，限制了其发展速度与规模。长江上游地区大多数城市没能认清自己的优势，没有明确的功能定位，城市的主导功能没有形成，从而无法形成密切配合的基础产业、支柱产业，这对城市的远景发展有很大影响。应合理确定城镇职能，使城镇之间既有明确分工，又能紧密协作，使地区内的自然资源得以充分开发利用，从而各具特色。

第三节　经济发展水平

一、经济总量规模

2008 年，长江上游地区国内生产总值 26 636.46 亿元，经济密度为 234.17 万元/km²。从经济规模来分析，四川及重庆无疑是长江上游地区的核心，其 GDP 分别占长江上游地区的 46.95%、19.13%，重庆的比重不大，主要是由于重庆的面积相对较小，四川和重庆在长江上游地区地位突出，对长江上游地区发挥了区域性战略辐射带动作用；贵州、云南 GDP 分别占 12.51%、21.40%。经济密度重庆最高，四川次之，云南只有 144.67 万元/km²，与重庆的 618.53 万元/km² 相差很大。在固定资产投资总额、社会消费品零售总额、进出口总额、实际利用外资等方面，四川和重庆都表现出绝对的主导作用和核心地位，详见表 3-10。

表 3-10　长江上游地区经济总量规模情况（2008 年）

地区	面积/万 km²	人口/万人	地区 GDP/亿元	经济密度/（万元/km²）	固定资产投资总额/亿元	社会消费品零售总额/亿元	进出口总额/亿美元	实际利用外资/亿美元
长江上游地区	113.75	19 313.00	26 636.46	234.17	17 138.7	9 598.28	445.29	63.72
四川	48.5	8 138.00	12 506.3	257.86	7 602.4	4 800.8	220.382 8	33.415 9
重庆	8.24	2 839.00	5 096.66	618.53	4 045.25	2 064.09	95.21	28.57
贵州	17.61	3 793.00	3 333.40	189.29	1 864.45	1 014.85	33.70	1.737 9
云南	39.4	4 543.00	5 700.10	144.67	3 626.60	1 718.54	96	0

注：表中数据根据《重庆统计年鉴》（2009 年）、《四川统计年鉴》（2009 年）、《云南统计年鉴》（2009 年）、《贵州统计年鉴》（2009 年）整理

二、经济发展水平

据统计，2008 年全国人均 GDP 为 22 698 元，而长江上游地区的人均 GDP 仅 13 792 元，远远低于全国水平，其整体经济发展水平还较为落后。从人均 GDP 来分析，长江上游地区大致可以分为 2 个层次，人均 GDP10 000 元以上的有四川、重庆和云南，人均 GDP10 000 元以下的只有贵州，其中，重庆人均 GDP 最高，为 18 025 元，贵州人均 GDP 最低，仅为 8824 元，区域内经济发展不平衡现象突出（表 3-11）。

表 3-11　长江上游地区经济发展水平情况（2008 年）

地区	面积/万 km²	人口/万人	人均 GDP/元	人均固定资产投资总额/元	人均社会消费品零售总额/元	人均进出口总额/美元
长江上游地区	113.75	19 313	13 792	8 874	4 970	231
四川	48.5	8 138	15 378	9 342	5 899	271
重庆	8.24	2 839	18 025	14 249	7 270	335
贵州	17.61	3 793	8 824	4 916	2 676	89
云南	39.4	4 543	12 587	7 983	3 783	211

注：表中数据根据《重庆统计年鉴》（2009 年）、《四川统计年鉴》（2009 年）、《云南统计年鉴》（2009 年）、《贵州统计年鉴》（2009 年）整理

三、经济结构

2008 年，长江上游地区三次产业产值分别为 4510.34 亿元、12 083.17 亿元、10 042.9 亿元，产值结构为 15.74∶46.97∶37.29，经济总体上已进入工业化发展中后期阶段。据统计，全国三次产业产值结构为 11.3∶48.6∶40.1，可见，长江上游地区第二、第三产业产值结构比重落后于全国平均水平，而且其内部经济发展不平衡，重庆的第二、第三产业产值在当地地区生产总值中分别超过 40%，已超过全国平均水平，进入后工业化阶段。在整个长江上游各地区的产值构成中，四川所占比重最大，第一产业占 52.46%，第二产业占 47.92%，第三产业占 43.31%，均超过 40%，对长江上游地区的经济发展水平起到了决定性的作用。详见表 3-12～表 3-14。

表 3-12　长江上游地区三次产业产值　　　　　　（单位：亿元）

地区	第一产业产值	第二产业产值	第三产业产值
长江上游地区	4 510.34	12 083.17	10 042.9
四川	2 366.15	5 790.10	4 350.00
重庆	575.40	2 433.27	2 087.99
贵州	547.85	1 408.71	1 376.84
云南	1 020.94	2 451.09	2 228.07

注：表中数据根据《重庆统计年鉴》（2009 年）、《四川统计年鉴》（2009 年）、《云南统计年鉴》（2009 年）、《贵州统计年鉴》（2009 年）整理

表 3-13　长江上游地区各区域三次产业分布结构　　　　（单位:%）

地区	地区 GDP	第一产业	第二产业	第三产业
长江上游地区	100	15.74	46.97	37.29
四川	100	18.9	46.3	34.8
重庆	100	11.3	47.7	40.0
贵州	100	16.4	42.3	41.3
云南	100	17.9	43	39.1

注：表中数据根据《重庆统计年鉴》（2009 年）、《四川统计年鉴》（2009 年）、《云南统计年鉴》（2009 年）、《贵州统计年鉴》（2009 年）整理

表 3-14　长江上游地区三次产业产值结构比例　　　　（单位:%）

地区	第一产业构成	第二产业构成	第三产业构成
长江上游地区	100	100	100
四川	52.46	47.92	43.31
重庆	12.76	20.14	20.79
贵州	12.15	11.66	13.71
云南	22.63	20.28	22.19

注：表中数据根据《重庆统计年鉴》（2009 年）、《四川统计年鉴》（2009 年）、《云南统计年鉴》（2009 年）、《贵州统计年鉴》（2009 年）整理

第四章
长江上游流域自然区划

　　长江上游地区是我国重要的生态屏障，拥有得天独厚的自然资源，同时，也是我国生态环境比较脆弱的区域。本书在总结前人研究成果的基础上，根据长江上游地区自然地理环境及其组成成分在空间分布的差异性和相似性，结合"十一五规划"对全国主体功能区的划分，按照流域进行自然划分，将长江上游地区划分为 2 个自然大区、3 个自然地区和 7 个自然区。通过探讨长江上游地区自然区的自然地理环境及其组成成分的特征、变化和分布规律，为长江上游地区因地制宜进行自然资源、自然条件的合理利用以及自然环境的整治和保护提供科学依据。

第一节　我国区划工作的历史回顾

一、自然区划的基本内容

（一）自然区划的概念

　　地表自然界受不同尺度的地带性与非地带性地域分异规律的影响，分化为不同等级的自然区。各级自然区之间都存在特征差异性，自然区内部则具有相对一致性。以地域分异规律学说为理论依据，将自然特征不相似的部分划为不同的自然区，并确定其界限，进而对各自然区的特征及其发生、发展和分布规律进行研究，按其区域从属关系，建立一定的等级系统，这种地域分区即为自然区划。

　　按照区划的对象，自然区划可以分为综合自然区划和部门自然区划。前者从环境的综合特征，即景观的一致性和差异性出发，进行地域划分；后者只考虑自然环境的某一部分，如大地构造、气候、水文、植被、地貌等。自然环境是个统一的整体，因而无论是综合区划还是部门区划都要考虑环境的综合性。这就要求在进行区划时，先对环境进行综合分析，并从中找出主导分异因素。

　　按照特定的目的，自然区划中出现了各种实用区划，如公路自然区划、建筑自然区划、农业自然区划等。实用区划的特点是自然、技术、经济三方面的有机结合，目标明确，实践用途大，因而日益受到重视。自然区虽然是人为划分的，但它是客观存在的反映。只有正确地认识地域自然环境的分异规律性，区划才能接近于符合客观实际情况，人们也才能正确认识、利用和改造自然。

（二）自然区划的原则

　　自然区划的原则，是反映自然地理区域分异的基本法则，是进行自然区划的指导思想，是选取区划指标、建立等级系统、采用不同方法的基本准绳。目前，常用的区划原则有发生统一性原则、相对一致性原则、区域共轭性原则、综合性原则与主导因素原则等。由于对区划原则的认识不同，区划方案也不尽相同。

1. 发生统一性原则

　　发生统一性原则指任何区域单位都是在历史发展过程中形成的，因此，进行自然区划必须探讨区域分异产生的原因与过程，以形成该区域单位整体特性的发展史为区划依据。

　　在遵循上述原则时，应该注意以下几点：①任何区域单位都具有发生统一性，但不同等级或同一等级的不同区域单位，其发生统一性的程度和特点是不相同的。也就是说，区域单位的发生统一性是相对的。②由于低级区域单位是由等级较高的区域单位分化出来的，因此，越是低级的区域单位，其年龄越小，发生统一性越强。

2. 相对一致性原则

　　相对一致性原则要求在划分区域单位时，必须注意其内部特征的一致性。这种一致性是相对的一致性，而且，不同等级的区域单位各有其一致性的标准。例如，自然带的一致性体现在热量基础的大致相同，自然区的一致性体现于热量辐射基础相同条件下的大地构造与地势起伏大致相同。相对一致性原则适用于把高级地域单位划分为低级单位，同时，又适用于把低级地域单位合并为高级单位。

3. 区域共轭性原则

　　每个具体的区划单位都要求是一个连续的地域单位，不能存在着独立于区域之外而又从属于该区的单位。区划的这一属性，称为区域共轭性或空间连续性。这一原则决定了区划单位必须是完整的个体，不存在彼此分离的部分。例如，山间盆地与周围山地在自然特征上有明显差别，但根据区域共轭性原则，两者同属于更高一级的区划单位。

4. 综合性原则和主导因素原则

综合性原则强调在进行某一级区划时，必须全面考虑构成环境的各组成成分和其本身综合特征的相似和差别，然后挑选出一些具有相互联系的指标作为确定区界的根据。贯彻综合性原则，目的是要保证所划分的单位，是一个具有特点的自然综合体。主导因素原则通常是通过主导标志法来实现的，即选取能反映区域分异的主导因素的某一指标作为确定区域界限的主要根据。这一原则强调在进行某一级区划时，必须按统一的指标来划分。在自然区划中，一般是在综合分析的基础上再找出区域分异的主导因素。

二、自然区划研究综述

我国区划思想的最早萌芽可追溯至春秋战国时期的《尚书·禹贡》和《管子·地员篇》等。其中，《尚书·禹贡》是世界最早的区划研究著作之一，带有清晰的区划思想，依据自然环境中河流、山脉和海洋等自然界线，把全国划分为九州。近代之后，早在 20 世纪 20～30 年代我国学者便已开始区划的研究工作，我国是世界上较早开展现代区划研究的国家之一。我国的自然区划研究大致以 1950 年为界，其前为区划工作的近代起步阶段，其后则为区划工作的全面发展时期。20 世纪末至今，区划工作正步入综合区划研究阶段。

（一）区划研究的起步阶段

1929 年竺可桢发表的《中国气候区域论》标志着我国现代自然地域划分研究的开始；黄秉维于 1940 年首次对我国植被进行了区划；李旭旦 1947 年发表的《中国地理区域之划分》在当时已达到了较高的研究水平。这期间，国内外其他一些学者也从区划的地域分异规律等方面对我国的自然区划发表了见解，如张其昀（1926 年，1935 年）、李长傅（1930 年）、洪思齐与王益崖（1934年）、王成祖（1936 年）、李四光（1939 年）、冯绳武（1945 年）等。

这时期的区划研究有以下 4 个突出特点：①缺乏对区划理论与方法的深入探讨，没有按照自然综合体的发生、发展与区域分异规律和比较严密的原则与方法，进行综合自然区划工作；②受客观条件和基本资料的限制，所制定的区划方案大多比较简略，多是专家集成的定性工作；③以统一地理学思想为指导的地理区划分的研究工作较多，如 1934 年洪绂的《划分中国地理区之初步研究》和李长傅的《中国之地理区研究》、1946 年张其昀的《人文地理教科书》，以及何敏求的《中国地理概论》等；④以单要素为主的部门自然区划较多，如李承三的中国地形区域，竺可桢、涂长望、卢鋆、吴和赓等的中国气候区划分，陈恩凤等人的中国土壤类型划分研究，以及 J. Thorp 的《中国土壤区域图》，胡先骕、黄秉维等的中国植被区域研究等（郑度等，2005）。虽然上述有关区划的研究工作有着很多不足，但其所作的开创性研究为我国区划工作走向全面发展奠定了必要的基础。

（二）区划研究的全面发展时期

20 世纪 50 年代以后，随着国民经济建设事业的迅速发展，迫切需要对全国自然条件和自然资源有全面的了解，并因地制宜地发展工农业及其他建设事业，明确提出区划要为农业生产服务。我国曾把自然区划工作列为国家科学技术发展规划中的重点项目，并组织了三次较大力量开展全国综合自然区划的研究和方案的拟订，完成了一批重大成果。林超、罗开富、黄秉维、任美锷、侯学煜、赵松乔、席承藩等先后提出了全国综合自然区划的不同方案，探讨了综合自然区划的方法论问题。这期间，全国性综合自然区划和部门区划工作得到全面发展，省级的区域研究和各类部门区划工作也同期在全国展开。该时期区划的普遍开展，促进了对区划内涵认识的提高和理论方法的发展。

1. 综合自然区划的相关研究

综合自然区划是根据地表自然界的异同将地域加以划分，并按照划分出的地域单元探讨其自然环境特征、发展及分布规律。在应用实践上，综合自然区划有着广泛的应用价值，可为地表自然过程与全球变化的基础研究以及环境、资源与发展的协调提供宏观的区域框架，为自然资源的合理利用、土地生产潜力的提高、先进农业技术的引进与推广、土地利用结构调整与管理、土地退化防治与生态建设、生物多样性保护和自然保护区的选择、改造自然规划的拟订、区域可持续发展战略和规划的制定等工作提供科学依据。正因为如此，20 世纪 50 年代以来，我国学者对综合自然区划的方法论与应用实践进行了全面系统研究（表 4-1）。

表 4-1　全国性综合自然区划研究简述

方案名称	主编	年份	研究简述
中国自然区划大纲	林超	1954	根据地形构造将全国划分成 4 部分，之后根据气候状况分为 10 个"大地区"，最后根据地形划分为 31 个"地区"和 105 个"亚地区"。划分是为了综合性大学地理系的教学，基本上反映了全国的自然地理面貌
中国自然区划草案	罗开富	1954	首先将全国划分为季风影响显著的东部区域和无季风影响的西部区域，其次将全国划分为 7 个基本区，最后以地形为主要依据，划分为 23 个副区。其中，基本区为自然，而非行政区或经济区。方案以植被与土壤作为区划标志；在标志不确定处，选用气候界限或地形界限加以补充，多数区的名称一直沿用至今

续表

方案名称	主编	年份	研究简述
全国综合自然区划	黄秉维	1959	将全国划分为 3 大自然区、6 个热量带、18 个自然区和亚地区、28 个自然地带和亚地带、90 个自然省
		1965	补充修改了原有方案，将热量带改为温度带
		1989	简化了区划体系，重申温度与热量不同，划分 12 个温度带、21 个自然地区和 45 个自然区。该方案揭示了地域分异规律，明确规定区划目的是为广义农业服务。这是我国最详尽而系统的自然区划方案，影响巨大，有力地推动了全国和地方自然区划工作的深入
中国自然地理纲要方案	任美锷等	1961	在区划指标是否统一、指标如何评价、区划等级单位如何拟定和各级自然区域命名等方面提出了与黄秉维不同的见解。方案将大兴安岭南段划入内蒙古区，把辽河平原划入华北区，把横断山脉北段划入青藏区，把柴达木盆地划入西北区等，并将全国划分为 8 个自然区、23 个自然地区、65 个自然省
		1979	对上述方案进行了补充和较为详细的阐述
中国自然区域及开发整治区划方案		1992	将全国分为 8 个自然区、30 个自然亚区、71 个自然小区，并按自然区阐述资源利用和环境整治问题
对于中国各自然区的农林牧副渔业发展方向的意见	侯学煜等	1963	先按温度指标，将全国划分为 6 个自然带和 1 个区域，各自然带具有一定的耕作制和一定种类、品种的农作物。然后根据大气水热条件结合状况不同，继续划分为 29 个自然区，各自然区的划分一般与距离海洋远近和一定的大地貌有关。方案从发展大农业的角度进行综合研究，为各个自然区的农业生产配置、利用改造等提出了参考意见，与前述方案比，更偏重于实用
自然区划新方案	赵松乔	1983	明确提出了区划的分区原则，并将全国划分为三大自然区（东部季风区、西北干旱区、青藏高寒区），再按温度、水分条件的组合及土壤、植被等方面的反映，划分为 7 个自然区，然后按地带性因素和非地带性因素的综合指标，划分为 33 个自然区
中国自然区划概要	席承藩等	1988	首先把全国划分为三大自然区（东部季风区、西北干旱区、青藏高寒区），其次再按温度状况把三个区域依次划分为 9、2、3 个带，共 14 个自然带，最后根据地貌条件将全国划分为 44 个区。方案强调为农业服务，与 1959 年黄秉维方案比，简化了区划系统，三大区域的划分与赵松乔方案互为借鉴，并被普遍沿用至今

资料来源：郑度等，2005

在以上的综合自然区划研究中，1959 年黄秉维的《中国综合自然区划》方案揭示并肯定了地带性规律的普遍存在，对中国自然地域分异规律的认识是一个历史性的突破。该方案建立了经典的区划方法论，是我国影响最大的一个方案，一直为农、林、牧、水、交通运输及国防等有关部门作为查询、应用和研究的重要依据，有力地推动了全国和地方自然区划工作的深入。其后，在各省（区）和特殊地理单元进行的各类自然区划亦大都赞同黄秉维的观点，并应用黄秉维 1959 年方案所获得的成果来阐述本地区的地域分异规律，从而使自然地域分异规律作为各类自然区划中最基本的理论依据而得到充分反映。20世纪60年代之后，任美锷、侯学煜、赵松乔、席承藩等在黄秉维的区划方案基础上先后提出了全国综合自然区划的不同方案，探讨了综合自然区划的方法论问题。1988年席承藩的区划方案简化了区划系统，其三大区域的划分与赵松乔（1983）的研究互为借鉴，并被普遍沿用至今。

目前，我国普遍采用的综合自然区划是根据纬度与海陆分布地理位置、地形、气候以及植被、土壤、水文等自然要素的差异，综合考虑气候-生物-土壤等地带性要素和地貌、地面组成物质等非地带性要素，将全国划分为三大自然区（东部季风区、西北干旱区、青藏高寒区），再按温度状况把三个区域依次划分为9、2、3个带，共14个自然带，然后根据地貌条件将全国划分为44个区。

1) 三大自然区域的特征

综合自然区划将全国划分为东部季风、西北干旱和青藏高寒三大区域。高寒区域海拔在3000m以上，最热月平均气温在18℃以下，即以此和季风、干旱区域分界。干旱区域除某些山区外，年降水量在400mm以下，以此和季风区域分界。这条线，是草原和森林的界线，也是以牧为主和以农为主的界线。三大自然区域的特征主要差别如表4-2所示。

表4-2 三大自然区域的主要特征

区域	东部季风区	西北干旱区	青藏高寒区
占全国总面积/%	47.6	29.8	22.6
占全国总人口/%	95	4.5	0.5
气候	季风，雨热同季，局部有旱涝	干旱，水分不足限制了温度的发挥作用	高寒，温度过低限制了水分的发挥作用
区域	东部季风	西北干旱	青藏高寒
地貌	大部分地面为丘陵和平原	高山分割的盆地和高原	高原及高大山系
区域	东部季风	西北干旱	青藏高寒
地带性	纬向为主	经向或作同心圆状	垂直为主
水文	河系发育，以雨水补给为主，南方水多北方水少	绝大部分为内流河，雨水和雪水补给，湖水含盐	西部为内流河，东部为江河发源地，雪水补给为主
土壤	南方酸性黏重，北方碱性松细，有机质含量较高	大部分含有盐碱和石灰，有机质含量低，质地疏松	有机物分解慢，作草毡状盘结，机械风化强
植被	森林为主	草原和荒漠，高山有森林	草甸与寒漠，沟谷有森林
利用	以农为主	以牧为主，绿洲有农业	以牧为主，沟谷与盆地有农业

资料来源：《中国自然地理》编辑委员会，1980

2）自然带的划分

该区划根据气温将全国分为 14 个自然带，如表 4-3 所示。

表 4-3 　《综合自然区划方案》自然带的划分

自然带	主要指标		辅助指标		
	≥10℃日数/天	≥10℃积温/℃	最热月气温/℃	最冷月气温/℃	年极低平均气温/℃
寒温带	＜105	＜1700	＜16	＜－30	＜－45
中温带	106～108	1700～3500	16～24	－20	－20
暖温带	181～225	3500～4500	24～30	－10	－15
北亚热带	226～240	4500～5300	24～28	0～5	－5
中亚热带	241～285	5300～6500	24～28	5～10	－5
南亚热带	286～365	6500～8200	20～28	10～15	0～5
边缘热带	365	8200～8700	24～28	15～20	5～10
中热带	365	8700～9200	＞28	20～25	10～15
赤道热带	365	＞9200	＞28	＞25	＞15
干旱中温带	105～180	1700～3500	16～24	－20	－20
干旱暖温带	181～225	3500～5500	26～32	－10	－15
高原寒带	不连续出现		＜6		
高原亚寒带	＜50		6～12		
高原温带	50～180		12～18		

资料来源：《中国自然地理》编辑委员会，1980

3）自然区的划分

根据湿润状况（干燥度和降水量）、水文条件、地形高低、土壤性质、植被类型等，将全国共划分为 44 个自然区。

20 世纪 50 年代后，各省（自治区、直辖市）及一些典型区域或流域（如河西走廊、珠江流域、青藏高原、横断山区、黄土高原、西北干旱区等）均进行了综合自然区划工作。此外，还有为特定目的服务的区划，如为灌溉服务的华北自然区划，为公路建设服务的全国公路自然区划，为橡胶种植生产服务的橡胶宜林地区划等。此外，自 70 年代以来，中国地理学界除了继续关注生产（特别是农业生产）的自然基础外，为改善生态系统和可持续发展服务的呼声日益高涨，我国生态区划发展迅速，生态系统观点、生态学原理和方法被逐渐引入自然地域系统研究。侯学煜以植被分布的地域差异为基础编制了全国自然生态区划，并与大农业生产相结合，对各级区的发展策略进行了探讨。他将全国划分为 20 个自然生态区及若干小区，其目的是根据自然生态规律性，合理开发、利用、保护自然资源。

2. 部门区划相关研究

与综合自然区划研究相呼应，我国部门的区划研究也在这一时期展开。部门地理学家在各自的研究中，有的提出了新的方案，有的对区划的目的、原则、指标、界线及其他问题或提出不同意见，或进行补充和完善。从某种程度上讲，与上述影响较大的全国性综合自然区划相比，部门区划具有更强的应用价值。部门区划的种类繁多，涵盖各种自然和人文要素，如气候区划、水文区划、植被区划、农业区划、交通区划、建筑区划、地震区划等。此外，针对不同地域实体的特定或主导功能，20世纪90年代以来在我国还开展了功能区划研究。比较成熟的功能区划有重要江河、湖泊、水库、渠道的水功能区划，全国海洋功能区划，环境功能区划，自然保护区功能区划等。

3. 经济区划相关研究

20世纪80年代以来，伴随着社会经济特别是市场经济的高速发展与产业转型，全国农业区划、中国农村经济区划、中国经济区划、"点-轴"理论指导下的中国区域开发理论等经济区划（理论）研究有了长足进展。经济区划研究虽起步较晚，但因应了国家需求而得到迅速发展，促进了我国社会经济的全面发展。经济区划是指根据社会生产地域分工的特点对全国领土进行战略性划分，指明各地区在全国劳动地域分工中的地位，揭示各地区专业化发展方向和经济结构特征，以及彼此分工协作的关系。纵观中国经济区划的演变历程，特别是新中国成立以来，我国的经济区划工作，虽然取得了一定成绩，但也确实存在不少问题，需要我们去研究、解决。

1）新中国经济区划方案频繁出台

新中国成立初期，中央将全国划分为东北、华北、西北、华东、中南、西南这六大行政区，同时也是经济区，其职能之一是促进各行政区内各省（市、区）的分工与协作。但这一方案刚开始实践就暴露出诸多问题，主要是地方权力过大，中央难以控制。因此，"一五"初期（1953年）中央就决定撤销各大区而实行对各省的直接领导。与此同时，又将全国大致划分为沿海地区和内陆地区。"二五"时期我国又以一些大城市为经济中心，设立了东北、华北、华东、华中、华南、西南、西北七大经济协作区。"四五"时期，中央决定以大军区为依托，将全国划分为西南区、西北区、中原区、华南区、华北区、东北区、华东区、闽赣区、山东区、新疆区这十个经济协作区。"五五"时期中央提出了在全国建立西南、西北、中南、华东、华北和东北六大区域经济体系。"六五"时期中央提出了在全国建立独立的、比较完整的工业体系和国民经济体系的基础上，基本建成西南、西北、中南、华东、华北和东北六个大区的经济体系，要求每个经济协作区建立"不同水平、各有特点、各自为战、大力协作，农轻重比较协调发展的经济体系"。"七五"时期，国务院提出东中西三大经济地带的构想。与此同时，为了揭示中国不同层次的社会劳动地域分工的规律和特点，又将全国划分为十大经济区，即东北区、华北区、华东区、华中区、华南区、西南区、西北区、内蒙古区、新疆区、西藏区。"八五"时期明确地划分了东部、中部、西部三大经济带，同时，又按照地理位置和经济特点的一致性，勾画出"珠三角""长三角"及环渤海三大城市群。"九五"时期又划分为七大经济协作区，即东部地区、环渤海地区、长三角地区、东南沿海地区、中部地区、西南和东南部分省区、西北地区。"十五"时期提出振兴东北老工业基地的发展战略，由此，我国经济区域划分由"三分法"转变为"四分法"。

2）我国经济区划的方法

20世纪80年代以前，我国对区域经济区划理论的研究较少，而且主要受到苏联的地域生产综合体划分方法的影响，对区域的划分主要有沿海与内地地区的划分、六大协作区的划分、三大地带的划分等。80年代以后，我国对区域经济的划分进入一个全新的发展阶段，理论界和政府所进行的区域经济区划研究都十分丰富。但是，改革开放以来，我国虽然提出了不少经济区区划方案，但大都只有认识方面的意义，并没有真正纳入国家的区域管理体系，其实际指导意义和操作性自然受到怀疑。

（1）按行政区划组织生产。这是我国新中国成立以来一直没有脱离的一种区域经济安排形式。这种形式虽然有利于调动各级政府的积极性，但容易导致用行政手段管理经济，违反经济规律，人为地割裂区际的经济技术信息的正常联系和流动，不利于在全国范围内建立合理的地域分工。

（2）按沿海与内地两大块安排区域分工格局。沿海与内地的区内一致性与区际差异性在建国初期较明显，采用这种粗线条的区划方法来安排生产，曾对国民经济的发展起过一定作用。但是随着经济的发展，沿海和内地的经济情况有了巨大变化，其内部不同地区经济发展差距明显，所以用这种划分来安排地区经济布局的方法显得过于粗糙，已不适用。

（3）六大协作区。我国于1958年提出七大经济协作区，1962年把华中区和华南区合并为中南区，成为六大经济协作区，即东北区、华北区、华东区、中南区、西南区和西北区。六大经济协作区作为综合经济区划，没能真正起到综合经济区的作用。

（4）按经济中心组织、管理地区经济。改革开放以来，我国参照西方发达国家以城市为中心的理论划分综合经济区。例如，杨建荣（1993）从"诸侯经济"、地区差距和就业压力这三个中国城市化发展面临的特殊环境出发，认为都市圈是中国城市化最有效率和效益、最切合实际的模式，并将全国划分为"八大都市圈"。通过组建若干个都市圈，可实现中国社会经济发展在空间上的多极带动，提高城市化的效率和经济增长的效益。都市圈能够充分发挥大、中、小城市的作用，使其合理分工，协调发展。构建都市圈是中国的战略抉择，有利于社会主义市场建设和促进地区之间共同发展。据此，杨建荣提出了八大都市圈的战略构想：①上海都市圈，以上海为中心，以南京和杭州为次中心；②珠江三角洲都市圈，以广州和香港为中心；③环渤海都市圈，以天津和北京为中心；④东北都市圈，以沈阳、大连、哈尔滨和长春为中心；⑤长江中游都市圈，以武汉为中心；⑥长江上游都市圈，以重庆和成都为中心；⑦关中平原都市圈，以西安为中心；⑧贵州高原都市圈，以贵阳为中心。

（5）以能源、矿产重点开发区为中心安排地区经济布局。这种区划是专业或部门区划，其着眼点是某种资源的开发利用，属于单一功能区，作为组织安排各地区整体经济活动的基本地域单元显然不合适。

（6）三大地带。改革开放以来，随着梯度开发理论的引入和发展，我国以陈栋生为代表的区域经济学界提出了东、中、西三大经济带的划分理论，该理论被作为我国政府组织国民经济活动的一种重要的地域依托。一般认为，东部地区主要由经济基础较好或发展快的辽宁、河北、山东、江苏、浙江、福建、广东、海南和北京、天津、上海三大直辖市构成；中部地区由黑龙江、吉林、山西、河南、安徽、江西、湖南、湖北构成；其余省份和五大民族自治区及重庆划分到西部地区。这种划分从总体上反映出了我国的区域经济发展水平的梯度差异，以及我国宏观布局的总体趋势和大致轮廓，但如果作为综合经济区划显然过于粗略。

3）我国经济区的功能类型与划分

我国经济学者李小建（1991）认为，经济区分为经济类型区、部门经济区和综合经济区（通称经济区）。杨树珍（1999）在上述观点基础上，进一步把综合经济区细分为协作经济区、聚类经济区、经济行政区和城市经济区四大类型区。

（1）聚类经济区。主要根据经济发展水平和经济结构特征的类似性划分的综合经济区。考虑到在现实世界中，国民经济的地域分布难以达到完全均质，一般只能达到类似或近似的程度，通过聚类分析等方法，将某些经济特征相似的地域分类聚合而成的经济区，称为"聚类经济区"。聚类经济区的划分，有助于因地制宜发展经济。

（2）协作经济区。按照正常的经济联系，组织跨行政区的具有不同经济发展水平、不同特色和优势的地区之间的横向协作与联合，在互利互补的基础上，加强协作地域范围内的物资、资金、技术、人才、信息交流。协作经济区是区域经济横向联合的一种重要组织形式，其主要目的是搞活市场与流通，促进各种生产要素的合理配置和区域的共同繁荣。

（3）城市经济区。为充分发挥中心城市对周围地区经济发展的辐射和带动作用，按不同规模的城市辐射力或吸引力的大小，应用空间相互作用等分析方法，可划分和组织不同层次的城市经济圈。

（4）行政经济区。在可能的条件下将行政区与经济区结合在一起，兼具行政区和经济区的双重职能，有利于加强对区域经济的规划、调控、组织和管理。虽然行政和经济区并不是一回事，但也不能否认行政区划的长期作用和干预对某些经济区的形成和发展的深刻影响。

4. 主体功能区区划

根据资源环境承载能力、现有开发密度和发展潜力，2006年我国政府在《国家"十一五"规划纲要》中首次将国土空间划分为优化开发、重点开发、限制开发和禁止开发四类主体功能区，并制定相应的政策和评价指标。

（1）优化开发区域是指国土开发密度已经较高，资源环境人口承载能力开始减弱，因其良好的地理环境、区位优势，还有进一步发展潜力的区域。主要分布地区为长江三角洲、珠江三角洲、京津冀等三大城市群经济圈，占国土面积的3%~4%。其功能定位是依靠技术进步和制度创新，着力优化升级产业结构，形成集约型经济增长方式，缓解经济社会发展和环境之间存在的矛盾，成为全国发展龙头和参与经济全球化的主体区域。

（2）重点开发区域是指资源环境承载能力较强、集聚经济和人口条件较好的区域。主要分布在辽东半岛、山东半岛、闽东南地区、中原地区、江汉平原、长株潭地区、关中地区、成渝地区、北部湾沿岸等九大地区。其功能定位为，充实基础设施，增强吸纳资金、技术、产业转移和人口集聚的能力，加快工业化和城市化，增强区域辐射作用，逐步成为支撑今后我国经济发展和聚集人口的重要载体。

（3）限制开发区域是指资源环境承载能力弱，但经济与人口压力过大，局部超载，生态脆弱的区域，包括退耕还林还草地区、天然林保护地区、草原"三化"地区、重要水源保护地区、重要湿地、重要蓄滞洪区、荒漠化地区、水资源严重短缺地区、自然灾害频发地区等22个地区。该地区功能定位是：生态保护优先，资源适度开发，有序转移超载人口，逐步成为全国或地区性重要生态功能区。

（4）禁止开发区域是指依法设立的各类自然保护区和湿地，人口密度极低，资源环境承载能力相当低下，不具开发条件的区域。截至2005年，全国自然保护区面积为14 995万 hm²，约占国土面积的16%；湿地面积为3849万 hm²，占国土面积的4%，自然保护区和湿地合计占全国土地面积的20%。禁止开发区域要依据法律法规规定，实行强制性保护，控制人为因素对自然生态的干扰，严禁不符合主体功能定位的开发活动。

主体功能区区划的提出标志着我国区域发展战略的重大调整与区域协调发展思路的重大创新。它突破了主要考虑增长与公平的区域发展思路，强调可持续发展，强调通过推动人口、资金、自然资源等要素的流动来实现区域协调发展。

（三）我国区划研究的特点

通过对前人研究成果按不同时间阶段进行的总结分析，可以看出，我国区划工作主要有以下四个方面的特点。

（1）众多区划方案的提出都有其深刻的历史背景，既是科学的总结，又与我国当时的经济发展水平和需求有着千丝万缕的联系。大致说来，20世纪80年代前，我国的区划研究主要服务于农业生产，80年代起，兼顾为农业生产与经济发展服务，90年代起，区划则转向为区域的协调发展和可持续发展服务。

（2）区划工作多是静态的，不能及时反映变化了的自然和人文要素。受当时资料、技术、社会经济发展条件的限制，若干重要界线的确定带有假定、推测的成分，指标的选取也有待改进与完善。近年来，引进了大量的技术手段和统计分析方法，但同时，也出现了单纯模式定量化的倾向，所得分区界线往往与实际出入较大，采取指标的地理意义难以诠释。

（3）区划工作以自然区划为主，经济区划研究发展相对薄弱，现有区划工作未能将自然区划和经济区划很好地结合起来，致使一些内容相关的研究在区域划分上，存有较大差异，这对区域可持续发展的研究有很大的限制性。

（4）在区划方案的认定上，没有制度化的保障，区划方案作为科学家的研究结果，而不是一定程序下认定的法律性文件，因此，并未真正为各地政府的经济建设规划所采纳，未能达到为社会经济可持续发展服务的预期目的。

第二节　长江上游流域自然区划分

一、长江上游流域区域特点及功能定位

（一）长江上游区域特点

长江上游流域面积约占长江总流域面积的62%，人口约占长江流域人口的35%，占全国总人口的15%。其中，汉、藏、彝、羌、回、傣、白、纳西、布依等民族在该区域内集中分布，该区域是多民族聚居地区。长江上游位于我国一级阶梯向二级阶梯的过渡地带和青藏高原的东南缘，显著受喜马拉雅山运动

造成的青藏高原隆升的影响，地质构造活动强烈，地形起伏大，山高坡陡，断裂带发育，岩层破碎，大部分地区雨量和热量充沛，水力、风化和重力作用强烈，在高原源区冻融作用也很强烈。长江上游区域特点可以概括为以下 6 个方面。

（1）长江上游地区是整个长江流域的安全保护带。这里所说的安全主要是指以下三个方面：一是通过天然林禁伐、坡地退耕还林还草等措施，涵养水源，保护植被，防止水土流失，有效地减轻长江中下游的洪涝灾害；二是通过对水污染的治理，保障三峡库区形成良好的生态环境；三是通过上游水电和水利设施的建设，拦截泥沙，使三峡大坝更加安全。

（2）长江上游地区是我国清洁、廉价、可再生能源的最重要的供给带。经多年的勘查和研究，长江上游水能的理论蕴藏量为 1.43 亿 kW，技术可开发量为 1.03 亿 kW，均占全国的 25% 以上。已开发的为 1026 万 kW，装机容量仅占技术可开发量的 10%。目前在建的溪洛渡、向家坝两大水电站，不仅装机容量超过三峡工程，而且淹没面积小，移民少，拦沙量大，对三峡大坝起着重要的保护作用。长江上游地区还有煤炭和天然气资源，具有建立调峰火电站的优越条件，可以使电力的均衡供给得到保障。

（3）长江上游地区是我国钒、钛、稀土、有色金属等特色矿产资源的富集区，与丰富、廉价的水电资源相配套，将成为我国高载能产业的密集带。这一地区还是我国天然气的主产区之一。除东输湖北、湖南等地以外，又是我国天然气化工产业的重要基地。

（4）长江上游地区是我国冶金工业、重型机械制造业、发电设备制造业、汽车和摩托车制造业、飞机制造业、电子信息产业、电视机等家电制造业基地，高新技术产业和尖端国防工业研发和制造基地，是一条可以与上海、武汉并驾齐驱的机械装备工业带。

（5）长江上游地区是我国西部自然和人文景观最为丰富、受到联合国保护的遗产最多的旅游带。九寨沟、黄龙寺、峨眉山、乐山大佛、青城山、都江堰、卧龙自然保护区、三星堆、三峡、大足石刻以及正在开发的雪山、冰川、森林、人造库区等自然景观，对国内和国际旅游者都具有强大的吸引力。

（6）长江上游地区是我国优质猪、牛、丝、麻、茶、草等农畜产品的生产和加工基地；是著名的长江柑橘带所在地；是以五粮液为代表的"五朵金花"的名酒之乡；是全国独具特色的食品、饮料、纺织品的生产、加工带，具有很大的出口潜力。

长江上游地区是我国资源富集区，巨大的水能资源和丰富的矿产资源相匹配，生物资源极为丰富，开发潜力巨大。同时，长江上游地区作为我国重要的生态屏障，对长江流域中下游地区的经济社会安全和可持续发展来说至关重要。然而，长江上游地区环境与经济发展失衡，生态环境恶化，生态屏障功能衰退，严重制约着该地区社会经济的发展，并成为长江中下游地区可持续发展的最大威胁。主要表现在以下四个方面。

（1）长江上游生态平衡失调，严重的水土流失已严重地影响到流域社会的经济发展。长江上游地区高原、山地、丘陵广布，地势西高东低，地形崎岖，多高山峡谷，降水丰沛，生态失调，直接导致水土流失。

（2）长江上游生态恶化，加剧了流域洪涝自然灾害，给人们的生命财产和生活环境造成威胁。长江上游多暴雨，由于森林生态系统破坏，涵蓄水源能力极差，暴雨造成迅猛涨落洪水，流速快，冲蚀作用造成洪灾。

（3）林草植被、草场、土地退化，生态资源和生态环境质量下降，导致农业生产条件恶化，生产效率降低。长江上游是我国著名的西南林区，森林滥伐和毁林开荒、陡坡垦殖、草场超载过牧，使生态资源的质量下降，农业生产水平低下。

（4）水环境恶化，水资源减少。长江上游是我国水资源的集中分布区之一，历史上良好的水环境和丰沛的水资源，给地区社会经济发展提供了自然基础。但是，随着生态失调，水环境问题堪忧，一是长江上游干支流沿江的城镇地带和工业集中区水污染日益严重；二是水资源逐年减少，源头青藏高原已有30%以上的湖泊干化成盐湖或干盐湖，金沙江、沱江、嘉陵江、岷江水量下降。

（二）长江上游地区的功能定位

从地理分布来看，长江上游地区主要指沿长江干支流及其两侧区域分布的攀枝花、昭通、宜宾、泸州、江津、合川、永川、重庆（主城）、长寿、涪陵、丰都、忠县、万州、云阳、奉节、巫山等沿江城市；沿成渝高速路、成都至上海国道主干线（上游境内包括成都—遂宁—南充—梁平—万州—宜昌）；成渝铁路、遂渝怀铁路等交通干线分布的成都、乐山、绵阳、德阳、遂宁、南充、内江等城市；沿渝（川）黔铁路和高速公路等分布的遵义、贵阳等城市；以及由成昆、内昆、贵昆线连接的昆明等城市；其经济腹地主要包括重庆、四川、贵州、云南4个省（直辖市）。按照《国家"十一五"规划纲要》主体功能区的划分，长江上游地区不在全国优化开发区域之内，重点开发区里只有成渝地区，多数为限制开发区和禁止开发区。在全国划分的22个限制开发区中，长江上游地区拥有7个，分别是青海三江源草原草甸湿地生态功能区、四川若尔盖高原湿地生态功能区、桂黔滇等喀斯特石漠化防治区、三峡库区水土保持生态功能区、川滇森林生态及生物多样性功能区、秦巴生物多样性功能区、藏东南高原边缘森林生态区。此外，长江上游地区拥有众多国家级自然保护区、世界文化自然遗产、国家风景名胜区、国家森林公园、国家地质公园等禁止开发区域。

因此,长江上游地区作为我国重要的生态屏障,对长江流域及中下游地区的经济社会安全和可持续发展来说至关重要。该地区的功能定位是,生态保护优先,促进超载人口有序外迁和资源适度开发,严禁破坏性开发活动,因地制宜发展资源环境可承载的特色产业,成为全国重要的生态功能区以及保障长江流域及长江中下游地区生态安全的重要区域。

二、长江上游流域自然区划分的原则与依据

(一)指导思想

长江上游地区是我国生态脆弱区之一,随着经济的发展和西部大开发战略的实施,长江流域将面临更加严峻的生态环境压力,特别是长江上游所带来的各类生态环境危机。长江上游地区的自然区划的指导思想应是:以科学发展观为指导,统筹人与自然的和谐发展,统筹经济、社会、环境协调发展。积极发挥长江上游地区作为生态功能区对国家全面发展的积极作用,使得长江上游地区自然资源得到有效开发利用,满足国家及区域本身经济发展和环境建设的需要。

(二)划分原则

1. 地域分异原则

地域分异是自然区划的基础。没有地域自然环境的差异,就不用进行自然区划。自然带学说、地带性、非地带性规律和各自然要素之间的关系及自然地理过程理论为自然区划工作奠定了理论基础。因而,区域的分异原则是自然区划的理论基础,也是自然区划的最基本原则,各级自然区就是区域分异的结果。根据地域分异规律,可将等级高的自然区划单位划分成等级低的自然区划单位;又可以将等级低的自然区划单位合并为等级高的自然区划单位。

2. 地域关联原则

每一个自然区域存在动态的、不断发展变化的自然地理过程,而且受全球性的环境变化和其他相关区域的影响。处于相同生物气候带的区域,可能受到不同外区域影响的变化而呈现不同的景观,也可能因为外区域影响的变化而朝着不同的方向发展,因此,地域关联应作为自然区划的另一个重要原则。

3. 综合分析与主导因素相结合的原则

由于自然地理要素的形成、结构和功能受多种因素的影响,是各个因素综合作用的结果,因此,在进行各级自然区的划分时,必须贯彻综合分析与主导因素相结合的原则,在综合分析的基础上,抓住影响各自然区分异的主要因素

进行区划。抓主导因素并非忽视其他要素的作用，而是通过分析各自然因素之间的因果关系，找出一两个起主导作用的自然因素，并选取主导指标作为划分自然区域的依据。主导因素必须是那些对区域特征的形成、不同区域的分异有重要影响的组成要素。它们的变化不仅使区域内部的组成和结构产生量的变化，而且可导致质的变化，从而影响区域的整体特征。

4. 可持续发展原则

对区域进行自然区划的目的是为了促进自然资源的合理开发与利用，避免盲目的资源开发和对生态环境的破坏，增强区域经济社会发展的生态支撑力，促进区域的可持续发展。自然区划既要讲求生态效益，又要讲求经济效益。而生态效益是取得经济效益的物质基础，讲求生态效益是保证经济效益的重要条件。如果只顾眼前的经济效益，使生态环境得不到应有的保护，从而造成生态效益的损害，其结果也必将使经济效益得不到保障，更谈不上区域经济的可持续发展。因而，自然区划必须力求做到经济、社会、环境的可持续发展，使自然资源得以充分合理地被开发利用和保护，整个生态环境处于良性循环之中，保证资源的永续利用和经济的可持续发展。

（三）划分依据

20 世纪 90 年代以来，全球性环境问题和区域环境问题的研究迫切要求区划工作从综合角度分析区域之间的关系，即分析一个区域由于人类活动的干扰所引起的生态环境变化对相关区域的环境影响。因此，以往所作的主要考虑地域自然环境差异、很少考虑分析地域关联问题的自然区划，已不适应环境研究和经济发展的需要。为此，需要提出一个以环境、经济、社会和谐统一为主要服务目标，便于长江上游各地区之间相互关系分析的自然区划的初步方案，逐步形成一个用于生态环境保护、经济建设与社会发展相统一，与国家主体功能区相匹配，与各区域发展目标相补充的自然区划。

以流域为基本单元是自然区划的基本依据。水是地理环境中的物质循环和能量流动和通过物质循环和能量流动实现地域关联的最重要介质。地域之间自然环境的关联主要通过 4 条途径来实现，即通过大气运动、地表水与地下水的运动、生物的运动和人为的活动，而人为的活动在许多情况下也是通过其他 3 个自然途径而实现的。在这 3 个自然途径中，大气运动决定于大气环流特征，在小尺度范围内，山地起着一定的阻隔屏障作用；地表水与地下水的运动范围和方向主要决定于水系格局，而水系的格局主要决定于山脉走势；生物（特别是动物）运动受地形和生物气候条件的双重影响。可见，非地带性因素在自然环境的地域关联中起着重要作用。

流域是一个具有相对完整自然生态过程的区域单元，有明显的边界，其组成成分差异明显，由多个具有不同结构、功能的生态系统组成，且在空间的排列有一定规律，这些生态系统之间发生着有规律的能量流、物质流和物种流，形成相互依存和相互制约的关系。在流域内，水是地理环境中物质能量循环的最重要介质，也是生态系统中生命必需元素循环的重要介质，通过水这一介质，构成了流域内生态系统之间、水系上下游之间和海陆之间自然生态过程和自然—社会共轭生态作用的关联。因此，本书以流域单元作为自然区划的基础，使自然区划的成果方便利用于地域关联研究，从而为土地利用规划中的宏观用地的控制、用水控制，为环境影响评价和生态功能区划、生态环境保护和经济建设，提供实用的自然基础。

全国综合自然区划与主要水系分布格局有着极高的相关性。图 4-1 是赵松乔（1983）所作的全国自然区划方案（以下简称赵方案）与全国主要水系分布格局的比较。

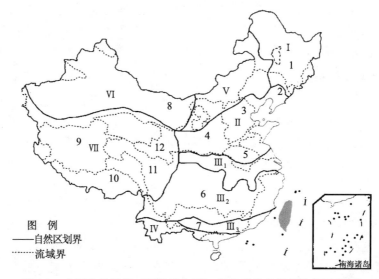

图 4-1　中国自然区划（赵松乔方案）与水系分布格局比较示意图

Ⅰ. 东北湿润半湿润温带地区；Ⅱ. 华北湿润半湿润暖温带地区；Ⅲ. 华中华南湿润亚热带地区；Ⅲ₁. 北亚热带；Ⅲ₂. 中亚热带；Ⅲ₃. 南亚热带；Ⅳ. 华南湿润热带地区；Ⅴ. 内蒙古温带草原地区；Ⅵ. 西北温带暖温带荒漠地区；Ⅶ. 青藏高原地区

主要流域：1. 黑龙江流域；2. 辽河流域；3. 海河流域；4. 黄河流域；5. 淮河流域；6. 长江流域；7. 珠江流域；8. 西北内流区；9. 藏北内流区；10. 雅鲁藏布江流域；11. 长江河源区；12. 黄河河源区

从图 4-1 中可以看出：①三大自然区的分布界线与特定流域的分布具有一定的共轭性，西北干旱区除河套地区、辽河上游和北疆额尔齐斯河流域外，均属内流区。因而，如果把东界西移到大兴安岭—燕山山脊，把南界稍南移到昆仑、祁连山山脊，则自然大区界和水系界基本协调；青藏高原区西部基本为高寒内流区，东南部与黄河、长江（大渡河、雅砻江、金沙江）、澜沧江、怒江的江源区及雅鲁藏布江流域相一致。②在东部季风区，温带的界线大致相当于辽河平原的北界；暖温带与北亚热带的界线西段相当于长江流域与黄河流域的分水岭，东段把淮河流域分成两半，但更靠近淮河与长江的分水岭；北亚热带与中亚热带的界线西段相当于汉水流域南边的分水岭，东界相当于长江干流与洞庭湖水系、鄱阳湖水系的分水岭；中、南亚热带的界线落在南岭南麓，而珠江流域则基本分布在中亚热带的南沿和南亚热带范围内。可见，每一条水系，或每一条大水系（长江、黄河）的一级支流均基本分布在一个自然区内，每一个自然区基本上包含若干水系的整体流域范围。因此，只要把自然区界按流域作适当调整，在生物气候带基带的宏观意义上，二者是可协调的。

　　图4-2是郑达贤和陈加兵（2007）的《以流域为基本单元的中国自然区划新方案》。该方案按流域将全国分为3个自然大区、11个自然地区和63个自然区。

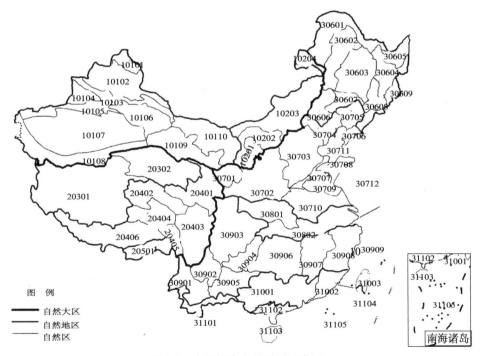

图 4-2　中国综合自然区划示意图

1 西北干旱区

101 西北温带、暖温带荒漠地区

　　10101 阿尔泰自然区　　10102 准噶尔盆地自然区　　10103 北天山自然区

　　10104 伊犁自然区　　10105 南天山自然区　　10106 哈密-吐鲁番盆地自然区

  10107 塔里木盆地自然区 10108 昆仑-阿尔金山北坡自然区

  10109 祁连山北坡-河西走廊自然区 10110 巴丹吉林-腾格里自然区

102 西北区东部地区

  10201 鄂尔多斯高原自然区 10202 河套平原自然区

  10203 乌兰察布-锡林郭勒自然区 10204 呼伦贝尔自然区

2 青藏高原自然大区

203 青藏高原西北地区

  20301 藏西北自然区 20302 柴达木-青海湖自然区

204 青藏高原东南地区

  20401 黄河源自然区 20402 长江源自然区 20403 甘孜自然区

  20404 怒江、澜沧江江源自然区 20405 怒江、澜沧江上游自然区

  20406 雅鲁藏布江上游自然区

205 藏南地区

  20501 藏南自然区

3 东部自然区

306 东北湿润、半湿润温带地区

  30601 大小兴安岭外侧自然区 30602 嫩江上游自然区 30603 松嫩平原自然区

  30604 牡丹江-汤旺河流域自然区 30605 三江平原自然区 30606 辽河河源自然区

  30607 辽河中游自然区 30608 松花江上游自然区 30609 图们-鸭绿江自然区

307 华北辽南湿润半湿润暖温带地区

  30701 陇中宁南自然区 30702 黄河中游自然区 30703 海河流域自然区

  30704 冀东辽西自然区 30705 辽河下游自然区 30706 辽东半岛自然区

  30707 黄河下游自然区 30708 山东半岛自然区 30709 苏北鲁西南自然区

  30710 淮河自然区 30711 渤海自然区 30712 黄海自然区

308 湿润亚热带北部自然地区

  30801 汉江自然区 30802 长江中下游平原自然区

309 湿润亚热带中部自然地区

  30901 滇西南自然区 30902 滇北自然区 30903 四川盆地自然区

  30904 乌江自然区 30905 滇桂黔珠江上游自然区 30906 洞庭湖水系自然区

  30907 鄱阳湖水系自然区 30908 浙闽自然区 30909 东海自然区

310 湿润亚热带南部地区

  31001 珠江中下游自然区 31002 闽南粤东自然区 31003 台湾中北部自然区

311 华南湿润热带地区

  31101 滇南自然区 31102 粤西南雷州半岛自然区 31103 海南自然区

  31104 台南自然区 31105 南海自然区

三、长江上游流域自然区划分结果

  为了突出长江上游地域的关联性，便于研究自然区内环境的关联和自然区与自然区之间的环境相互影响机制，实现长江上游地区经济、社会与环境的协调发展。本研究坚持自然区划界线与水系分布格局相协调的原则，首先以赵松

乔、席承藩等前人的综合自然区划方案为基础，参照主要水系分布图，对赵方案中的 3 个自然大区和 7 个自然地区的界线进行调整。其方法是把赵方案的界线移向最近的河流干流或大河一级支流的分水界。同时，根据郑达贤和陈加兵的《以流域为基本单元的中国自然区划新方案》，按流域划分将全国分为 3 个自然大区、11 个自然地区和 63 个自然区研究的基础上，本书以流域为自然区划的基本单元，将长江上游流域划分为 2 个自然地区（青藏高原自然地区、东部湿润亚热带自然地区）和 7 个自然区（长江源自然区、川西高原自然区、汉江自然区、云南金沙江自然区、四川盆地自然区、三峡库区自然区、乌江自然区），如图 4-3、表 4-4 所示。由于汉江入口处在长江中游，许多研究将其作为长江中游流域研究，因此，本书对汉江自然区不再详细阐述。

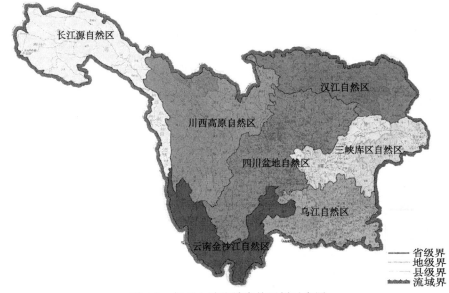

图 4-3　长江上游流域自然区划示意图

表 4-4　长江上游地区自然区划结果

自然地区	自然区
Ⅰ青藏高原自然地区	Ⅰ1 长江源自然区
	Ⅰ2 川西高原自然区
Ⅱ东部湿润亚热带自然地区	Ⅱ1 汉江自然区
	Ⅱ2 云南金沙江自然区
	Ⅱ3 四川盆地自然区
	Ⅱ4 三峡库区自然区
	Ⅱ5 乌江自然区

（一）青藏高原自然地区

1. 长江源自然区

长江源自然区地处青藏高原腹地，东北以昆仑山脉与黄河流域及塔里木盆地内陆水系分界；东南与四川毗邻，南以唐古拉山脉与怒江流域及澜沧江流域为界；西以可可西里山及乌兰乌拉与可可西里盆地内陆水系分流。地理坐标为北纬 $32°30'\sim35°50'$，东经 $90°30'\sim97°10'$，覆盖青藏高原中腹部的广大地带。从全国主体功能区区划来看，长江源自然区只有部分属于限制开发区，如三江源草原草甸湿地生态功能区等，其他大部分均属于禁止开发区，拥有众多国家级自然保护区，如三江源自然保护区等。

长江源自然区地形属于高山高原，地势西高东低，四周高山一般在 5000m 以上，其他地区海拔也多在 4000m 以上。河源水系复杂，西源沱沱河、北源楚马尔河以及南源当曲共同组成了长江的三个主要源头。长江源自然区气候类型属于高原寒带半湿润-半干旱区，年均气温 $-1.0°C$，最冷月 11 月均温 $-13.0°C$，最暖月 7 月均温 $9.7°C$，年均降水 387.7mm。植被类型从东南向西北依次由山地森林—高寒灌丛草甸—高寒草原、高寒荒漠植被演变，草甸植被占绝大多数，植被的原始性和脆弱性十分突出，一旦遭到破坏很难恢复。其中，长江源自然区，高原沼泽分布面积超过 $8000km^2$，是我国最大的沼泽分布区。土壤类型主要是高原草甸土、沼泽土、高原草原土和冻土，土层浅薄，物理属性好，潜在养分高，但速效养分不足，呈缺磷、少钙、高钾的特点。

长江源头涉及五县一市，总人口约 16 万人，人口密度约 1 人/ km^2，居民以藏族占绝大多数，经济以畜牧业为主，畜牧业产值占工农业总产值的 60％以上，经济文化欠发达，全区草场面积 89.47 hm^2，耕地面积 0.95 hm^2，林地面积 50.4 万 hm^2，农作物主要是青稞、小油菜、小麦等。

2. 川西高原自然区

川西高原自然区位于青藏高原东部、四川西部，包括阿坝藏族羌族自治州（以下简称阿坝州）、除泸定县以外的甘孜藏族自治州（以下简称甘孜州）全境和凉山彝族自治州（以下简称凉山州）的木里县，共有 31 个县，总面积 24.44 万 km^2，占四川国土面积的 50.46％。本区大部分地区属于限制开发区，青藏高原东南边缘森林生态区处于其中。川西地貌以高山峡谷和高原为主，属于高寒气候区，是涪江、沱江等江河的发源地，是金沙江、雅砻江、大渡河等江河流域的主体，成为长江流域及四川的重要水源涵养地。区内人口稀少，土地资源丰富，人均土地是四川平均数的 28 倍。牧草地面积占四川草地面积的 86.22％，是我国五大自然牧区之一；林地面积占四川林地面积的 48.13％，是我国西南林区的主体和四川天然林保护工程的重点区域。

（二）东部湿润亚热带自然地区

1. 云南金沙江自然区

金沙江于迪庆州德庆县北部入云南境，在云南省境内流程 1560km，流域面积 11.09 万 km²，占云南总面积的 28.94%，流域范围内有迪庆、丽江、大理、楚雄、昆明、曲靖、昭通 7 个市（自治州）。

云南金沙江流域大部分属于限制开发区，其中，大部分处于桂黔滇等喀斯特石漠化防治区和川滇森林生态及生物多样性功能区之中。西北部为横断山脉，东北部为云贵高原的北缘，区内最高海拔 5596m（玉龙雪山），最低海拔 267m（水富县金沙江水面），相对高差 5239m，流域内地势起伏大，坡度大于 25° 的土地面积占 47.6%。流域总人口超过 1795 万，占云南总人口的 44% 以上，人口密度约 128 人/km²，高于云南平均人口密度。流域内宜农耕地少，人均仅为 0.067 hm²（约一亩），其中，约 50% 是 25° 以上的坡耕地，产量低不稳定，尖锐的人地矛盾导致脆弱的生态环境不断恶化，这成为该流域经济发展的制约因素。

2. 四川盆地自然区

四川盆地自然区地跨北纬 28°50′~31°40′，东经 104°10′~107°00′。包括绵阳的中江、三台、梓潼、盐亭，德阳的罗江，成都龙泉驿区、金堂、蒲江、内江、资阳、遂宁、南充、自贡的全部，眉山的丹棱、仁寿、青神，乐山的井研、五通桥区、犍为，广安的华蓥、岳池、武胜、广安、邻水，达州的达县、宣汉、开江、大竹，泸州的江阳、龙马潭、泸县、纳溪，宜宾的宜宾、南溪、江安、长宁、高县和雅安的名山等 70 个县（区），总面积约 9 万 km²，占四川面积的 18% 左右，人口密度约 600 人/km²。其中，成都、资阳、内江、绵阳、德阳属于国家主体功能区的重点开发区，其他大部分地区处于限制开发区——秦巴生物多样性功能区之中。

该自然区地貌以丘陵为主，水热条件优越，土壤类型以紫色土为主。该区开发历史悠久，垦殖指数高，耕地面积占全省耕地的 50% 以上，是四川农业经济发展的重要地带。但由于降水季节分配不均、水利设施不足及农业用水定额偏高，全区农业年均缺水在 30 亿 m³ 左右；区域工业基础较好，工业产值占工农业总产值的 40% 以上；农业经济结构简单，主要是"粮猪型"结构。

3. 三峡库区自然区

三峡库区自然区是指三峡工程完工后，长江干流河道水库两侧从坝址（宜昌三斗坪）以上到库尾的狭长地带，即从湖北宜昌三峡大坝回水到重庆江津长江两岸。库区包括湖北省所辖的宜昌县、秭归县、兴山县、恩施土家族苗族自治州所辖的巴东县；重庆市所辖的巫山县、巫溪县、奉节县、云阳县、开县、万州区、忠县、涪陵区、丰都县、武隆县、石柱县、长寿区、渝北区、巴南区、江津区及重庆市区（包括渝中区、沙坪坝区、南岸区、九龙坡区、大渡口区和江北区）等 40 个区县市的广大地区。

库区属于亚热带季风气候，年降水量 1000～1800mm。土地类型多样，丘陵、山地面积大，平地面积小，土地结构复杂，垂直差异明显。因特定的地理条件，地震、崩塌、滑坡、泥石流等灾害时有发生，水土流失严重，该区水土流失面积 1.4 万 km² 以上。库区地理位置独特，处于第二、第三级阶梯过渡地带，是长江上中下游之间生态系统的物能运移最集中的区域。区内资源丰富多样，自然景观奇异，以药材和水果等经济植物为主的生物资源、水能资源和生态旅游资源蕴藏丰富，以岩盐、天然气为主的特色矿产资源禀赋突出，开发前景广阔。

然而，这一地区分布着我国西部两大连片的贫困山区，即秦巴山区和武陵山区，库区所涉及的县几乎都是贫困县，有近 200 万贫困人口。库区经济发展落后的一个重要原因是在过去的资源开发中，引发区域生态环境持续恶化，不少区域环境与经济发展陷入恶性循环，广大山区陷入了"越垦越穷，越穷越垦"的怪圈。

4. 乌江自然区

乌江正源三岔河发源于黔西北的乌蒙山东麓毕节地区威宁县的香炉山。流经贵州省 41 个县（市、区），于重庆市涪陵区汇入长江，是长江上游南岸最大的支流，是贵州省境内第一大河。全长 1037km，在贵州省境内河长 874.2km。乌江流域位于北纬 26°27′～30°22′，东经 104°18′～109°22′，流域总面积 87 920km²，分属滇、黔、渝、鄂四省市，其中，贵州省乌江流域面积 66 830km²，占乌江流域总面积的 76.03%，占贵州省面积的 37.95%。

贵州乌江流域是由西部乌蒙山、中部苗岭、东部雷公山、北部大娄山、东北部梵净山所构成的高原地形，平均海拔 1000～2900m。贵州乌江流域地貌类型复杂，山体陡峭，多瀑布险滩，地面起伏破碎，以山地为主，丘陵次之，坝地最少。流域以亚热带气候为主，局部山区属暖温带和中温带气候。降水量为 900～1500mm，且雨热同季，有利于农作物生长发育。流域内碳酸盐岩层广泛出露，喀斯特地貌发育典型，80% 以上的地区为喀斯特地貌，与云南、广西的喀斯特地貌连成一片，被誉为"世界喀斯特胜地"。地表土层瘠薄，植被稀疏，地表水源缺乏，生态系统十分脆弱。但复杂多样的自然环境条件孕育了丰富多样的生物多样性。从生态系统来看，乌江流域有良好的湿润性常绿阔叶林生态系统、以草海为代表的内陆湿地和水域生态系统。区内野生动植物种类繁多，据不完全统计,仅高等植物就有2000多种,国家级保护珍稀动植物近100多种。

贵州乌江流域矿产资源丰富,已探明储量的矿产资源有74种,以铝、磷为代表的28种矿产资源保有储量居全国前5位,而且,区内煤炭、水能资源十分丰富,有利于建设大型原材料、能源基地。流域有奇异的自然景观和深厚的文化底蕴,旅游资源丰富。

第五章

长江上游地区主体功能区划分及发展政策

《中共中央关于制定国民经济和社会发展第十一个五年规划的建议》指出，"各地区要根据资源环境的承载能力和发展潜力，明确不同区域的功能定位，并制定相应的政策和评价指标，逐步形成各具特色的区域发展格局"。

主体功能区规划是在空间布局上落实科学发展观，统筹谋划未来人口分布、经济布局、国土利用和城镇化格局的重大举措，是我国区域发展战略的一次重大调整和创新。规划将为我国提供新的区域空间布局和发展蓝图，对形成人口、经济、资源环境相协调的基本格局，促进区域协调发展，实现资源节约和环境保护，具有十分重要的战略意义。

第一节　我国主体功能区研究概况

一、国内外空间规划研究综述

在区域空间结构和空间规划方面，国外学术界进行了大量的研究和实践。法国经济学家佩鲁（Perroux）于 1955 年提出增长极概念。其后，法国经济学家布代维尔（Boudville）在 1966 年将增长极的概念推广到地理空间，认为经济空间不仅包含了经济变量之间的结构关系，也包含了经济现象的区位关系或地域结构关系。瑞典著名经济学家、诺贝尔经济奖获得者谬尔达尔（Myrdal）于 1957 年提出了"回流效应"和"扩散效应"这样一对新概念来分析区域发展的空间问题。美国经济学家赫希曼（Hirschman）1958 年认为，经济进步并不同时出现在每一个地方，经济进步的巨大推力会使经济增长围绕最初的出发点集中，增长极的出现及增长在区域间的不平衡是经济增长不可避免的伴生物，是经济发展的前提条件。弗里德曼（Friedmann）1966 年通过对发达国家及不发达国家的空间结构的长期研究，提出了"核心-边缘论"，认为区域发展的核心区具有较高的增长倾向，促使技术、资本等经济要素在核心区产生和集中，边缘区则缺乏经济发展的技术、资本及信息等要素。20 世纪 90 年代以来，欧盟、德国、爱尔兰等国家和地区十分重视空间规划，并做了大量的工作。1991 年，欧共体起草了"欧洲 2000"，强调连片开敞空间和城市网络的重要作用；1993 年，德国联邦政府地区规划及城市建设和发展部制定了德国地区规划指导方针，旨在使德国境内实现多中心的空间平衡发展，以及在全国实现均衡的生活条件；1995 年，欧盟委员会起草制定了欧洲空间发展前景规划（ESDP），来实现欧盟政策的三个基本目标，即经济和社会的融合、自然资源和文化遗产的保护管理、欧洲地区竞争力的平衡；2001 年，爱尔兰制定了国家空间战略（NSS）（2002～2020 年），目的是使不同区域的经济、社会和自然更加均衡地发展，充分发挥各区域的潜力，为政府政策和战略规划提供指导；2003 年，威尔士出版了空间规划草案《人民·地方·未来》，展示与整个威尔士相关的空间目标和行动等（藤田昌久等，2005）。

国内 20 世纪 50 年代至 60 年代初期，发展的主要任务是经济恢复和实现第一个五年计划，进行以"156 项"为中心的工业基地建设和发展内地经济。此时，国土开发的任务是矿产资源开发及工业基地建设布局。因此，在这个时期，相应的研究主要是大规模综合考察，工业基地规划中的联合选厂，以及铁路选线研究调查等。60 年代中期至 70 年代初期，国家发展的主要任务是以"三线"建设为中心，发展重工业，农业"以粮为纲"。国土开发研究主要是工业布局，重点是"三线"建设的工业选厂定点和以工业为主的区域规划，同时，农业区划及其研究工作开始进行。70 年代，进行经济恢复工作，大量引进成套项目，发展以港口和铁路为主的基础设施，主要进行重点地区的区域规划及其研究。70 年代末至 90 年代初期，改革开放，大规模振兴国民经济，国土开发及区域发展问题成为重大的社会经济问题和各级政府决策的核心问题之一，战略重点集中在东部地区，特别是沿海地带和长江地带，成为重点发展的轴线（张秀生等，2009）。为解决国土开发中的经济发展及其基础设施、生态环境等方面的关系问题，80 年代，科学工作者进行了国土开发及国土规划研究。90 年代初期以来，国家进一步改革开放，在区域发展方针方面，国家实行地区协调发展战略，以 1999 年实施西部大开发战略为标志，这些方针和政策共同影响我国区域的发展宏观格局。2005 年《中华人民共和国国民经济和社会发展第十一个五年规划纲要》指出，"根据资源环境承载能力、现有开发密度和发展潜力，统筹考虑未来我国人口分布、经济布局、国土利用和城镇化格局，将国土空间划分为优化开发、重点开发、限制开发和禁止开发四类主体功能区，按照主体功能定位调整完善区域政策和绩效评价，规范空间开发秩序，形成合理的空间开发结构。"

综上所述，国内外在区域空间结构研究方面做了大量的工作，也取得了很多成果，并很好地指导了空间规划的实践。但从我国以往的研究和规划看，还存在严重不足，往往只是从某一角度出发，要么是单纯考虑自然因素的自然区划，要么是单纯考虑经济因素的经济区划，或者是单纯考虑某些因素的专项规划，很少能将资源环境承载能力、开发密度和发展潜力综合起来对国土开发进行研究和规划。从我国现实情况看，将多项因素综合考虑，实施适合国情、区情的空间规划，有利于我国未来空间的合理有序开发，有利于整个区域的协调发展。主体功能区划与单一目的的自然区划、农业区划、经济区划、生态功能区划等不同，其正是适应这一要求而应运而生，通过综合考虑资源环境承载力、现有开发密度和发展潜力，强调人口、经济、资源环境的综合评价，更注重综合性和前瞻性。

二、全国主体功能区规划背景

(一) 问题的提出

1. 我国经济社会发展存在的主要矛盾

我国是一个人地矛盾十分突出，资源不足且空间分布不均衡，经济发展水平相对落后、各地区发展极不平衡的发展中大国。"九五"期间，特别是"十五"时期以来，随着经济的快速增长，资源环境、空间开发秩序和地区发展不平衡问题日益突出，严重影响到经济社会的可持续发展。

1) 资源环境问题

资源环境问题重点集中在土地资源、水资源和生态环境等方面。从土地资源看，我国土地工业化和城镇化的速度明显快于人口工业化和城镇化的速度，各地区大量占用耕地资源和土地资源粗放利用的情况较为严重，全国平均每年净减少耕地 1240 万亩。全国 2800 多个区县中，已经有 600 多个低于联合国粮农组织确定的人均耕地 0.8 亩的警戒线。从水资源看，水资源短缺与经济社会发展对水资源需求不断增长的矛盾十分突出。部分流域和地区水资源开发利用程度已接近或超过水资源和水环境的承受能力。全国有 400 座城市存在不同程度的缺水问题，100 座城市严重缺水。地下水超采较为普遍，北方河流断流日趋严重，一些地区出现湖泊干涸、湿地萎缩、绿洲消失等现象，严重影响到经济社会的可持续发展。从生态环境看，目前，全国荒漠化土地面积超过 267.4 万 km²，荒漠化仍呈现加速扩展趋势，90% 以上的天然草原在退化；沙尘暴灾害频仍，水土流失面积居高不下。

2) 空间开发秩序问题

近年来，许多地区不顾自身的资源环境承载力、区域分工条件和比较优势，围绕地区经济增长，盲目开发和发展不适合本地产业结构特色的产业体系。形成适合开发的地区在大力开发，不适合开发的地区也在大力开发的空间开发态势。导致在短时期内和局部取得一定效益的回报，却造成长期的、整体的环境和经济损失，许多地区为此付出了难以挽回的代价。同时，随着城市化进程的加快，许多地区盲目推进城市化进程，开发区建设更是全面开花。空间无序开发还表现为低水平重复建设和无序竞争。例如，我国的钢铁、汽车、石化、有色金属、建材等领域都不同程度地存在着布局分散、产业集中度低和重复建设等问题。空间的无序开发不仅制约了区域比较优势的发挥和各地合理的分工合作格局的形成，也造成了严重的资源环境问题，影响了市场秩序和资源的配置效率。

3）地区发展不平衡问题

地区发展不平衡主要表现为区域经济社会发展差距过大。从四大板块来看，2007 年，东北、中部、西部的人均 GDP 分别相当于东部的 0.67、0.46 和 0.41，东西部人均 GDP 绝对差达到近 20 000 元，地区之间的不平衡进一步加剧。基本公共服务水平的区域差距也十分显著，特别是中西部地区农村公共服务还很落后。同时，不少问题区域的发展面临许多困难，中西部欠发达地区、资源枯竭型城市、老少边穷地区，其经济社会发展面临的矛盾和问题更加突出。

2. 主体功能区划分的必要性和意义

主体功能区规划是在区域发展中贯彻落实科学发展观的重大战略举措，是促进区域协调发展的一个新思路，对于实现经济社会发展空间优化、分类指导、优化区域开发、保护生态环境、缩小区域差距，实现可持续发展，具有重要意义。

1）转变以追求 GDP 增长为核心的发展观，树立可持续发展观

长期以来，我国经济社会发展的主要任务是通过改革开放释放和提高劳动生产率，实现 GDP 的增长。相关战略和政策都是围绕这一核心任务而设计和实施的，地区发展战略和空间开发政策的着力点主要是通过鼓励有条件的地区加快发展，促进经济增长，有些区域要承担发展经济、集聚人口的功能，支撑全国经济的持续发展；有些区域要承担保护生态环境的功能，对于这些区域，"发展"的含义主要不是做大经济总量，而是保护好自然生态环境。通过以基于资源环境的承载力内的发展为指导思想的主体功能区规划，打破了所有区域都要加大经济开发力度的思维定势。

2）转变地方政府各自为战和空间无序开发的姿势，促进区域协调发展

我国转型时期向地方行政性分权，中央与地方的分税制及事权向地方下放，导致了地方政府围绕地区 GDP 和税收增长推动经济增长的激励和冲动，形成了较长时期内地方政府推动经济增长的主体格局，以地方政府为主导的辖区竞争和行政区经济成为我国经济发展中的一个重要视角。这种模式在推动经济快速

增长的同时，也导致各地区不顾自身的资源环境承载力和在区域乃至全国经济体系中的分工和定位，竞相制定不切实际的发展目标和发展重点，导致各地区之间的各自为战和重复建设现象，带来严重的恶性竞争和无序开发。主体功能区划就是根据各地区资源环境承载力，确定各地的发展目标和重点，将各地的发展安排都纳入全国一盘棋考虑，克服各自为战和无序开发的现象。

3）转变粗放型经济增长方式，促进科学发展

过去 20 多年来，我国资源型产品价格受到政府的严格管制，价格明显偏低，诱导企业对资源大量占有和消耗。同时，由于社会性管制的缺失，许多资源性产品的生产过程中，资源破坏和环境污染的治理成本没有体现在价格中，外部成本没有内部化①。随着我国经济的持续快速增长，高投入、高消耗、高污染、低产出、低效率的粗放型增长方式的弊端逐渐显现，严重影响了经济社会的可持续发展。主体功能区划分，就是要建立能够充分反映市场供求关系和资源稀缺程度的价格形成机制，特别是生态环境成本的内部化和区域间的补偿机制，实现资源优化配置，推动经济增长方式转变。

4）转变产业投资政策与区域政策脱节的现象，促进不同主体功能区分类指导

长期以来，我国的产业政策和投资政策主要是按领域实施的，鼓励或限制的产业目录及相关的投资政策缺乏与不同区域之间的系统衔接。区域政策的具体实施基本上是依省级行政区划为单元，这种政策一方面导致产业和投资政策难以对区域空间开发秩序进行系统和有效的宏观调控，另一方面也容易导致宏观调控上对不同地区不得不进行"一刀切"，难以实现因地制宜和分类管理。同时，这种政策也削弱了产业投资政策的空间调控功能，不利于不同地区之间构建能够发挥整体效益的产业和功能分工协作体系。主体功能区划把产业发展政策、投资政策和区域政策紧密结合，根据不同功能区，构建综合的产业、投资和区域发展政策，实现产业发展和区域发展的有效协调。

5）转变空间规划和空间治理方式，制定全面、协调、统一的发展规划

目前，我国已经初步建立起了由城市规划、区域规划、国土规划组成的空间规划体系。但总体来看，三大规划不同程度地存在规划体系不健全、规划的实施缺乏有力的制度保障等问题，三大规划之间的关系还不明确，缺乏系统衔接和有效协调，甚至存在矛盾和冲突，导致空间开发和治理缺乏整体和长远的统筹考虑和安排。城市建设、区域协调和资源的开发利用不能很好地结合，并且，在规划实施过程中，由于各项规划内容存在重复和空间重叠的问题，相关政策目标难以统一，规划实施的有效性受到影响。主体功能区划统筹考虑区域

---

① 参见黄占兵，2009，赴云南、广西考察主体功能区规划编制的调研报告（内部资料）

国土、城市、产业、生态环境等领域，制定目标一致、空间统一的发展战略，避免了过去不同规划间矛盾和不协调的问题。

（二）基本理论依据

以下四种基础理论对主体功能区规划有重要指导意义。

1. 空间单元开发非均质化和协同性

受自然、人文和区位等条件的影响，在一个空间系统中，不论其开发进程还是承担功能，各空间单元都是有差别的，不可能实现均质开发。空间单元受自然历史条件、开发理念、开发模式、区域环境、空间联系等因素的影响，往往处于不同的开发阶段，在空间体系里承担着不同的功能，面临着不同的矛盾。理想的空间开发形态是不同空间单元通过分工协作，形成各具特色和功能互补的空间结构，实现整个空间系统的功能最大化。

2. 独立空间单元的自然开发大历程为"倒U形"

一个空间单元的资源环境容量是有限的，在开发强度低于某一阈值时，资源环境系统会通过自然机制实现自我平衡。当开发强度过大导致资源环境系统难以自我平衡时，自然生态系统被破坏，并导致各种区域问题产生，甚至区域衰退。一个空间单元的开发过程由开发强度和资源环境容量决定。在初始状态时，开发强度为零，资源环境容量很大，随着人类活动的逐步开展，空间单元的资源环境容量会逐步下降，相应地，开发强度也经历一个先逐步增长后逐步减弱的过程。

3. 静态的独立空间单元开发的理想状态是保护均衡

在技术水平和相关制度安排不变的条件下，对于一个独立的空间单元，理想状态是实现开发密度与资源环境容量之间的均衡。只有当开发强度与资源环境容量达到均衡时，区域开发程度才能达到理想状态，区域效用达到最大化，人与自然实现和谐相处。

4. 动态的独立空间单元延迟达到均衡

技术进步和制度改革等因素的影响会导致资源环境容量提高或者开发密度降低，延迟空间开发强度与资源环境容量之间的均衡。因此，一个地区的资源环境承载力并不是固定不变的，而是会随着技术水平和经济结构的变化而变化，是动态的；同时，一个地区的发展一方面取决于其自身所具有的资源环境承载力，同时，也取决于其在更大范围内动员和利用社会资源的能力。

（三）主体功能区的内涵、分类与特征

1. 主体功能区内涵

主体功能区是为了规范空间开发秩序，形成合理的空间开发结构，推进区域协调发展，根据现有经济技术条件下各个空间单元的开发潜力，按照国土空间整体功能最大化和各空间单元协调发展的原则，对国土空间按发展定位和发展方向进行空间划分而形成的借以实行分类管理的区域政策的特定空间单元。

主体功能区的划分具有相对稳定性，某一主体功能区的边界和范围在较长时期内不容易发生变化。但随着技术进步、制度变革和一些自然条件的变化等，区域资源环境承载能力、发展条件以及在区域系统中的比较优势等都可能发生变化，并以此带来对其主体功能的调整，不单涉及主体功能的性质，也可能涉及主体功能区的边界和范围，甚至带来其在不同层级区域中地位和功能的变化。

2. 主体功能区分类

主体功能区划分依据为：《中华人民共和国国民经济和发展第十一个五年规划发展纲要》、《国务院办公厅关于开展全国主体功能区规划编制工作的通知》（国办发〔2006〕85 号）、《国务院关于编制全国主体功能区规划的意见》（〔2006〕21 号）、《省级主体功能区域划分技术规程》以及各省相关职能部门制定的各类专项规划。

功能区是将一定区域确定为特定功能作用的一种地域空间单元。主体功能区规划是以区域资源环境承载能力、现有开发密度和区域发展潜力的综合性、数量性评价为基础，确定出优化开发区域、重点开发区域、限制开发区域和禁止开发区域的空间分布和数量特征；并提出和限定各类主体功能区开发强度、开发方向等发展与保护控制指标及其配套政策措施的空间控制性规划过程。

优化开发区是指经济比较发达、人口比较集中、开发强度较高、资源环境问题更加突出的区域。这类区域要改变依靠大量占用土地、大量消耗资源和大量排放污染实现经济较快增长的模式，把提高增长质量和效益放在首位，提升参与全球分工与竞争的层次，继续成为带动全国经济社会发展的龙头和我国参与全球化的主体区域。

重点开发区是指有一定经济基础，资源环境承载力较强，发展潜力较大，集聚经济和人口条件较好的地区。这类区域要充实基础设施，改善投资创业环境，促进产业集群发展，壮大经济规模，加快工业化和城镇化，承接优化开发区的产业转移，承接限制开发区和禁止开发区的人口转移，逐步成为支撑全国经济发展和人口集聚的重要载体。

限制开发区是指关系到国家农产品供给和生态安全，不适合大规模、高强度工业化和城镇化开发的区域。这类区域要坚持保护优先、适度开发、点状发展，因地制宜发展资源环境可承载的特色产业，加强生态修复和环境保护，引导超载人口逐步有序转移，逐步成为全国或地区性的重要生态功能区。

禁止开发区是指依法设立的各级、各类自然文化保护区域。这类区域要依据法律法规规定和相关规划实行强制性保护，控制人为因素对自然生态的干扰，严禁不符合主体功能定位的开发活动。

3. 主体功能区特征

主体功能区的主要特性可以概括为如下几点。

1）主体功能区是服务于人与自然协调发展的

在我国，不同区域、不同层级的政府部门出于不同的目的，依据不同的原则，划分和确定了各种类型的区域。但在一般情况下，这些地区的划分主要是为了解决经济社会发展中某些领域的特殊问题，或者是为了满足区域某些方面的需求，其功能的确定不涉及经济社会发展大格局和大思路的调整。主体功能区的划分则不同，它是根据经济社会可持续发展的要求和各区域的现实条件和发展潜力，对各区域按其功能定位、发展方向和模式加以分类，它对我国国土空间格局的形成、人口分布、经济布局、生态系统建设等方面具有长期和重大的影响。

2）主体功能区是实践科学的空间治理理念所依托的区域单元

空间开发结构的理想状态是各区域能充分发挥资源的禀赋优势，通过分工协作，实现区域经济与社会、人与自然和区域间的协调发挥。对各空间单元按照资源环境承载力和开发适宜度进行分类，通过分类管理的政策引导或规制区域的开发活动，促进形成理想的空间开发结构和科学的空间治理理念。

3）主体功能区承担一主多辅的功能

绝大部分区域的要素是多元的，功能也是复合的。主体功能区突出的是区域的主要功能和主导作用，但又不排斥一般功能、特殊功能、辅助功能或附属功能的存在和发展。其基本要求是该区域未来的开发目标和方向必须符合主体功能的性质，但主体功能和作用的发挥并不排斥其他功能及作用的发挥，关键是其他功能的发挥不能影响和破坏主体功能的发挥，或者说要以不影响和破坏区域的主体功能为前提。

4）主体功能区以空间整体功能最大化、总体利益和长远利益的最大化为出发点和归宿

对一个特定区域的划分和功能定位不单考虑了该地区自身的资源环境承载能力和已有的开发强度，还考虑了其在周边甚至更大范围的区域内所具有的发展条件和比较优势，是放在一个大的空间系统里来统筹考虑其分工协作关系的。各类主体功能区之间的关系，既有分工，又有合作，相辅相成，互促共进。在确保全局和整体利益的同时，各种类型区也能够实现各自合理的利益。

5）主体功能区具有多层级性

由于空间系统的复杂性和空间单元规模的差异性，不同类型的区域一方面具有明显的层级，另一方面在空间上表现出一种层级交错的结构。因此，划分主体功能区首先需要分层次，可以按照不同的空间尺度进行划分，比如以县市或者乡镇为基本单元，具体空间尺度的选取取决于空间管理的要求和能力。另外，主体功能区的定位也需要区别其所在的层级。例如，整个区域的或者全国的，次级区域或者省区内，其内部可能存在其他的主体功能区单元，如在限制开发区内部选择少数条件好的地方进行集约式重点开发等，或者在重点开发区内部存在需要严格保护的禁止开发区等。

（四）全国主体功能区划分概述

1. 优化开发区

1）空间范围

优化开发区主要包括环渤海地区、长江三角洲地区和珠江三角洲地区。具体范围为：环渤海地区包括京、津、冀地区（北京、天津、唐山、廊坊），辽中南地区（大连、营口、盘锦、鞍山、辽阳、本溪、沈阳、抚顺），胶东半岛地区（烟台、威海、青岛）；长江三角洲地区（上海、南京、无锡、常州、苏州、嘉兴、杭州、宁波、绍兴）；珠江三角洲地区（广州、深圳、珠海、江门、中山、东莞、佛山）。到 2020 年，国家优化开发区集聚的经济规模占全国 35％左右，总人口占 20％左右，城镇化率达到 70％以上，城市空间人口密度达到 10 000 人/km² 以上。①

优化开发区是全国发展水平最高、发展基础最好、竞争力最强的地区，也是人口比较集中、开发强度过大和资源环境问题比较突出的地区。经过几十年的快速发展，这些地区已经成为全国或地区经济社会发展的先发和龙头地区，在参与国际产业分工、技术创新和高新技术产业发展、市场化建设、人口和经济集聚等方面发挥主导作用。优化开发区资源环境人口承载力强，但在减弱；国土开发密度高，效益高；良好的地理环境、区位优势，交通可达性高；但还有进一步内涵式发展潜力。

2）功能定位

优化开发区的主体功能定位和未来的发展方向是，依靠技术进步和制度创新，着力优化升级产业结构，形成集约型经济增长方式，缓解经济社会发展和环境之间存在的矛盾，建设成为提升国家竞争力的重要区域，全国重要的人口

---

① 参见清华大学国情研究中心，2007，主体功能区发展目标与开发强度研究报告（内部资料）

和经济密集区域，提高质量和效益，成为全国发展龙头和参与全球化的主体区域。加强土地、水资源的有序利用，鼓励环境友好型产业发展，支持技术创新，鼓励支持产业结构升级和转移，促进区域一体化进程。实现空间结构、城镇布局、人口分布、产业结构、发展方式、基础设施布局、生态系统格局等方面的优化。

　　3）发展思路与对策措施

　　制定产业结构升级规划，实行财政补贴和税收补贴优惠政策，鼓励高技术、高附加值产业的发展，以许可证管理制度限制高资源消耗、高污染排放产业的发展，以严厉的行政管制机制淘汰污染严重的产业。鼓励新能源开发和节能新技术的利用，补贴节能技术改造，推行政府绿色采购。设定高于全国平均水平的土地使用控制标准和高于全国平均水平的土地最低价格限制，使城市用地增加的规模与农村建设用地减少的规模相协调。以财政补贴和税收优惠支持吸纳更多的外地劳动力就业，创造更便利的外地居民在当地落户的条件。严格控制污染物排放，在产出持续增长的同时，较大幅度地减少污染物排放的总量。在增强自主创新能力、吸纳外地人口、带动周边地区发展等方面取得成效。作好符合主体功能定位要求的空间开发规划，严格控制不符合主体功能定位要求的开发活动。

　　一是要制定严格的产业准入制度。根据地区的土地、水、材料、能源、环境等的承载力，提高产业准入门槛，明确单位土地面积产业的承载量，制定明确的产业项目水耗、能耗、污染物排放标准，颁布不同行业的资源回采率、综合利用率、回收率以及污染废弃物综合处理率等强制性标准，并实行环境总量控制。推进资源和要素价格体系改革，完善激励和约束机制，对执行效能标准好的区域和企业，给予奖励，对未达标准的，采取有力的措施，坚决处理。

　　二是推进产业结构的高级化和轻型化。大力发展高新技术产业和现代装备制造业，强化知识产权保护，鼓励企业开展自主研发，提高技术创新能力，提升在国际产业分工中的层次和水平。综合运用财政、税收、信贷、投资等政策，发展高附加值、具有国际竞争力的出口导向产业，并鼓励大企业、大集团走出去，做大做强。大力发展节能、环保产业，完善循环经济产业体系。

　　三是加快发展现代服务业。消除服务业发展中存在的政策障碍和体制障碍，积极推进现代金融、物流、信息、商务服务业等现代服务业的发展。抓住国家服务业转移的新机遇，宽领域地开放服务业市场，加快发展生产性服务业，培育一批服务业外包基地，提升服务业结构和国际竞争力。

　　四是积极引导不适合功能区的产业转移。发挥政府支持和市场机制的共同作用，有针对性地制定资金、劳动力转移、社会保障等政策措施，协调好与承接地区的关系，促进优化开发区占地多、消耗高的加工业和劳动密集型产业的平稳转移。

五是推动产业集群的升级换代。加强指导，通过组织创新、技术创新和制度创新，大力实施品牌战略、创新战略、信息化战略和可持续发展战略，推进具有全球竞争力的产业集群的形成①。

2. 重点开发区

1）空间范围

重点开发区主要包括中原地区、长江中游地区（武汉城市圈和长株潭城市群）、成渝地区、北部湾地区和关中地区。具体范围为，中原地区（郑州、新乡、许昌、开封、洛阳、焦作）；长江中游地区包括武汉城市群（武汉、孝感、黄石、黄冈、鄂州）、长株潭城市群（长沙、株洲、湘潭）；成渝地区包括成都经济圈（成都、资阳、内江、绵阳、德阳、乐山、眉山、遂宁、自贡、宜宾、泸州）、重庆经济圈；北部湾地区（南宁、钦州、东兴、防城港、北海）；关中地区（西安、咸阳、渭南、宝鸡、天水）。到 2020 年，国家重点开发区域集聚的经济规模占全国的 20％左右，总人口占全国的 15％左右，城镇化率达到 60％以上，城市空间人口密度达到 9000 人/km² 左右②。

总体来看，各层级的重点开发区都是全国或各地区发展条件比较好，具有一定经济基础，发展潜力较大，资源环境承载力较强，有条件集聚更多人口的地区。这些地区不论是其土地和水资源的保障能力、区位条件、交通可达性、还是对周边地区的辐射带动能力，以及在空间系统中的地位等，都具有一定的优势，适宜于进一步集中人口和经济要素，具备推进工业化和城市化、发展新兴产业、形成新的增长极和带动周边地区发展的能力，特别是能够成为承接优化开发区产业转移和限制开发区、禁止开发区人口转移的重要区域。

2）功能定位

重点开发区的主体功能定位和未来的发展方向是，依靠发挥区域综合优势和提高资源配置效率，通过促进人口和要素聚集，进一步壮大经济规模，促进产业结构合理化，实现人口、经济和资源环境相协调，建设成为全国（或地区）集聚经济和人口的重要区域，成为支撑全国（或地区）经济发展的重要增长极。

3）发展思路与对策措施

以更多的财政资金（包括国债资金）支持进行基础设施（包括交通、通信、配输电、城市公用设施等）建设。制定产业结构合理化规划，以财政补贴和税

---

① 世界银行.2009.2009 年世界发展报告：重塑世界经济地理.北京：清华大学出版社
② 参见清华大学国情研究中心，2007，主体功能区发展目标与开发强度研究报告（内部资料）

收优惠鼓励装备制造等资本密集产业和纺织服装等劳动密集产业的发展，引导发展低消耗、低排放的产业，鼓励产业集群式发展。通过产业政策导向和优惠政策引导、支持企业外部融资、设立引导基金、鼓励和支持风险投资活动等手段，吸引外部资本资金进入。运用政府信用担保、财政贴息等手段，支持中小企业的发展。给予更多的土地使用额度，设定低于全国平均水平的土地最低价格限制。以财政补贴和税收优惠支持吸纳更多的外来劳动力就业，创造更便利的外地居民在当地落户的条件。加大工业污染和城市生活污染的治理力度，严格控制破坏环境的开发活动，在经济规模不断扩大的同时，减少污染排放总量。重点考核当地在促进经济增长、推动工业化和城市化、吸纳外地人口、改善基础设施等方面取得的成效。做好符合主体功能定位要求的空间开发规划，尤其要做好城镇体系和城市群发展规划。[①]

一是加强产业配套能力建设。加快发展交通、物流、水电、电信等基础设施和文化、教育、卫生等事业，推进产业链配套，促进相关产业集聚，推进政府、企业、中介机构、金融机构之间形成良好的合作关系，积极发展产业集群。

二是鼓励发展现代能源产业、原材料产业和劳动密集型产业。充分利用本地区的资源禀赋和竞争优势，利用现代高新技术改造传统产业，主动、有选择地承接国际上和优化开发区的产业转移，鼓励发展现代能源产业、原材料产业、轻纺产业等具有比较竞争优势的产业。

三是控制好能耗标准和环境标准。相比优化开发区，对重点开发区可以在用地、用水、能耗、环境标准上有所区别，但要防止能耗高、污染严重的企业向重点开发区转移。

四是加大"产、学、研"合作的支持力度。积极承接国际和优化开发区的技术转移和技术扩散。充分挖掘一些地区科研力量雄厚的优势，大力扶持以企业为主体的技术创新体系建设，建设多元化、多渠道的科技投入体系，强化"产、学、研"合作，促进科研成果的转化，增强企业自主创新能力。

五是深化体制改革。一方面加快政府职能转变，有所为有所不为，积极培育有利于竞争的市场环境，并注重发挥社会中介机构的作用；另一方面积极推进产权制度改革，大力推进非公有制经济发展，促进各种所有制相互融合，支持民营企业、外贸企业发挥更大的作用。

3. 限制开发区

1）空间范围

限制开发区包括大小兴安岭森林生态功能区、长白山森林生态功能区、新

---

① 参见黄占兵，2009，赴云南、广西考察主体功能区规划编制的调研报告（内部资料）

疆阿尔泰山地森林生态功能区、青海三江源草原草甸湿地生态功能区、四川若尔盖高原湿地生态功能区、甘南黄河重要水源补给生态功能区、南岭山地丘陵森林生态及生物多样性功能区、黄土高原丘陵沟壑水土流失防治区、大别山土壤侵蚀防治区、桂黔滇等喀斯特石漠化防治区、三峡库区水土保持生态功能区、新疆塔里木河荒漠生态功能区、新疆阿尔金草原荒漠生态功能区、内蒙古呼伦贝尔草原荒漠化防治区、内蒙古科尔沁沙漠化防治区、内蒙古浑善达克沙漠化防治区、毛乌素沙漠化防治区、川滇森林生态及生物多样性功能区、秦巴生物多样性功能区、藏东南高原边缘森林生态功能区、藏西北羌塘高原荒漠生态功能区、东北三江平原湿地生态功能区等 22 个地区，涵盖面达 19 个省、直辖市、自治区，290 个县（市、区）。总面积约 258 万 km²，占全国的 27%；总人口近亿人，约占全国的 6%[①]。

限制开发区域类型多样，主要涉及四大类：水源涵养型、水土保持型、防风固沙型和生物多样维护型。这类地区大多地处偏远和交通不便地区，人口分布相对较稀，经济发展相对落后，基础设施条件差，除森林和部分条件较好的草原湿地生态功能区外，其他区域大多自然条件恶劣，生态脆弱，环境承载能力较低，不适合大规模集聚人口和进行开发。资源环境承载力较弱，人口密度小，但经济与人口压力过大，局部超载，生态脆弱和不安全，交通可达性较差，不具有大规模开发条件。

2）功能定位

限制开发区的主体功能定位和未来的发展方向是，依靠政策支持，加大保护力度，促进超载人口有序外迁和资源适度开发，加强生态修复保护与扶贫开发，因地制宜发展资源环境可承载的特色产业，建设成为保障国家（或地区）生态安全的重要区域。

3）发展思路与对策措施

以更多的财政资金支持进行交通、通信、生态环境工程等基础设施建设。制定产业结构合理化规划，以财政补贴和税收优惠鼓励特色产业的发展，引导不符合主体功能定位要求的产业外迁。严格投资审批，限制高污染、高消耗项目进入。以更多的财政资金支持进行劳动力培训，以财政补贴和税收优惠支持鼓励更多的劳动力到外地就业和更多的人口迁出生态功能区。以政府出资为主，在天然林保护地区、生态功能区、退耕还林还草地区、草原"三化"地区、重要水资源保护地区、水资源严重短缺地、重要蓄滞洪区、自然灾害频发地区、石漠化和荒漠化地区、水土流失严重地区，建设一批以保护和恢复自然环境为

---

① 参见清华大学国情研究中心，2007，主体功能区发展目标与开发强度研究报告（内部资料）

中心的重点工程。重点考核当地在生态环境建设、资源有序开发、特殊产业发展、农业生产能力建设等方面取得的成就。做好符合主体功能定位要求的空间开发规划，尤其要做好森林生态功能区、草原（湿地）生态功能区、荒漠生态功能区、荒漠化防治区、水土流失防治区的规划。

一是建立生态利益补偿机制。相对于重点开发区和优化开发区，以生态功能为主的限制开发区为了维护全国或区域生态安全，产业经济活动受到限制或有些产业必须退出，因此，应建立相应的生态利益补偿机制，加大对这些地区的财政转移支付力度。

二是探索"产业飞地"发展模式。考虑到限制开发区域不适合大规模集聚产业，可以探索限制开发区生态功能与重点开发区产业功能在区域空间上的置换，在适宜大规模集聚产业的重点开发区设立"产业飞地"，限制开发区和重点开发区通过积极协调，从体制、机制、政策上为"产业飞地"的发展创造良好的环境。

三是制定特色产业扶持基金。在生态补偿、财政转移支付之外，设立产业扶持基金，支持当地积极利用独特的自然条件，培育发展特色产业（接续替代产业），增强自我发展的能力。

四是积极开发绿色生态产品。充分利用限制开发区的资源环境优势，积极发展绿色生态产品。抓紧建立权威、科学、规范的生态标记认证体系，对于限制开发区符合绿色生态环保条件的产品，优先进行生态标记，实现生态功能与产业功能的双赢。

4. 禁止开发区

1）空间范围

禁止开发区是指有代表性的自然生态系统、珍稀濒危野生动植物物种的天然集中分布地、有特殊价值的自然遗迹所在地和文化遗址等点状分布的生态地区。具体包括国家级自然保护区（303 个）、世界文化自然遗产（34 个）、国家级风景名胜区（187 个）、国家森林公园（660 个）、国家地质公园（138 个）等，总面积约 120 万 km²，占全国面积的 12.5%。[①]

与前三种主体功能区不同，禁止开发区的设立、划定和管理体系相对成熟。在国家层面上专门的法律包括《自然保护区管理条例》（1994 年）、《保护世界文化和自然遗产公约》（1985 年加入）、《风景名胜区管理条例》（2006 年）、《森林公园管理办法》（1994 年）和《国家地质公园管理办法》（制定中）。

---

① 参见清华大学国情研究中心，2007，主体功能区发展目标与开发强度研究报告（内部资料）

2）功能定位

禁止开发区的主体功能定位和未来的发展方向是，依靠完善相关法规、政策和加强管理，严格禁止人为活动对自然文化遗产的负面影响和对其实施强制性保护，有限发展与禁止开发区功能相容的相关产业，切实保证自然文化遗产的原真性、完整性得到保护，建设成为保护自然文化遗产的重要区域。功能定位是，我国保护自然文化资源的重要区域，点状分布的生态功能区，珍贵动植物基因资源保护地。

3）发展思路与对策措施

加大财政转移支付力度，由中央财政承担全部或绝大部分提供公共产品所需要的支出；扩大用于生态移民和扶贫的财政资金规模；以更多的财政资金支持进行交通、通信、生态环境工程等基础设施建设；完善禁止开发区中各类自然保护区和国家公园等管理体制，有关管理费用和人员经费要设立专门的财政预算科目，保证其稳定的资金投入；以财政补贴和税收优惠鼓励特定产业的发展；严格管制土地用途，严禁生态用地改变用途；完善林权和草场权制度，鼓励当地人口增加对林业和草业的投入；以更多的财政资金支持进行劳动力培训，以财政补贴和税收优惠支持鼓励更多的劳动力到外地就业和更多的人口迁出生态功能区；坚决杜绝破坏生态、污染环境的开发活动，依法关停所有排放污染物的企业，尽快实现零污染排放；重点考核当地在自然文化遗产保护、生态环境建设、特定产业发展、抑制人口增长等方面取得的成效；做好符合主体功能定位要求的空间开发结构规划，尤其要做好自然生态保护区、森林公园、重点风景名胜区、世界生态和文化遗产的保护规划。

一是坚持立法先行。建立健全禁止开发区保护的法律法规体系，综合运用法律手段、行政手段及一定的经济手段，严格控制禁止开发区的产业发展，尤其是自然保护区核心区的产业活动。

二是建立动态的生态旅游产业发展监控和调整机制。加强对禁止开发区生态旅游产业的跟踪监控，引导生态旅游产业健康发展，对过度开发的产业行为要及时制止调整，促进保护区资源的合理利用，形成自然保护与产业开发的动态平衡机制。

三是积极探索多渠道的资金投入政策。按照保护区的保护要求和发展能力，探索不同的资金投入政策。对保护要求非常严格的保护区，其资金来源为政府，且主要为中央政府；对具有一定的产业发展能力的保护区，其资金来源除中央和地方政府补贴外，可探索政府为主、社会资金适度介入的办法；对产业发展前景较好的保护区，可在强化政府监控的前提下，以政府投入为杠杆，适度鼓励社会资金投向生态旅游产业的发展,但应体现政府主导的原则。

第二节 长江上游主体功能区划分

一、长江上游地区主体功能区划分目的、原则及意义

(一) 划分目的

主体功能区空间布局政策研究,就是对长江上游不同区域未来的空间开发方向进行主体功能定位,对未来开发秩序进行规范,对未来开发强度进行管制,对现行开发模式进行调整,这将会有效地引导空间的合理布局,促进整个长江上游区域的协调发展。

(1) 综合考虑长江上游地区的人口分布、资源环境承载能力、现有开发密度、发展潜力等因素,构建该区域主体功能区划原则、方法和指标体系,为长江上游地区主体功能区的划分提供科学依据。

(2) 系统分析主体功能区,包括重点开发区经济发展空间布局的条件和要素、限制开发区经济发展与环境保护的路线图、禁止开发区生态环境保护与改善人民生活水平的基本道路和实现途径。提出长江上游地区主体功能区空间布局的总体思路、优化模式和发展道路。

(3) 针对不同的主体功能区,按照发展区域化的要求,提出相对应的经济、社会、环境保护政策,引导长江上游地区主体功能区合理布局和发展,促进整个区域的协调发展、和谐进步。

(二) 划分原则

推进形成主体功能区要以科学发展观为指导,统筹城乡发展,统筹区域发展,统筹人与自然和谐发展,前瞻性、全局性地策划好未来长江上游地区人口、经济、自然生态的空间分布。推进形成主体功能区划,要遵循以下6个原则。

(1) 坚持以人为本。长江上游地区在空间地带上构成的生态环境保护的重点区域,也大多是经济欠发达地区和贫困人口相对集中的地区。这些区域可持续发展的关键是如何实现以经济发达区域与生态贡献和服务区域的公民都享有均等化的公共服务、基础设施和大体相当的生活水平为目标,引导生态阈值超载区域、生态保护重点区域及农村人口有序转移并定居,使经济集聚区同时成为人口集聚区。

(2) 坚持集约开发。长江上游地区自然环境复杂,各地区经济社会发展差

距明显，人口、生产力和城市布局分散，局部地区环境问题突出，土地、水等资源约束严峻。因此，必须走空间节约的开发道路。统筹规划，合理布局，引导人口相对集中居住，产业相对集聚发展，形成以城市群为主体形态、其他城镇点状分布的城镇化空间格局，提高资源特别是土地资源、水资源的利用效率。

（3）坚持尊重自然。长江上游地区是中国最重要的生态屏障之一。其发展必须强调人与自然和谐相处、和谐可持续的道路，维护生态安全。开发必须以生态环境保护为前提，发展必须以环境容量为标准。生态保护和建设的重点要从事后治理向事前保护转变，从人工建设为主向自然恢复为主转变。

（4）坚持城乡统筹。中国要实现区域间协调发展，就必须解决城乡收入差距的问题。长江上游地区是我国城乡收入差距最大的区域之一，要按照统筹城乡经济社会发展的基本方针，扎实稳步推进社会主义新农村建设，特别是生态环境保护重点区域农村的经济社会和环境建设，积极稳妥地推进城镇化健康发展。要统筹规划农村地区和城市地区，既要防止城镇化地区对农村地区，特别是生态保护区域的过度侵蚀，也要为农村人口进入城市规划必要的空间，使城镇建设占用农村地区的规模与农村人口进入城市的规模相协调。

（5）坚持分层推进。要按照充分发挥中央和地方两个积极性的要求，合理区分中央、省（自治区、直辖、市）和市（县）政府的职责。国家主要负责关系国家整体竞争力或全国性生态安全的主体功能区，各省（自治区、直辖、市）要按照国家确定的原则，结合本地实际确定省级主体功能区，市（县）政府要重点抓好落实。

（6）服从上位原则。国家层面的优化开发、重点开发、限制开发和禁止开发区，地方政府应确定为相同区域，同时，对其他区域划分省级主体功能区。统筹考虑行政单元与自然、经济单元，原则上以县级行政单位为基本划分单元，对自然条件差异大的地区，也可以乡镇为基本划分单元。位于省级行政区边界两侧、均质性较强的区域应确定为同一类型的主体功能区。对重点开发区，也要区分近期、中期和远期的开发时序。对长江上游地区来说，矿产资源丰富但生态环境承载能力较弱的地区，可以开发矿产资源，但应最大限度地将其确定为限制开发区，避免短期经济利益对环境的破坏。依法划定的各级自然保护区都要确定为禁止开发区。

（三）划分意义

（1）推进形成主体功能区，是立足于长江上游地区经济社会发展与环境保护的现状推出的发展理念，关系到长江上游地区未来经济社会发展的全局。划分功能区是国际上国土开发和空间管制的通行做法。长江上游空间开发无序、空间结构失衡的问题十分突出，推进主体功能区的划分可以减少空间结构大变动中不必要的代价，提高空间利用效率，事关整个长江上游地区未来经济社会发展的全局。

（2）促进长江上游地区形成主体功能清晰，发展导向明确，开发秩序规范，产业布局、人口分布与资源环境相互协调的空间开发格局。从保护与开发的角度进行主体功能区划分，划分为重点开发、限制开发和禁止开发等三类，是基于长江上游地区的具体现实情况及国家对其整体定位的战略选择。重点开发应主要加快工业化和城市化进程，在提高经济增长质量和效益的基础上壮大经济规模，集聚人口；限制开发主要是保护好自然生态环境，因地制宜地发展资源环境可承载的特色产业；禁止开发主要是控制人为因素对自然生态环境的干扰，严禁不符合主体功能定位的开发活动。以此形成合理的空间开发结构。

（3）有助于合理有效地引导各主体功能区经济社会与环境保护发展的空间布局，促进整个上游地区经济结构的优化升级、社会结构的良好转型、环境资源保护框架的合理形成。如何正确地引导主体功能区经济、社会及环境保护的共赢发展，如何制定出合理有效的各项政策，既是加快经济发展，促进整个区域和谐发展的需要，也是推进主体功能区的重要保障。

二、长江上游地区主体功能区划分结果

为了能为相关研究奠定一个相对科学的前提，我们主要采用国家发展改革委员会宏观研究院对主体功能区建议的划分方案，结合《中华人民共和国国民经济和发展第十一个五年规划发展纲要》《主体功能区规划提纲（讨论稿）》的规划方案，以及国家对长江上游地区的发展定位及相关政策，对长江上游地区自然资源资料和经济社会发展现状进行分析，以这些作为划分的基础。

主体功能区划与农业区划、生态功能区划不同，必须进行人口、经济、资源环境的综合评价，必须兼顾民族的、历史的以及国土安全的不同要求，更注重综合性和前瞻性。主要依据以下三个方面的因素。

（1）资源环境承载能力。即在自然生态环境不受危害并维系良好生态系统的前提下，特定区域的资源禀赋和环境容量所能承载的经济规模和人口规模。

（2）现有开发密度。即特定区域经济开发的强度，主要体现为区域工业化、城市化的程度。

（3）发展潜力。即基于一定的资源环境承载能力和战略取向，特定区域具有的潜在发展能力（表5-1）。

表 5-1 长江上游地区主体功能区划的主要影响因素

分类	主要影响因素	主要内容
资源环境承载能力	资源丰度	水资源、土地资源等重要资源的丰裕程度
	环境容量	水环境、大气环境的净化能力
	生态环境敏感性	易导致沙漠化、石漠化、地面沉降、水土流失等的生态脆弱程度
	自然灾害敏感性	地震灾害、气候灾害、洪涝灾害等的频发程度
	生态重要性	生物多样性及濒危物种保护、水源涵养、湿地等生态功能的重要程度
现有开发密度	土地资源开发强度	单位面积人口密度，建成区面积及占国土的比重、建设用地面积及占国土的比重、交通用地面积及占国土的比重等
	水资源开发强度	水资源开发利用水平等
	资源环境压力	环境质量、污染物排放等
发展潜力	区位条件	自然地理位置、经济地理位置、地缘关系等
	发展基础	经济结构、经济社会发展水平、科技教育水平、空间结构和路网密度等
	发展趋势	政策取向、战略选择等

　　根据上述主要因素，在进一步明确指标体系的基础上，以一定的空间范围为分析评价单元，利用遥感、地理信息系统等空间分析技术和手段，将各类指标进行量化，通过对资源环境承载能力、现有开发密度和发展潜力三个维度的综合分析评价，确定不同区域的主体功能。

　　总体而言，长江上游地区社会经济活动空间可分为平原区、半山区、山区和高寒山区，各区资源配置和发展条件差异很大，人口、社会经济与环境资源的协调状况不同。平原区和半山区人口与经济集聚，交通和贸易便利，发展条件较好，基础设施建设受限制相对小，是长江上游地区社会经济发展的重要载体和空间结构的重要支点，也是我们初步划定的重点开发区。山区和高寒山区人口分散、经济单一、交通不便、发展条件差、贫困面大，划分时则以限制开发区和禁止开发区为主。

（一）优化开发区

　　在国家级主体功能区规划中，未对长江上游地区划定优化开发区。故本书依从规划方案，长江上游地区不划分优化开发区。

（二）重点开发区

1. 划分结果

　　长江上游地区的重点开发区以成渝地区和昆明周边地区为核心。其中，重庆重点开发区包括重庆一小时经济圈和渝东北地区的垫江、梁平、万州、开县以及渝东南的黔江，共28个区县，约占全市国土面积的49.39%。整体分布比较集中。成都经济圈包括成都、资阳、内江、绵阳、德阳、乐山、眉山、遂宁、自贡、宜宾、泸州等地。昆明周边地区以昆明为核心，包括昆明、玉溪、楚雄、曲靖四城市所辖的五华区、官渡区、盘龙区、西山区、安宁、红塔区、楚雄区、麒麟区等城区及其相关地区。以上述地区为核心的重点开发区，是长江上游地区加强基础设施和支柱产业建设，加快工业化和城镇化，承接优化开发区的产业转移和限制开发区、禁止开发区的人口转移的重点区域；也是优化整个长江上游地区经济空间结构、形成国家级重点开发功能区的关键区域。

2. 区域特点

（1）成渝开发区是我国西部经济活动最集中的区域。土壤、气候、雨量等自然条件优越；城市依江而建，人口顺河而居，工业沿江河布局，农业由江河灌溉，经济活动沿江河集聚，在占全国 2.11％ 的面积、7.70％ 的人口范围内，其历年国内生产总值占全国的 6 ％ 左右。

表 5-2　重点开发区域主要经济指标对比

功能区名	开发强度	人口密度/（人/km²）	城镇化水平	经济密度/（元/km²）	水资源
成渝地区	10％ 左右，有开发潜力	400 左右	40％ 左右	2500	丰富
昆明地区及周边	7.5％ 左右，有开发潜力	350 左右	35％ 左右	1970	丰富，污染严重
中原地区	10％～20％ 有开发潜力	>1000	45％	2400	全国人均水平的 20％，短缺
长江中游地区	<10％ 开发潜力大	约 1000	55％～60％	2000～4000	丰富，污染严重
北部湾地区	<7％ 开发潜力大	约 320	50％	500	较丰富
关中地区	10％～20％ 有开发潜力	1300～1400	60％～65％	2000～2200	全国人均水平的 25％

（2）成渝经济圈是长江上游地区最大的人口和产业集聚中心，人口和经济的集中趋势较为明显。云南地区经济发展水平以昆明为中心按空间距离呈放射状递减。这些地区也是当地城镇化水平最高的区域，经济基础发展良好。

（3）成渝地区是国家西部最为重要的工业基地。成渝地区还是全国统筹城乡综合配套改革的先行示范区，政策倾斜明显。

（4）根据国家发展和改革委员会对上述两个重点开发区最大适宜开发强度的测度，这些地区总体开发强度仍较低，可供开发的空间和强度较大，开发远景好。

（5）经济结构以重化工业为主，对资源环境潜在破坏力较大。人口过度集中。经济社会发展与资源环境保护矛盾突出。

（6）在国家的战略地位较之长江三角洲、珠江三角洲不具显著优势，与西部发展增长极的地位不匹配，对整个长江上游地区带动作用不明显，其承担承接其他功能区人口和产业发展的作用仍然较弱。

（7）由于全区域间经济发展差距过大，从而形成重点功能区已进入现代工业社会，部分限制开发区和禁止开发区地区却还处于农业社会；大部分重点功能区建立起社会主义市场经济体制，个别地区却还是自给自足的自然经济体制；一部分功能区已成为外向型经济进入国际市场，一些类型的功能区还是不同程度的封闭型经济等现象。功能区之间发展差距过大，不利于整个上游地区的可持续发展。

（三）限制开发区

1. 划分结果

长江上游限制开发区涵盖了我国最为重要的生态环境保护基地。这类地区分布于长江上游地区各地，有天然林保护地区、退耕还林生态林地区、重要的生物多样性保护地区、重要水源地、自然灾害频发地区等。具体有水土保持生态功能区、森林生态功能区、荒漠生态功能区、湿地生态功能区、生物多样性功能区、喀斯特石漠化防治区、水源补给生态功能区等 7 个基本功能区类，约占长江上游地区国土面积的 40％左右[①]。

水土保持生态功能区包含一个区域，即三峡库区水土保持生态功能区。其土壤侵蚀性高，水土流失严重，主体功能为水土保持。三峡库区是我国最大的水利枢纽工程库区，具有重要的洪水调蓄功能，其水环境状况对长江中下游人民群众的生产生活有重大影响。目前，森林植被破坏严重，水土保持功能减弱，土壤侵蚀量和入库泥沙量增大。

森林生态功能区包含藏东南高原边缘森林生态功能区、川滇森林生态功能区。其特征是原始森林和野生珍稀动植物资源丰富，在生物多样性维护方面有十分重要的意义。目前，山地生态环境问题突出，外来物种入侵日趋严重，生物多样性受到威胁。

荒漠生态功能区包含藏西北羌塘高原荒漠生态功能区。它对流域绿洲开发和人民生活至关重要，盐渍化敏感性程度高。目前，生态系统退化明显，绿色走廊受到威胁。

---

① 参见长江上游重点水土流失区生态环境问题及生态农业建设，http://theglonbe.ep.net/library/uanbao114.htm

湿地生态功能区包含青海三江源草原草甸湿地生态功能区、四川若尔盖高原湿地生态功能区。其特征是原始湿地面积大，湿地生态系统类型多，在蓄洪防洪、抗旱和调节局部气候、维护生物多样性、控制土壤侵蚀等方面具有重要意义。目前，湿地面积减小和破碎化，水源污染严重，生物多样性受到威胁。

生物多样性功能区包含川滇生物多样性功能区、秦巴生物多样性功能区。其主要是濒危珍稀动植物分布较集中、具有典型代表性生态系统的区域。

喀斯特石漠化防治区包含一个区域，即桂黔滇等喀斯特石漠化防治区。其特征是拥有以岩溶环境为主的特殊生态系统，生态脆弱性极高，土壤一旦流失，生态恢复重建难度极大。目前，生态系统退化问题突出，植被覆盖率低，石漠化面积增大。

水源补给生态功能区包含一个区域，即甘南黄河重要水源补给生态功能区。它是青藏高原东端面积最大的高原沼泽泥炭湿地。目前，草地退化沙化严重，森林和湿地面积锐减，水土流失加剧，生态环境日益恶化。

2. 区域特点

(1) 囊括的县（区）数量较多，是对整个长江流域都有重要影响的生态保护带，也是我国最重要的生态安全屏障之一。影响着长江中下游地区以至北方地区（因南水北调）的水资源安全，是长江流域经济社会发展的资源基础，进而直接影响到全国的经济和环境的协调发展。

(2) 国土开发强度低，适宜开发国土比例小，生态敏感性强，生态系统重要程度高，生态系统较脆弱。地质地貌条件复杂，多处于高山区域，自然灾害危险性较大。地质灾害具有点多面广、类型多、危害性大的特点，滑坡、崩塌及泥石流是常见的地质灾害。限制开发区山高坡陡，流域集雨面积大，汇流速度快，加之山地生态系统植被被破坏，洪涝灾害越来越严重，发生频率越来越高。致使这些地区"山穷、水枯、林衰、土瘦"，生态退化问题严重制约着这些地区的发展。水土流失导致的石漠化现象直接关系到长江流域的长远生态安全（王禹生和刘绍芝，2011）。

(3) 交通可达性差，经济发展水平低，人口聚集规模小，不足以支撑大规模的城市化、工业化和大量人口的聚集。是长江上游"老少边穷"地区最为集中的区域，也是经济发展与环境保护矛盾最为紧张的区域。

(4) 从长江上游地区限制开发区的整体发展状况来看，存在自然资本较高，但物质资本、人力资本、知识资本、国际资本都很低，使得这些区域的发展面临着生态保护与减贫的双重压力。资源环境难以长期承载人类活动，迫切需要实行节点式开发和人口转移并举的方针（王金锡等，2000）。

（四）禁止开发区

1. 划分结果

长江上游地区禁止开发区主要包括国家级和省（市）级自然保护区域、历史自然文化遗产、重点风景名胜区、森林公园、地质公园和重要水源保护地以及都市区山地保护区，较为典型的如卧龙自然保护区、三江源自然保护区等。禁止开发区散布于全区域，要依据法律法规的规定实行强制性保护，严禁不符合功能定位的各类开发活动。对于该区域内的人口应采取自愿、平稳、有序的转移政策。

2. 区域特点

（1）长江上游禁止开发区包括对区域经济环境最为重要的水源保护区和我国重要的生物多样性保护区。这些区域也普遍存在土地垦殖过度导致的土地质量和数量的下降现象。林种单一，森林质量差，森林覆盖率降低。水土流失和泥石流严重，土壤侵蚀高度敏感。

（2）不合理的资源开发以及过低的经济总量，无法支持区域可持续发展。人口呈现区域性集中，但总体较为分散，不利于各种基础设施的合理配置。区域内居民主要依靠禁止开发区里的独特生物资源为生，对资源破坏较为严重。改变居民生存方式，改变当地政府部门的绩效考核机制，以生态环境保护为第一要务，是长江上游地区禁止开发区必须首先解决的问题。

第三节 长江上游不同主体功能区发展方向及政策建议

合理有效的政策设计是推进主体功能区形成和产业合理布局的重要保障。长江上游地区主体功能区的形成和产业发展要有强有力的政策保驾护航，需要有针对性的差别化产业发展措施促使其快速发展。因此，根据区域主体功能不同，实行分类管理的区域政策和考核标准十分重要。

财政政策。增加对限制开发区、禁止开发区用于公共服务和生态环境补偿的转移支付，使当地人民享有均等化的公共服务。

投资政策。重点支持限制开发区、禁止开发区的公共服务设施建设和生态环境保护，支持重点开发区的基础设施建设。

产业政策。引导优化开发区转移占地多、能耗高的一般加工业，提升产业层次；引导重点开发区加强产业配套能力建设，推进工业化，同时，大力发展劳动密集型产业，提高就业水平；引导限制开发区发展特色产业，限制不符合主体功能的产业扩张。

土地政策。对重点开发区在保证基本农田不减少的前提下适当扩大建设用地供给，对限制开发区和禁止开发区实行严格的土地用途管制，严禁生态用地改变用途。

人口政策。鼓励在重点开发区稳定就业和居住的外来人口定居落户，引导限制开发区和禁止开发区人口自愿平稳有序转移。

绩效评价和政绩考核。重点开发区综合考核经济增长与质量效益、就业与工业化和城镇化、社会和生态环境等；限制开发区突出生态环境保护考核，弱化经济增长、工业化和城镇化考核；禁止开发区主要考核生态环境保护。

一、长江上游重点开发区发展方向及对策

重点开发区相对于整个长江上游流域来说，经济基础好，开发密度高，人口密度大，技术水平强，继续开发前景好。但作为国家西部重要的重工业基地，区内资源问题和环境问题突出，交通运输网络效率需要进一步提高，与其他主体功能区分工协作的格局有待进一步完善。重点开发区应成为带动整个上游地区经济社会发展的龙头，参与中下游地区区域协作与竞争。发展导向是改善基础设施条件，改变大量占用土地、大量消耗资源、大量排放污染的经济增长模式，摆脱资源环境瓶颈制约，大力提高产业技术水平，提高参与区域竞争的层次和能力，同时，不断加强基础设施和支柱产业建设，加快工业化和城镇化，承接优化开发区的产业转移和限制开发区、禁止开发区的人口转移。因此，长江上游重点开发区未来的发展方向应该是以下几方面。

（一）从国家层面上调整东西部产业分工格局

针对西部地区资源丰富而工业化程度低的现状，调整西部资源输出、东部加工增值的产业分工，加快对西部优势资源开发的工业布局。在制定区域经济发展规划时，对西部特色优势产业项目给予政策倾斜，降低项目申报门槛。要充分发挥各地优势，加强专业分工，鼓励各地特色产业向专业化、集群化方向发展，不断延长产业链条，提高产业配套能力，促进该功能区经济社会健康发展。

（二）从国家层面上实行有区别的产业政策

建议国家在制定功能区产业政策时，对长江上游地区重点开发区区别对待，允许地方在执行产业政策的过程中，尤其在发展矿产业和生物产业的过程中，能够结合实际发展需要，实施分类指导政策。建议国家对长江上游地区矿产资源的勘探和综合利用予以资金和政策上的直接支持。建议国家加快森林资源管理体制改革步伐，并充分考虑长江上游地区的实际情况，在森林资源开发利用计划安排上给予倾斜，原则上根据长江上游地区生态环境保护的基本目标和实

际生产能力安排计划。在这样的差别化产业政策基础上，重点开发区才能放手开发，促进经济快速发展。

（三）加快形成区域协同发展新机制

建立以成渝地区为核心的长江上游地区区域产业协同发展新机制，努力打造我国经济增长第四极。着力在成渝地区构建大型产业基地，发展产业集群，提升综合实力和竞争力，并在此基础上为发展适宜在成渝地区周边限制开发区布局的相对优势产业。及时抓住优先开发区的产业转移机遇，充分利用限制开发区内的优势资源，在实现资源深加工带动区域协调发展的同时，为限制开发区和禁止开发区的产业和人口转移提供资金和就业机会。创新园区共建和资源共享机制，建设适合成渝地区的特色工业园区和公共服务平台，提升承接产业转移的能力。依托两地的资金、人才和技术等优势，合力发展适合不同地域的特色加工业、现代农业和各类服务业。探索建立要素和收益共享的成渝地区互利共赢发展新机制。推动大、中、小城市和小城镇协调发展，完善城镇功能，增强产业带动和就业吸纳能力，减轻限制开发和禁止开发区的人口、资源和环境压力。

云南省是我国与东盟国家相连最多的省，有着独特的地缘优势和丰富的矿产、旅游、文化等资源。参与大湄公河次区域经济合作计划，是云南省和该功能区的一次促进经济发展的难得机遇。云南省参与大湄公河次区域经济合作（GMS），标志着大湄公河次区域东盟国家与我国西南沿边地区实施对接[①]。优化开放区应充分利用云南省参与 GMS 合作机制的机遇，促成面向 GMS 各国和东南亚的多层次、全方位对外开放格局。

充分利用现有基础，力争成为大湄公河次区域外向型制造业核心区。优化开发区要因势利导，扬长避短，积极参与三大区域的开发合作。确立长远的战略，采取有效措施，把以澜沧江—湄公河为主轴的次区域合作、以交通大动脉建设为基础的经济走廊建设，以及建设中国云南省甸、老挝、泰国、柬埔寨、越南北部地区经济发展协作系统这三大合作模式作为重点，积极融入外向型发展之中。以澜沧江—湄公河流域综合开发为基础的次区域合作起步较早，已经在区内外、国内外取得了广泛共识，形成了由亚行主导的"大湄公河区域经济合作"、东盟主导的"东盟—湄公河次区域经济合作"、由中国、老挝、缅甸、泰国四国共同发起建立的"黄金四角经济合作"，以及由新湄公河委员会主导的"湄公河流域可持续发展合作"等四种不同层次的开发合作，取得了一大批重要

---

① 参见大湄公河次区域经济合作，http://www.caexpo.org/gb/news/special/GMS/

成果。该主体功能区要在此基础上，积极主动地承担起大湄公河次区域的外向型制造业核心区的重任。

(四) 全面提高产业素质，切实转变经济增长方式

转变经济增长方式。加快该功能区企业的技术改造步伐，改变大量消耗资源、大量排放污染的经济增长模式，化解资源环境瓶颈制约。弱化对经济增长速度的关注。

发展工业循环经济。未来较长一段时期是长江上游重点开发区加快发展的战略机遇期，也是环境污染和生态破坏最难以控制的阶段。资源供给不足、生态环境恶化的矛盾日益突出，必须加快调整经济结构，转变经济增长方式，积极开展发展循环经济试验示范，走"科技含量高、经济效益好、资源消耗低、环境污染少、人力资源优势得到充分发挥"的新型工业化道路。依靠科学技术，降低消耗，提高资源利用效率，切实保护好生态环境，有效缓解经济发展中资源和环境的瓶颈约束。全面推进重点耗能企业的节能降耗工作，重点抓好钢铁、有色金属、化工、煤炭、建材六大重点行业的节能技术改造和重点工业循环经济示范园、工业循环经济试点县、工业循环经济试点企业以及重点示范项目工作。围绕提升技术水平、改善品种、保护环境、保障安全、降低消耗、综合利用等，对传统产业实施改造提高，培育发展高新技术产业。鼓励和支持企业实施技术改造，采用高新技术和先进适用技术改造传统产业。

(五) 大力发展劳动密集型产业，促进特色优势产业快速集群

按照优势互补、合理开发、有效利用和可持续发展的原则，紧紧抓住我国东部优化开发区的产业转移机遇，主动承接国内外、省内外产业的转移。充分利用本地区劳动力优势，积极发展劳动密集型产业，并紧密与移民安置、大江干流水土保持和生态修复相结合，为限制开发区和禁止开发区迁移人口创造就业机会。结合本区域实际，充分发挥自身土地、气候、劳动力和地理区位等方面的优势，重点围绕粮油、畜禽、果蔬、丝麻、花卉、制糖、茶叶、林产品、旅游产品、天然橡胶、日化产品、五金机电、新型建材、生物制药、塑料包装、摩托汽配、特种船舶、电子信息、现代物流业等多个行业，拓展产业规模和产业链。高水平发展石油天然气化工产业，优化提升材料工业，做好产品结构升级改造。大力发展高新技术产业，加强国家高新技术产业基地建设。

(六) 化解制约开发的主要因素，确保顺利进行重点开发

1. 解决水资源缺乏问题

重点开发区的发展是一项系统工程，它包括基础设施建设、生态环境的保护和建设、产业结构调整和科技教育发展。长江上游地区的产业结构以高耗水

的重化工产业为主，产业发展的当务之急是要解决水资源的持续供应问题。因此，如何合理开发利用水资源，成为关系到经济发展全局的重大问题。必须从战略高度来认识水资源对该功能区产业发展的重要性，要在全区各县（区、市）树立水危机意识和节水、兴水的意识，以更大的决心和力量、更多的投入，先行开发水资源，合理利用水资源。只有把水资源缺乏问题解决了，该功能区才会取得优化开发的主动权。

（1）兴建水利工程。要从根本上解决该功能区产业发展中的缺水问题，单靠该功能区的自身实力势必会影响其开发速度。因此，建议上级部门投巨资解决该功能区的水资源缺乏问题，确保建成一些大型、特大型的水利工程项目。对年久失修的水利工程要加大改造力度，尽力减少水的浪费和消除隐患。

（2）科技兴水，以农支工。长江上游地区重点开发区水资源开源节流不足与农业用水科技水平低有着直接关系。要增加发展节灌的投入，制定节灌优惠政策，加快节灌先进科技成果的集成、转化和应用。该功能区农业用水方式应大力推广低压管灌、喷灌、滴灌、渗灌等高科技、高效节水灌溉技术，并研制适合省情区情的节水技术。创造条件修建一批封闭输配水灌溉系统，大力提高输水、灌水的现代化程度，逐步形成电脑化的功能区灌溉网，取代沟渠漫灌，大幅度提高水肥的有效利用率，创造节水农业。对城乡居民和单位用水设施也要进行大规模技术改造，抓好常规节水。同时，还要改造高耗水传统产业，大力发展节水型新产业。

2. 提高交通运输网络效率

（1）优先发展交通运输系统。在经济体系中，交通运输是具有基础性和先导性的产业，交通运输产业的发展对经济发展具有杠杆作用，必须优先发展，否则将导致运输"瓶颈"和经济"扭曲"。

（2）加快交通体制改革，降低交通运输发展的制度成本，提高运输系统交易效率。制度和组织的适应机制和创新，对塑造有效的运输系统具有关键的作用；交通运输作为向社会经济系统提供基础服务的产业活动，其效率依赖于竞争性市场秩序、制度的应变性和组织的学习与相互促进，缺一不可。

（3）加快交通基础设施建设、优化运输结构，是未来长江上游重点开发区交通发展的首要任务之一。有效的交通运输系统可降低经济系统的交易费用，促进市场扩大和劳动分工并增进市场竞争。在整个长江上游地区交通供给总量不足、能力结构性短缺的情况下，加快交通建设是迅速扩能和结构优化的基础。

（4）提高交通科技含量，实现交通可持续发展。外延式运输供给增长，其代价是降低资源的使用效率，导致运输成本上升。为了适应经济持续快速稳定增长的需要，在交通运输供给总量扩张的同时，必须提高科技含量。

(5) 统筹各种运输方式的发展，加强铁路运输、公路运输和水路运输的联动性。目前，不同运输行业之间市场融资能力差别很大，而相对环境友好的铁路和城市公共交通在取得市场资金能力方面却弱很多。因此，需要政府倾斜资金投入，否则就不可能使铁路和城市公交获得应有的发展。政府动员并有效使用资源的能力，特别是在综合运输领域统筹使用资源的能力至关重要。

（七）实行紧缩性土地政策，促进产业空间集约化发展

走集约化发展道路，严格控制产业发展的土地占有量，改变大量占用土地的经济增长模式。通过土地市场秩序治理整顿，不断健全用地管地上的各项规章制度，规范行政行为，紧紧围绕优化开发主题，主动服务全区域经济建设大局。在土地使用方面要充分考虑招商引资、项目推进、外向开拓和城市建设等方面问题，积极运用市场化手段配置土地资源，严格控制增量，千方百计盘活存量，提高集约化利用程度，发挥土地资产的最大效益，促进经济社会的全面协调发展。

确保重点工程、重点项目的用地需求。坚持依法报批新征建设用地与盘活存量建设用地并举，加大协调力度，保证重点工程、重点项目顺利开工建设。同时，要调整项目用地，在土地市场治理整顿过程中，国土资源部门应会同国家发展改革委员会、国家经济贸易委员会现为商务部对已批准转用土地的所有项目进行评审，对不符合发展方向的企业报经政府有关部门同意取消立项，对其已经批准征、转用的土地停止供地，留待新上项目报省市批准重新配供。

工业向园区集中。积极引导工业项目向工业园区集中，人口向城镇集中，农户住宅向中心村集中，最大限度地发挥土地资源的集聚利用效率。对新上的工业项目，严格审核其投资强度、建筑系数、容积率等项指标，严格依照土地利用年度计划，控制建设项目用地规模。

注重盘活存量土地。对企业的原有闲置厂房，进行"腾笼换鸟"，让确需用地的单位找到发展空间。通过整体收购业绩欠佳的企业，并加以改造，充分发挥其原有厂房、设备的使用价值，盘活闲置土地资产。

规范土地市场运行机制。经营性用地全部采用招拍挂出让，实现市场化供地。市区每年按计划提供一定数量的土地，招商引资，实行非饱和供应，有效调节供求关系。对企业"退二进三"改变用途的土地，全部交由土地发展中心收储，进行前期拆迁开发，变"生地"为"熟地"后，一并进入招拍挂市场，公开竞价，有序出让。通过这些方式为重点开发区提供了有效的用地保障。

（八）建立科学、合理的环境和资源补偿制度

由于价格体系方面存在着一定的扭曲，该功能区的廉价资源经过我国中、东部地区的企业加工成产品再返还到资源产地，增值的那部分财富直接转移到这部分企业身上，而作为资源输出的地区并没有得到真正的实惠。该功能区各区县市在为我国东、中部地区提供了加工增值的资源的同时，还要承担起保护和恢复生态环境的重任，每年都在为此付出沉重的代价。在市场经济条件下，必须对资源要素的价格进行必要的界定。国家和省政府应尽快建立科学、合理的东部对西部、下游对上游的环境和资源补偿机制，可在该功能区率先开展试点工作。该功能区的区县市都处在长江、珠江上游，又是典型的重化工产业和资源开发型地区，国家高度重视该功能区的循环经济建设，而且现有发展循环经济的基础和条件较好，可将该功能区作为循环经济示范地区，为其他功能区寻求一条经济建设和环境保护和谐共赢的道路。

（九）加大环境保护的投入，加强环境管理能力建设

积极探索建立市场经济条件下的环保投融资体系，逐年稳定提高政府财政对环境保护的支出，同时，在政府投资的引导下，逐步实现投资主体多元化、运营主体企业化、运行管理市场化、污染治理产业化。同时，该功能区要提高对生产企业的环境监测能力和环境监察能力。

进一步注重生态环境保护，处理好经济发展与人口、资源、环境之间的关系，重视知识资本在工业化进程中的作用，改变过分依赖自然资源，以牺牲环境为代价的发展模式，加快技术进步，鼓励大力发展循环经济，促进产业结构优化升级和经济增长方式的转变，逐步提高资源环境对经济社会发展的承载能力。加强对重点流域环境保护与治理技术、脆弱生态地区环境保护与恢复重建技术的研究与开发，为建设具有区域特色的资源节约型和环境友好型社会提供有效科技支撑，不断增强可持续发展能力。

大力推行清洁生产，认真实施危险废物和医疗废物处置、城市污水处理、城市垃圾处理、燃煤电厂脱硫、重要生态功能区建设、自然保护区管护、辐射安全工程等。

（十）承接优化开发区的产业转移和接受限制开发区、禁止开发区的人口转移

积极创造条件，制定具有吸引力的产业发展政策、土地政策和人才引进政策等优惠政策，吸引优化开发区的劳动密集型传统产业、环境承载力要求高的产业以及能耗大、原材料运输距离远的产业企业转移到重点开发区。同时，要积极创造良好的人居环境，主动承接限制开发区和禁止开发区的人口转移。

二、长江上游限制开发区发展方向及对策

长江上游地区限制开发区是生态环境脆弱、聚集经济和人口条件较差的地区，主要是天然林保护地区、退耕还林生态林地区、重要的生物多样性保护地区、重要水源地、自然灾害频发地区等。要实行保护优先、适度开发、点状发

展的方针，把开发活动集中于当地可以承载的特色产业，加强生态环境保护，引导人口自愿、平稳、有序地转移到重点开发区和优化开发区。要按照"在保护中开发，在开发中保护"的原则，统筹保护与开发，协调生态与发展，最终实现合理开发利用、维系优良生态的发展目标。

（一）进一步提高环境质量、扩大环境容量，提高环境对人口和经济社会发展的承载力

该功能区必须倍加珍惜良好的生态环境和自然资源，加大污染治理，加强资源保护，不断改善生态环境质量，扩大环境容量，为经济社会发展提供良好的环境支撑。

1. 加强分类指导

按照保护优先、开发有序的原则，根据资源禀赋和环境承载能力，对不同区域分类实行开发、限制和禁止。在禁止开发区内，不得进行与生态功能保护无关的生产和开发活动；在限制开发区内，要严格限制土地开发和对生态环境影响较大的工业项目；在开发区内，必须严格环境准入制度，不得建设高污染、高消耗、低效益的项目。

2. 加大生态建设力度

继续实施退耕还林还草工程，减少水土流失，提高森林覆盖率，恢复生态系统功能，扩大环境容量。加强天然林保护、封山育林、植树造林和预防森林火灾、防治病虫害等措施。积极推进滇西北自然保护区、重要生态功能区、重要野生动植物分布区和迁徙地的退化生态系统恢复工作。因新建项目、开垦、放牧造成生态退化的区域，必须明确责任，限期恢复其自然特性和生态特征。因历史和自然原因造成生态退化的地区，要采取各种措施，积极实施抢救性保护工程，努力重建其原有生态功能。

3. 加强生态环境修复

支持重要动物、植物、微生物和人类遗传资源的抢救性收集，建立资源调查数据库；建设原生境、种质库、种质圃、试管苗、细胞库、DNA 库、繁殖与评价试验基地等资源保护与利用设施；建立农作物生物多样性控制病虫害的技术体系和技术标准；加大鉴定评价特异生物资源和"分子身份认证"的工作力度，获得可供产业化开发的关键优异资源和突破性新种质。开展矿山覆土植被工程；支持固体垃圾、工业废弃物的生物无害化处理，以及湖泊、饮用水源地的生物修复、退化草地恢复等领域的配套技术集成和产业化；支持具有中国特色的生态植物园建设。

4. 加强环境污染防治

严格实行重点水污染物排放总量控制计划和实施方案，采取最严格的措施保护水环境，坚决取缔各类保护区、保护湿地内的工业企业排污，采取工程措施、生物措施与管理措施相结合，单要素治理与多要素综合治理相结合，区域治理与流域治理相结合的方法，千方百计稳定和改善水环境质量。继续清理整顿违法排污企业，加大对各类工业集中区的环境监管，对达不到环境质量要求的，要责令限期整改。进一步改善城镇环境，全面实行城镇环境综合整治定量考核制度，加快城市污水集中处理、生活垃圾无害化处理等环保基础设施建设。开展土壤污染状况调查，对严重污染的耕地进行综合治理。加大对农村生活废水、垃圾和规模化畜禽养殖业污染的综合整治力度，解决农村饮用水源污染问题；采取严格措施，防止工业污染向农村转移、城市污染向郊县转移。

5. 采取综合措施

加大城乡污染治理和环境保护力度，强化节能减排，大力发展循环经济，全面推行清洁生产。广泛实施环境管理体系标准认证，积极进行生态创建工作和绿色创建活动。加大新农村建设和扶贫开发力度，积极发展生态农业，实现农村生产生活与自然环境的协调发展。积极推广沼气、风能、小水电、太阳能、地热能及其他清洁能源，努力改变城乡能源消费结构，减少对自然生态系统的破坏。

6. 多渠道加大保护投入，建立生态补偿机制，形成保护的长效机制

保护离不开资金投入，但必须通过建立长效投入机制，走出一条政府引导、多渠道投入的生态保护资金筹集路子。一是增加政府投入。要整合各方资金，在生态保护、环境治理、水能矿产开发生态补偿、新能源利用和科研等方面增加投入，用于该功能区的环境保护和生态建设，促进生物多样性保护。二是引导社会投入。由政府投入一定资金，引导和筹集社会各方投入，尽快建立该功能区的生物多样性保护专项资金，用于保护能力建设和规划制定、科学研究、试验示范、宣传教育等领域。鼓励企业支持该功能区的生物多样性保护，企业以各种方式对该功能区生物多样性保护进行的公益性捐赠，按税收法规定的比例在企业所得税税前扣除。抓紧建立能够反映资源代价和污染治理成本的排污价格和收费机制，鼓励社会资本参与污水、垃圾处理等基础设施的建设和运营。同时，要通过国际合作项目，争取国外资金援助。三是逐步建立完善区域生态补偿机制。按照"谁受益谁补偿，谁污染谁赔偿"的原则，开展自然保护区、重要生态功能区、重大资源开发项目、城市水源地保护等四个领域的生态补偿试点工作。在深入研究的基础上，探索建立资源开发生态环境综合治理补

偿制度,向资源型开发企业收取生态环境综合治理补偿费。四是积极利用国际碳汇机制获取保护资金。按照清洁发展机制的申报要求,组织实施或帮助企业开展造林、清洁能源等碳汇项目(韩庆华和王晓红,2005)。

(二) 促进人口有序转移

对于该区环境十分恶劣的地区和人口密集的区域,要在国家和省级政府的主导下,各级政府有序组织当地居民迁移。利用政策手段促使居民自愿、平稳、有序地转移到省内外重点开发区和优化开发区。严格控制人口的总数与密度,促进人口有序向其他功能区转移,限制开发区人口数占人口总数的比重要逐步下降。引导一部分人向其他区域转移,一部分人向区域内中心城镇转移。加强对生态移民点的空间布局规划,尽量集中布局到中心城镇,避免新建孤立村落式的移民社区。

(三) 严格控制开发强度

限制开发区资源农业比例过高,农、牧业活动开发活动占地广,对脆弱的生态环境形成很大的压力。其发展方向首先是将开发强度控制在规划目标之内,使水面、湿地、林地、草原等绿地生态空间扩大,人类活动占有空间减少。加快城镇化,减少农、牧业的经济与人口比重,实行点状开发,保有大片开放式的生态空间结构。

严格控制开发强度,逐步减少居民点占用空间,腾出更多空间用于保障生态系统的良性循环。城镇建设和工业开发要布局在环境承载能力较强的特定区域,禁止蔓延式扩张。原则上不再新建各类开发区和扩大现有工业开发区的面积,已有的工业园要改造成低消耗、可循环、少排放、零污染的生态型工业园区。限制不符合主体功能的产业的扩张,大幅度提高生态友好型产业的比重,不断提升高效率、低污染的行业水平。在环境承载力许可范围内,适度发展特色产业,把经济开发活动集中到当地可以承载的特色产业上。

(四) 担当好区域经济分工角色,大力发展生态经济和生态产业体系

独特而丰富的生物多样性是该功能区最具特色和最有潜力的竞争优势,也是最现实的生产力。该功能区的经济发展要从这一特色出发,准确把握经济发展中的战略分工,走差异化发展道路,避免与其他区域的产业趋同,争取成为优先保护生态环境的典范、率先转变发展方式的典范和领先培育特色产业的典范,努力构建与自然环境承载力相适应的生态产业体系。

1. 合理引导产业发展

切实转变经济发展方式,按照生态建设产业化,产业发展生态化的思路,进一步调整生产力布局和产业结构,优化资源配置,大力发展生态产业。采取

财政、税收、土地、金融等多种措施，鼓励利用先进适用技术和节能环保技术，加快传统产业的改造和升级，加快发展生态农业、生态林业、生态旅游、清洁能源、绿色矿产和环保等环境友好型后续产业和替代产业。同时，在切实保护的前提下，依法规范野生动植物引种、驯化和繁育行为，发展壮大野生动物驯养业，积极扩大珍稀植物、野生中药材人工种植业，促进生物产业有序发展。

2. 推动该功能区水电、矿业、旅游三大支柱产业向生态化、无污染或少污染方向发展

环境问题是在发展中产生的，也只能用发展的办法来解决，片面追求发展和单纯强调保护的观念和做法都是错误和不切实际的。在水电资源开发和水电产业发展中，要把生态环境保护和移民安置放在重要位置，进一步做好水电流域开发规划环评和项目环评。在开发建设和项目实施中，尤其要突出水生生物多样性保护和库区生物多样性保护，把水电建成名副其实的清洁能源产业。该功能区的矿产资源十分丰富，矿区生态环境脆弱，处理好保护与开发的关系难度较大。要根据矿产资源的分布情况和生态环境保护总体规划，编制该功能区的矿产资源开发专项规划。严格限制探矿权和采矿权设置，推进矿产资源整合，大力推动优质资源向优势企业集中，确保资源高效利用和生态环境得到有效保护。旅游资源开发和旅游产业发展中，规划制定、产品开发、线路设计、基础设施建设和旅游企业都要特别注重自然环境保护，增强可持续发展能力（张炜，2003）。积极有序发展生态旅游，把生态旅游与保护自然的宣传活动和科学普及的教育活动有机结合起来，成为该功能区旅游的一个重要品牌。

3. 加大生物良种选育与推广应用力度

将转基因技术、分子定向育种技术、基因工程技术、细胞工程技术、胚胎工程技术与传统遗传育种技术结合，重点选育、引进一批优质、多抗、专用的动植物新品种，建成面向南亚、东南亚的农经作物良种选育基地；积极收集、筛选有利用潜力的微生物工程菌株，同时，加强对现有菌株的基因改造，以形成一批具有新活性和新功能的工业用新菌株，为生物化工产业的改造和升级提供支撑；支持利用干热河谷、山坡地等边际性土地实现高产、高油生物质能植物的育种及新产品产业化。围绕地域优势和特色农经作物、花卉、林草、畜禽等，建立完善的良种快速繁殖体系，组织实施良种产业化项目，培育具有竞争力的种子、种苗企业。

（五）严格控制资源型初级产品出口

调整该功能区的产业保护政策，采用国际通用惯例，充分利用 WTO 规则，借鉴和利用世界其他国家特别是发达国家在产业保护上的成功经验和做法，加强对该功能区资源性原材料产业和行业的保护，在区内适当延长资源型产业链，有效控制资源型初级产品的出口。

（六）实现基本公共服务均等化

限制开发区属于贫困地区，农民平均纯收入水平较低，地区生产总值增长较慢；资金不足；基本公共服务缺乏；环境治理能力度有限。在该区域只有获得了基本的公共服务，才能解决环境治理问题和由人类居住而引起的生态安全问题。因此，政府必须保障其基本公共服务。要重点做好以下工作：首先是保持生态系统的完整性，控制新增公路、铁路建设规模，必须新建的，应事先规划好动物迁徙通道。在有条件的限制开发区域之间，要通过水系、绿带等构建生态廊道，避免其成为生态孤岛。其次是加强中心城镇的道路、供排水、垃圾污水处理等基础设施建设。在条件适宜的地区，积极发展和推广沼气、风能、太阳能、地热能、小水电等清洁能源，努力解决农村、山区能源需求。在有条件的地区建设一批节能环保的生态社区。再次是实现基本公共服务均等化。加大对农村医疗卫生、基础设施的投入力度，健全公共服务体系，改善教育医疗文化等基础设施条件，提高公共服务供给能力和水平，使农村居民也能逐步享有均等化的公共服务。农村新型医疗保险的覆盖率要大幅度增加。最后是要加快农业劳动力培训与转移，大幅度增加农业劳动力转移人数。

（七）建立协调重点开发区与限制开发区双方利益的统筹机制

在主体功能区建设中，重点开发区域将获得更多的发展机会，限制开发区域由于要更多地承担生态功能，其开发活动将受到限制，发展机会将遭受损失。因此，必须建立协调不同区域之间利益的统筹机制。

（1）通过运用财政转移支付等手段，使限制开发区居民能够享受基本的公共服务，使不同地区居民享有的义务教育、公共卫生、社会保障等公共服务大体相当。

（2）通过促进人口的有序流动等手段，使不同地区的居民享有大致相同的发展机会。

（3）探索在重点开发区设立限制开发区域异地开发实验区，即在适合大规模集聚产业和人口的重点开发区，划出一定空间作为限制开发区域发展的"产业飞地"，探索创新产业园区多元共建和异地投资利益分享新机制。

（八）建立健全生态补偿机制

建立以公共支付为主、包括多种支付方式在内的生态补偿机制。

（1）设立专门的生态效益补偿基金，由中央财政直接拨付，用于限制开发区的生态修复和维护。

（2）制定受益者补偿政策。继续完善长江下游流域、受益地区、区域间合作和对口支援等对限制开发区的补偿机制，探索对于直接受益主体收取适当费用来充实相应生态补偿基金的做法，考虑采用从水资源费、水电费、旅游收入等渠道筹集受益者补偿资金（虞孝感，2003）。

（3）完善有利于限制开发区域生态保护的税费制度。进一步把资源税征收范围扩大至土地、矿产、森林、水等资源的各个领域，将资源级差地租和绝对地租纳入到税额中来，探索建立从价与从量、资源开发利用量和储量相结合的生态环境补偿费征收机制。

（4）根据中央财力等综合情况，保持限制开发区退耕还林还草等相关政策的连续性。

三、长江上游禁止开发区发展方向及对策

长江上游地区禁止开发区是该区域生态环境敏感性和生态系统服务功能很强的重要区域，也是保障区域生态平衡、改善区域生态环境质量的生态核心功能区。必须要实行强制性的环境保护政策，严格控制人为因素对自然生态的干扰，严禁不符合主体功能区政策的开发活动。同时，建立与禁止开发区功能相容的产业体系。我国是一个人口超级大国，人口压力异乎寻常，在人类可以生存的地方，都可以看到人类活动的踪迹。在长江上游地区尤为突出。在目前的情况下，要完全杜绝禁止开发区的生产活动是不可能的，也没有必要。对于禁止开发区而言，关键是要建立与其功能相互兼容的产业体系，使产业发展不仅不会影响其功能的发挥，而且会使其功能更充分地发挥，实现发展与保护的良性互动，人类与自然的和谐相处。

（一）建立以环境和经济安全为主导的保护管理模式

对具有特区性质的禁止开发区的管理，传统的做法往往是建立新的管理机构来履行对禁止开发区的保护职能。实践证明，这是一种增加管理成本、导致管理机构与地方政府摩擦的低效率管理模式。有效的管理模式是让所在禁止开发区的政府实现职能转换，成为承担保护职能的主体。根据对禁止开发区保护的要求，当地政府应从以下几个方面进行政府职能转变、机构和管理方式的变革。

（1）要使当地政府从产业开发和 GDP 增长的束缚和压力中解脱出来，要将对所辖区的环境和资源的保护作为政府的主要职能来承担。由于处在禁止开发区的政府大都属于财政转移支付解决"吃饭"的财政，为了保证保护区政府能够集中精力履行对禁止开发区的保护职能，要根据保护职能要求实行财政专项转移支付的预算，使当地政府从现行的围绕"吃饭"而进行的经济开发中彻底

解脱出来（刘世庆等，2003）。

（2）禁止开发区的政府要围绕保护职能，进行行政机构的改革。保护区的政府机构设置和人员编制，要走出现行与上级政府完全对应的行政管理体制，撤销或精简过多的与经济发展有关的机构，将其转换为与履行保护职能有关的新机构。同时，也要围绕履行保护职能，建立对禁止开发区专门的政府的绩效考核指标和考核体系。

（3）对禁止开发区的居民尽量不要通过大规模移民办法来解决，实践证明这是一种弊端很大的做法。由于居住在禁止开发区的居民大都属于少数民族，他们对在长期封闭状态下形成的生活方式和文化具有很强的依赖性，强制性的移民经常会出现移民的回流问题。为了减轻经济开发对禁止开发区资源与环境的破坏，在尊重当地居民生活方式和文化的前提下，减少人口要针对不同类型的人采取不同方法来解决。

（二）建立环境与发展的综合决策机制

禁止开发区实施可持续发展战略的关键环节之一就是要建立环境与发展的综合决策机制，从决策源头控制污染问题的产生。按照科学发展观的要求，环境保护的要求必须成为其他所有经济社会发展政策的前提，必须对经济和社会发展决策可能产生的环境影响作出评价。在制定区域经济和社会发展规划、土地利用规划、调整产业结构和生产力布局等重大决策时，必须充分进行环境影响综合评价，使环境与发展之间形成一种利益协调和相互制衡的机制。

实施更为严格的环境标准。根据不同区域的环境问题特性以及环境问题产生的背景差异等多种因素，按照不同地区的资源环境承载能力、环境容量、生态功能等进一步细分总量控制标准、各项污染物排放标准、排污收费标准等，按照禁止主体功能区的要求，制定不同的环境标准，更好地促进有关环境政策在不同区域的落实，以有利于推进禁止开发区的形成。

（三）进一步完善生态补偿政策

禁止开发区主要是承担生态保护功能，与生态保护功能相矛盾的经济活动将受到限制，地方的财政收入势必减少。如果地方为保护和改善生态环境所牺牲的经济利益得不到经济补偿时，为了基本的发展需求，当地政府就可能不会从保护生态环境的角度去限制生产开发活动，主体功能区划也很难落实。因此，我国在推进主体功能区形成的过程中要进一步调整和完善有关的生态补偿政策，这是国家生态环境保护与建设方针得以长期稳定实施的关键，也是促进主体功能区形成的重要保障措施。一是细化补偿标准，实行分地区调控的政策；二是在补偿政策实施年限上，不仅要区分还草、还林，还要区分各地不同的自然条件和经济社会发展特征，要充分考虑当地生产活动的转移、生态移民等所需要的时间；三是实行多元化的补助形式，改变目前单一粮食和现金的补助方式，根据当地的经济发展水平，以及农民的实际需要提供多种形式的补助，如以"项目支持"的形式，促进生态保护区的替代产业的发展；四是加强生态保护立法，为建立生态环境补偿机制提供法律依据，对自然资源开发与管理、生态环境保护与建设，生态环境投入与补偿的方针、政策、制度和措施进行统一的规定和协调，以保障生态环境补偿机制很好地建立。

（四）进一步理顺自然保护区的管理体制

自然保护区是禁止开发区的重要组成区域。进一步理顺自然保护区的管理体制，是实现该地区的主体功能，促进我国自然保护区健康发展的前提条件。应通过进一步明确各类自然保护区的性质与功能，及有针对性的管理与保护政策，改变目前多部门管理的模式，对自然保护区实行统一管理。

第六章
长江上游流域自然资源利用和环境保护战略

长江上游流域既是我国西部资源富集区，也是生态环境相对脆弱的地区。21世纪，长江流域将进入快速发展的新阶段，但同时也面临着更加严峻的生态环境压力，特别是面临长江上游因生态环境恶化所带来的各类生态环境危机的压力。目前，虽然长江上游生态屏障建设的重大工程体系初步形成，生态环境局部得到改善，但生态环境整体恶化的趋势并未得到根本扭转，其主要根源还在于长江上游经济带与生态屏障的共建中存在的主要矛盾没有得到根本解决。因此，如何在合理利用自然资源的同时加强生态环境保护建设，解决长江上游各自然区域共建中的矛盾和利益冲突，不仅会对长江流域的人口、资源、环境、经济能否协调持续发展产生深远的影响，更关系着西部开发、东部开放的成败。

第一节　长江上游流域环境保护的战略意义与建设目标

长江上游流域是我国的一个十分重要的生态经济区，对全国的经济发展和生态安全都具有举足轻重的意义，关系到我国经济社会的可持续发展，因此，加强长江上游流域环境保护建设具有非常重大的战略意义。

一、长江上游流域合理利用自然资源与环境保护的战略意义

（一）长江上游流域合理利用自然资源是长江上游经济社会走上可持续发展道路的根本

长江上游流域虽然资源富集，发展潜力巨大，但是，目前本区经济社会发展中存在的最大问题是生态环境脆弱，生态环境恶化。严重的水土流失和频繁的自然灾害，使土地贫瘠，中、低产田面积大，农业生产低而不稳。占全区人口80％以上的主要是以种植业为主的广大农民，收入低下，贫困人口多。全区有150多个贫困县，已脱贫的地区返贫率高，是全国贫困人口最多、贫困面最大的地区之一。由于贫困，破坏生态环境的现象难以根治，边建设边破坏生态环境的现象十分严重。可见，长江上游地区既存在发展不足的问题，又存在因

发展加快造成的只顾眼前利益，忽视环境保护的"边建设边加剧破坏生态环境"的现象。在这种严峻形势下，长江上游地区经济社会可持续发展问题是首要的问题、根本的问题、关键的问题。生态环境是生存和发展的基础，面对生态十分脆弱、环境持续恶化的现实，只有通过大力加强长江上游地区的生态环境的恢复和建设，才能为这一地区的人民和社会奠定一个生存和发展的基本条件，也才能使这一地区的农业和农村经济得到稳定的发展，使广大农民群众脱贫致富，进而走上可持续发展道路。

（二）长江上游流域合理利用自然资源是长江流域经济社会可持续发展的基本保证

河流的上中下游是一个整体。由于其地理特点，长江上游地处高原山地，中下游是低矮的平原，上游的洪水向中下游宣泄，上游水土流失使大量的泥沙在中下游沉积，导致中下游地区河床与湖底抬高，泄洪和蓄洪的能力下降，这就使得长期以来形成的长江的主要问题是上游水土流失，下游洪涝灾害。长江中下游地区是我国经济发达的地区，人口众多，城市密布，但历史上洪灾不断。长江上游生态屏障建设是解决中下游地区生态灾难的根本措施，只有把上游地区的生态环境保护好、建设好，才能保证中下游的长治久安。

（三）长江上游流域生态环境保护是西部大开发的根本和切入点

长江上游流域是我国西部的一个主要部分，这一区域的生态环境如不改善，必将影响西部大开发战略的推进。西部大开发必须与生态环境建设密切结合，同步规划，同步建设。长江上游地区生态环境十分脆弱，这种脆弱性具体反映在，生态环境退化超过了现有社会和技术水平下能长期维持目前开发利用和发展的水平。不通过生态环境的恢复和建设，逐步将这种脆弱性改变为稳定性，那么西部开发就没有稳定的基础。如果继续以牺牲生态环境为代价来进行大开发，那么必然造成难以估量的后果。因此，建设长江上游生态屏障就成为西部生态环境建设的一个最重要的内容和西部大开发战略中的战略举措。

（四）长江上游流域合理利用自然资源是三峡工程长治久安的保证和前提

三峡工程是当今世界上最大且具有十分巨大的综合效益的水利枢纽工程，但是，三峡工程的安危和能否长治久安，关键在于能否解决长江上游流域严重的水土流失，如果上游地区大量的泥沙在三峡库区淤积沉淀，必然导致库容日益减小，降低蓄洪能力，三峡工程也就可能无法达到其应有的功效，甚至防洪、发电、航运等多种功能就将完全丧失。因此，三峡工程的建设必然非常迫切地要求长江上游生态环境的治理要加紧加快进行，建设长江上游的生态屏障就是实现这个要求的根本保证。只有加强长江上游地区的生态环境建设，制止水土流失，三峡工程才能长久持续地发挥其巨大的综合效益。

（五）长江上游流域自然资源合理利用关系到我国生态安全及持续发展

　　长江上游生态环境建设是整个长江流域生态环境问题的根本，而长江流域生态环境建设更是我国生态安全的关键所在。同时，长江是解决我国水资源危机，促使全国经济社会可持续发展的一个重要保证。

　　目前，我国北方的水资源短缺已经严重影响到当地工农业生产的发展和人民群众的生活，对经济社会可持续发展构成了严重的威胁。面对严峻的缺水形势，国家尽管采取了一系列应对措施，但广大北方和西北地区缺水依然严重。随着人口的持续增长，生产规模扩大，社会经济发展，人民生活现代化程度提高，工农业、城乡生活用水将继续上升，水资源供需缺口将越来越大。为根本解决我国北方的区域性、资源性缺水问题，促进社会、经济、生态与环境的协调、持续发展，实行跨流域跨地区的南水北调已经成为我国现代化建设中一项十分必要而又紧迫的战略任务，这是从根本上解决我国北方地区水资源危机的重要途径。而要保证南水北调的计划能够得到实现，首要的问题是要保证有充足的无污染水源的供应，长江上游生态环境建设则是整个长江水质的重要保障。所以，南水北调的一个重要前提和先决条件，就是要加速和加强长江上游的生态环境建设。长江上游生态屏障不仅是中下游的生态屏障和整个长江流域的生态屏障，更关系到整个国家经济社会的可持续发展。

二、长江上游流域环境保护建设目标与建设内容

（一）建设目标

　　根据长江上游流域在维系整个长江流域的生态安全和可持续发展中的地位和作用，以及长江上游流域当前生态环境中存在的主要问题，长江上游生态屏障建设的总体目标可以概括为：通过积极的不断的生态环境建设，在未来30年内，实现长江上游地区植被覆盖最大化、水土流失最小化、水资源最优化。

1. 实现植被覆盖最大化

　　森林植被是陆地生态系统的主体，也是人类赖以生存的基础资源。在陆地生态系统中，森林是面积最大、分布最广、组成结构最复杂、物种资源最丰富的生态系统。森林植被的多种生态功能在维系生态安全、改善人类生存环境以及实现生态平衡中起着不可替代的作用，是生态环境保护建设的核心、主体和基础。因此，长江上游生态环境保护的首要任务在于恢复和发展森林植被，努力提高森林覆盖率，实现最大的植被覆盖。森林植被是长江上游生态屏障的主体和核心。

2. 实现水土流失最小化

严重的水土流失是长江上游首要的生态环境问题，是生态环境恶化的集中表现。森林植被由多变少的过程也是水土流失由小变大的过程，随着长江上游地区森林植被的大量破坏和不断减少，造成的直接后果是水土流失面积的不断扩展，流失的强度不断加大。根据全国第二次水土流失卫星遥感普查，我国目前水土流失总面积为 356 万 km^2，占国土总面积的 37.1%，年流失的土壤达 50 亿 t。而长江上游流域又是我国水土流失最严重的一个地区，水土流失面积占全流域水土流失面积的 2/3 左右，年平均土壤流失量达 16 亿 t，占全流域水土流失量的 71.4%。近年来，长江平均含沙量已由 1.16mg/m^3 升至 1.42mg/m^3。年输沙量约 6 亿 t，达到尼罗河、亚马逊河、密西西比河三条世界大河输沙量总和的 1.3 倍。

由此，我们可以清楚地看到，严重的水土流失是长江上游生态环境恶化最集中的表现，是为害最大最多最深远的生态灾难，如果这种灾难再继续发展下去，整个长江流域经济社会的发展就将难以为继，这严重地阻碍着整个中国经济社会的可持续发展。所以，长江上游地区水土流失的治理是扭转长江上游生态环境持续恶化的中心任务，是整个长江流域生态环境建设的关键，是长江流域生态安全的根本，因此，长江上游生态屏障可以说就是防止水土流失的屏障，水土流失治理好了，生态环境就变好了，长江上游地区就能实现山川秀美、环境良好，整个长江流域也才可能实现可持续发展。

3. 实现水源水质最优化

长江上游水源区的水质是整个流域的命脉。长江水资源虽然在数量上丰富，但水质的现状堪忧，江水污染日益加重。上游水污染就会造成中下游和整个长江的污染，而且，如果把污染的水通过南水北调调到西北和华北，就会造成更大范围的危害。保护好长江上游的水资源，才能为全流域的工农业生产、生活用水提供良好的水源，为水生生物生长繁殖提供良好的环境，南水北调的宏伟规划才能够得到顺利实现，给西北、华北和首都送去清洁优质的长江水，实现水资源、水质和生态系统的良性循环。因此，防止水污染，保护和改善长江水质是长江生态环境保护十分重要的任务。

（二）建设内容

长江上游地大面广，特殊的地形地貌、复杂的气候类型、丰富的植被覆盖以及多元的人地关系所构成的复杂的生态系统和社会经济格局，决定了长江上游环境保护与生态屏障建设是一项巨大的系统工程。结合长江上游生态环境现状、存在问题和社会与经济发展需求，长江上游生态屏障的建设应当从系统性、综合性及长期性视角充分考虑其生态系统结构配置和功能布局，其主要内容包括以下几个方面。

1. 促进生态系统服务功能有效发挥

生态保护是长江上游生态屏障建设的基础内容，针对长江上游区脆弱生态系统或受损生态系统中难以实现人工修复的特殊生态系统，或其生态功能十分重要，如受到严重威胁的物种或生境、对江河或流域具有重要的水土调控功能、或具有特殊的生态维护价值、或处于极端生境条件的生态系统，加以强制性保护，或采取以保护为主要手段的管理对策，从而促进维持系统现有的基本特征，抑制继续退化或破坏，从而保证其系统结构和功能的稳定。同时，对于那些具有较稳定的结构和功能的生态系统，通过人工保护，促进其结构和功能更趋良性化，从而发挥更可持续稳定的生态功能。

2. 恢复与重建已退化生态系统

生态恢复是长江上游生态屏障建设的核心内容，即对那些可以人工修复或人工促进修复的受损生态系统进行恢复和重建。恢复与重建的重点在于对那些生态退化的敏感区域进行人工干预。其中，关键是植被的恢复与重建。通过对植被的恢复与重建，促进形成合理的、达到生态屏障功能目标要求的植被覆盖，包括量与质的要求。

3. 按可持续发展目标合理开发生态资源

生态开发是基于人与生态协调发展，在生态系统能良性发展的基础上，结合人类社会和经济的可持续发展需求而提出的。其目的在于充分发挥生态系统的社会服务价值，促进人与自然的和谐，从而更好地维护生态系统的结构和功能。即通过对长江上游生态系统的保护、恢复、重建与开发，建立结构合理、功能稳定的生态系统，更好地为区域生态、经济与社会可持续发展服务。实际上，人类与自然生态系统的关系应当是通过人为合理的行动，与生态系统相协调，达到长期的统一，这是人类对自然的积极态度。因此，生态开发应当是长江上游生态屏障建设的更高层次的内容。

第二节　长江上游流域生态环境现状与面临的问题

10 多年来，长江上游流域以林木植被恢复、重建为主要内容的生态建设取得了显著成绩，森林覆盖率和地表植被覆盖度较 20 世纪 60～70 年代有了显著提高。但是，与正常生态系统比较，属于开始朝正向演替发展的退化生态系统，生态退化问题仍比较严重，表现为空间结构不合理，林种、树种和物种组成结构简单化，生物产量与质量不高，保水保土生态屏障作用弱，在生态环境脆弱区出现生态环境恶化趋势。因此，深入研究长江上游各区域主要存在的生态环境问题，对长江上游自然资源的合理利用与进行环境保护建设具有重要指导作用。

一、青藏高原自然地区

（一）长江源自然区

长江源头区地处青藏高原，地域广阔，是我国生态环境最为脆弱的地区之一。近年来，由于人为因素以及自然条件的影响，生态环境逐年恶化，如今已严重影响到当地人民生产、生活以及社会经济发展，直接威胁长江流域的生态安全，严重影响到整个流域的可持续发展。

1. 森林退缩

长江源区树林稀疏，覆盖率低，以灌木为主，主要分布于通天河流域，其生态功能脆弱。森林灌丛水平分布梯度分异显著，即由东南向西北森林—疏林灌丛—灌丛依次更迭，过渡地带宽，呈多复合和镶嵌式分布。森林内部纯林多，混交林少；单层林多，复层林少；同龄林多，异龄林少。据调查，在河源区东南端以云杉为主的成熟林中，云杉蓄积量占96%，桦树、山杨和圆柏只占4%；在圆柏林中，圆柏占93%，其他树种占7%。源区森林灌丛生态系统简单，功能脆弱，且草甸化在继续进行，被草甸包围的森林灌丛处于退缩阶段，森林灌丛上限下移。

2. 草场退化

近年来，由于人口增长和放牧规模的不断扩大，且缺乏一定保护措施，超载过牧和畜群结构的不合理已使草地生态系统的功能失调，经济效益差，草地退化和沙化现象十分普遍，环境明显恶化。主要表现为沼泽草甸化、草甸草原化和草原荒漠化。如高寒草甸高山地由于过度放牧表现为土壤板结，牧草稀疏、矮化，加上水蚀、风蚀，土地呈斑状，严重者土心暴露，变成"黑土滩"（郭延辅等，2000）；高寒草原高山地由于过度放牧，土地变得更旱化，牧草稀疏，加上不断风蚀，土地向沙漠化方向演化。在草场退化较为严重的治多、曲麻莱、唐古拉等县乡，平均退化草场占草场面积30%。草场的产草量逐年下降，毒草杂草蔓延，鼠害成灾，使草场的载畜量不断下降。例如，曲麻莱县的牧草产量，20世纪90年代比80年代减少近70%~80%，唐古拉乡草场鼠害面积达12.18万 hm²，占可利用草场面积的17.8%。

3. 水土流失严重

长江源头区由于特定的自然条件以及人为因素的影响，水土流失日益加剧。在自然因素中，严寒、大风、昼夜温差大，降水稀少等气候因素是主要方面；人为因素主要是过度放牧和不合理的放牧方式，开采矿藏以及滥挖滥砍、偷猎等；生物因素主要是由于生态平衡遭受破坏后，个别有害物种天敌减少，以致其大量繁殖而形成灾害，如长期以来一直存在的鼠患。从总体来看，长江源头区在玉树一带植被条件比较好，多草甸，水土流失相对较轻；在唐古拉山周边情况则完全相反，地表多荒漠，草甸较少，且处于退化之中。水土流失类型在玉树一带以水力侵蚀、冻融侵蚀为主，兼有风力侵蚀；在唐古拉山一带以风力侵蚀、冻融侵蚀为主，兼有水力侵蚀。据水利部调查资料显示：水力侵蚀面积为 19 031km²，冻融侵蚀面积为 34 938km²，风力侵蚀面积为 52 346km²。据长江源头区水文控制站直门达水文站的资料表明，通天河年平均输沙率已达 0.43t/s。严重的水土流失使原本脆弱的生态环境遭到巨大破坏。

4. 土地沙化

长江源头区气候干旱多风，日照强烈，气温冷热变化骤然，风蚀作用强烈，从而加速沙化过程。开采金矿和修路是造成土地沙化的另一原因。近年来，长江源头区进入了大批淘金者和盗猎者，每年涌入人员多达几万人，他们以最原始、最落后野蛮的方式大量开采沙金，仅玉树藏族自治州曲麻莱县就有 340km² 草场被开挖，致使草地严重沙化（罗小勇和唐文坚，2003）。据初步统计，长江源头区有沙漠化土地面积 1.95 万 km²，此外，还有裸岩、石砾地 1.21 万 km²。沙漠化土地主要分布在河流阶地和滩地，在楚玛尔河和沱沱河河谷已发现有流动沙丘。据调查资料，长江源头区沙漠化年均扩展速度为 2.2%。这表明长江源头区已经属于沙漠化发展速度较快的地区。

5. 冰川、冻土普遍退缩

据调查研究表明，长江源头区大多数冰川均呈退缩状态。沱沱河和当曲河源冰川在 1961～1986 年的退缩率就分别达到 8.25m/a 和 9.0m/a；各拉丹冬的岗加曲巴冰川在 1970～1990 年的 20 年间其冰舌末端至少后退了 500m，年均后退的速度高达 25m。有 6 条面积超过 30km² 的冰川都有退缩现象。此外，自 20 世纪 70 年代以来，青藏高原变暖明显，尤其是冬季升温幅度较大，导致在自然条件作用下高原冻土呈区域性退化。例如，青藏公路岛状多年冻土南界向北推移 12km，其北界向南推移 3km。多年冻土的退化改变了植物生长环境，直接影响和制约着植物演替，进一步加速草场退化过程。

6. 生物多样性遭受严重破坏

青藏高原特殊的生态环境条件，孕育了独特的生物区系，许多生物物种在世界上独一无二，如藏羚羊、藏牦牛、藏野驴等野生动物，以及藏蒿、青藏臺草等特有的野生植物。在长江源头，由于生态环境的变化，加上不法分子对野生动物的偷捕滥猎，以及人们对虫草等药用植物的过度采集，使生物物种分布范围缩小，种群数量降低，一些物种逐步变成濒危物种，受到灭绝威胁的生物物种种类约占总量的 15％～20％。长江源头区生态环境这种多方面的严重退化，是自然因素和人为因素共同作用的结果。人为破坏造成的影响严重，破坏程度大，破坏的速度快，破坏后很难恢复到原有状态。而且，有些自然因素的形成及其影响，又与人为破坏生态环境直接相关，比如，自然因素中的降水量减少、气温上升等都是与人为破坏森林植被有重要的关系。在自然因素中，严寒、大风、昼夜温差大、降水稀少等气候因素占主要位置，其次为植被、土壤及地形地貌等。人为因素主要是由于不合理的放牧方式，造成的过度放牧。青藏高原气候严寒，冬季时间很长，冬季草场面积小，但放牧时间长，而夏季草场面积大，但放牧时间短；在靠近公路、居民点、水源的山坡、滩地和河谷地，草场严重超载过牧；不少牧民采取舍远求近、舍难求易及多固定、少流动的放牧方式，使牧场被掠夺性使用，得不到休养生息的机会，导致草场退化。此外，近年来由于大量的开挖金矿直接导致不少地区土被结构的变化，加速了这些地区草地的荒漠化过程。由于乱捕滥猎，老鼠的天敌遭受大量捕杀，导致鼠害成灾，更进一步加剧了草场破坏程度（王锡桐等，2003）。

（二）川西高原自然区

川西高山高原区因地处偏远，自然条件恶劣，长期投入不足，经济发展缓慢。目前，本区经济结构单一，经济发展水平低，地方财政困难，农民贫困。本区 50％以上的县是贫困县，有 20 多万贫困人口，是四川最大的贫困聚居区。同时，在自然资源开发利用中，由于本区不注意对生态环境对保护与建设，生态环境不断退化、恶化，日益成为制约区域经济发展的重要因素。

1. 森林资源锐减

川西高山高原区在很长一段时期内为全国生产木材最多的林区之一。20 世纪 80 年代后，由于多数林区集中过伐、重采轻育，导致森林资源锐减，如雅砻江、大渡河等流域主要林区近 40 年木材采伐量约为同期林木生长量的 4 倍，有 10 多个县的森林覆盖率由新中国成立初期的 50％左右下降到 80 年代后期的 10％以下。森林资源锐减，森林生态功能下降，使四川盆地乃至长江流域的生态环境不断恶化。因此，国家不得不启动天然林保护工程，全面禁止对天然林的采伐，这使得许多财政收入 78％以上直接来自森林资源的县遭受严重打击，区域经济发展雪上加霜。

此外，由于森林资源锐减，直接导致森林生态功能低下。20 世纪 30 年代，四川省森林覆盖率为30％～40％，六七十年代降到20％以下，80年代以来，尽管四川森林覆盖率、林木蓄积量逐年上升，但是，保持水土、涵养水源、保护生物多样性等生态功能显著的原始天然林、混交林、成熟林比例却不断下降，加之中幼林较多，森林生态系统稳定性差。人工林面积虽有所扩大，但林相单一，生物多样性和抵御虫害能力、水土保持功能还较低下。甘孜州森林覆盖率从20世纪50年代的12.8％下降到2002年的11.3％[①]。

2. 水土流失日益严重

由于长期以来的森林砍伐，加上大量陡坡耕垦和顺坡种植，河流谷坡陡峭以及干旱河谷气候造成的地表大量碎屑物质移动，横断山区的不少区域已成为水土流失十分严重的地区，这也使区内主干河流中的泥沙含量大大增高，并使一系列规划的大型水库使用年限面临严峻挑战。川西高山高原区水土流失面积已占本区总面积的35％以上，而且正以每年2000km² 的速度扩展，如阿坝州水土流失面积已达2.98万km²，占全州面积的35.4％，并以年均1500km²的速度扩展。甘孜州水土流失面积达5.4万 km²，约占全州面积的40％，居四川各地首位。每年土壤侵蚀量多达7亿 t，对中下游环境造成严重影响（张建强和李娜，2007）。据岷江紫坪铺水文观察资料表明，岷江含沙量以20世纪50年代的0.43kg/m³ 计，都江堰鱼嘴年输沙量约为1000万 t，相当于3333.33hm² 沃土层。在川西干热河谷地区，由于森林植被破坏，水土流失加剧，在干热气候影响下，生态系统逆向演替明显。调查表明，雅砻江上游的甘孜和康定县，金沙江上游的乡城、稻城和理塘县等地区，亚高山上限的森林已退化为草甸，有的甚至成为石化、干化的荒山。金沙江干热河谷由林地蜕变成灌丛草地或荒山的面积也明显增加，有些地段干旱带的海拔高度相对20世纪50～60年代向上延伸了200～300m，成为造林的困难地带。据初步统计，岷江、大渡河等河谷地区干旱或干热河谷荒漠化面积已约67万 hm² 水土流失降低区域耕地生产力，区域生态环境恶化的同时，也给下游地区带来了大量泥沙，危害下游生态安全。

3. 草地严重退化和沙化

四川天然牧草地86.22％分布于川西高原。21世纪以来，四川草地退化面积达700万 hm²，占可利用草地的49.7％；沙化草地面积已达18.77万 hm²，为20世纪60年代的914倍。仅川西地区，退化草地面积占草地面积的44.9％，其中，沙化面积达226.7万 hm²，占草地面积的14％，仅阿坝州的若尔盖县平均每年草地减少352hm²。江源区退化草地面积达2.5万 km²，占可利用草地面

---

① 参见王方霖，甘孜州生态型经济发展对策研究（2002年），甘孜州信息中心

积 37.8%。阿坝州 1982 年草地沙化面积仅 0.7 万 hm²，而到 1999 年已达 712 万 hm²。日趋严重的草地退化和沙化，导致草地生产力大为降低，产草量由 20 世纪 80 年代的 4500kg/hm² 下降到目前的 3600kg/hm²，下降了 20%，极大地制约着区域内牧区畜牧业的发展。例如，若尔盖县沙化点已达 200 多处，面积达 283km²，并以每年 11.8% 的速度递增，沙化已使 30 个村庄和 30km 公路受到危害，每年经济损失达 871 万元①。随着沙进人退，作为农牧业生产基础的耕地和草场资源损失越来越大。2006 年，川西藏族聚居区基本失去生产力或生产力极低的中度到极重度沙化土地面积达 23.12 万 hm²，相当于四川盆地两个中等县的面积。甘孜州草场荒漠化面积已占草场面积的 24%，个别纯牧区草场退化面积已近一半。2006 年，阿坝州草原沙化面积达 141 万亩，占全州可利用草原面积的 2.7%，并以每年 9 万亩的速度快速蔓延②。导致本区草地牲畜退化、沙化日趋严重的原因主要有以下几个方面：一是四川草地超载过牧。据测算，四川草地超载率达 48.6%，其中，甘孜州超载率为 34.8%，阿坝州超载率为 74.6%。二是管理不善，监督不严，人为破坏草地十分严重。例如，甘孜州色达县，近年来开采黄金已毁坏成片草地 4766hm²；阿坝州的阿坝、松潘等县是松贝和虫草主产区，每年采收季节有大量外来人员在草地上采挖药材，致使草地千疮百孔，有的地方甚至寸草不存。三是鼠虫害严重。2002 年四川鼠虫害草地共计 407.48 万 hm²，约占可利用草场面积的 23%。本区鼠虫害最严重的石渠县，受害面积达 184 万 hm²，其中，鼠荒地 18 万 hm²，分别占该县可利用草地面积的 97.70% 和 9.70%。四是草地建设投入不足。据统计，2000 年，本区每亩草地建设投入仅 0.07 元，为同期森林投入的 1/71，耕地投入的 1/34。

4. 工业污染日趋严重

川西地区工业基础薄弱，工业污染相对较轻，但工业污染比较集中，如阿坝州 80% 的工业集中在岷江沿岸，尤其是汶川境内的岷江两岸，导致岷江上游水体污染比较严重。随着今后川西地区工业化进程的加快，工业污染将更为严重。此外，由于全球气候的变化和区域生态环境的破坏，区域气候干暖化趋势明显，导致本区雪线上升，冰川后退，湖泊缩小，湿地面积减少，干旱河谷面积扩大，区域涵养水源的功能大为降低，河流水量有所减少，如岷江上游 20 世纪 70 年代的年平均流量比 30 年代减少 18%，枯水期 2 月份的平均流量也减少了 22%，年径流量从 30 年代的 187.70 亿 m³ 下降到 80 年代的 137.40 亿 m³，减少了 26.60%（冉瑞平，2003）。

---

① 参见郭永祥，在全省防沙治沙和石漠化治理工作会议上的讲话，国家林业局，2007 年 6 月 22 日
② 参见四川日报，呵护绿色家园——迈出阿坝州林业发展新步伐，2006 年 12 月 31 日

5. 湿地生态功能减弱

阿坝州的湿地是世界上最大的高原泥炭沼泽湿地，主要分布在若尔盖、红原、阿坝、壤塘四县，具有分布广、吸水性强、面积大的特点。区域内气候寒冷湿润，沼泽植被良好，生态系统结构完整，动植物资源群落丰富，珍稀濒危和特有物种种类多，是我国生物多样性的关键地区之一，也是世界高山带物种最丰富的地区之一，具有不可替代的保护、科研、教学价值和较高的生态旅游价值。若尔盖湿地也是世界上唯一种群"四川梅花鹿"的家园，这里还是世界上唯一生长、繁衍在高原的珍禽"黑颈鹤"的故乡。然而，由于全球气候变暖、降水量减少等自然原因以及过度放牧、开沟排水等人为因素的影响，该州湿地面积在萎缩，湖泊面积在减小，沼泽动物种群和数量在减少，沼泽湿地退化，湿地保护面临的形势十分严峻（罗莉，2008）。

二、湿润亚热带自然地区

（一）云南金沙江自然区

云南金沙江流域是我国西部生态环境最脆弱、水土流失最严重的地区之一。由于地形地貌和地理环境的复杂性与多样性，导致了金沙江流域自然资源时空分布不均，差异极大，是我国南方极为典型的生态脆弱地带，如今正面临着水土流失、环境污染等多方面的生态环境问题，从而对长江中下游危害日益加剧。

1. 水土流失日趋加剧

金沙江流域的最大生态问题就是水土流失问题。金沙江流域的水土流失量居全省六大流域之首。根据全国第二次土壤侵蚀遥感调查资料，云南全省水土流失面积 14.13 万 km²，占土地总面积的 36.88%，而金沙江流域水土流失面积就有 4.29 万 km²，占流域总面积的 39.14%，占全省水土流失面积的 30.37%，全省六大流域水土流失面积百分比如图 6-1 所示。

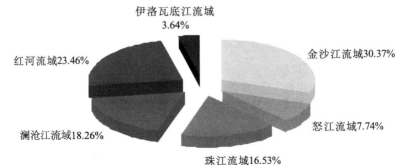

图 6-1　云南省六大流域水土流失面积比重图

从图 6-1 可以看出，金沙江流域、珠江流域和元江流域水土流失面积比例明显高于流域面积比例，而澜沧江流域、怒江流域和伊洛瓦底江流域水土流失面积比例则低于流域面积比例。即前三大流域水土流失更严重，又以金沙江流域和元江流域最为突出。就输沙量而言，以金沙江居首，被称为"输沙量最高、林地最少的赤色河流，被人为破坏时间最长范围最广的河流"。全省河水含沙量平均为 1.93kg/m³，年输沙总量为 32 512 万 t，金沙江平均输沙量为 10 612 万 t，占全省输沙量总和的 32.60%，是输沙量最小的伊洛瓦底江（1713 万 t）的六倍多；按输沙模数排序，金沙江（968t/km²）仅次于元江（1190t/km²），居全省各大河流之二。

严重的水土流失不但使生存环境恶化，而且对经济发展也造成很大危害。第一，江河泥沙增加，河床淤高，泛滥成灾，降低水利工程效益。如昆明松华坝水库，20 世纪 60 年代进库泥沙平均为 5.2 万 t/a，70 年代为 7.2 万 t/a，80 年代达到 13.2 万 t/a，大大缩短了水库的使用寿命。第二，表土流失，地力下降，农业生产条件恶化，抵御自然灾害的能力减弱。每逢暴雨，径流下泄造成沟头延伸，沟岸崩塌，严重时形成滑坡，毁坏坡面，大量肥沃表土流失，导致土壤结构破坏，耕作层变浅，肥力下降，抵御自然灾害的能力减弱。第三，生态失调，环境恶化，水源减少，灾害增多，人畜饮水困难。严重的水土流失使流域生态环境进一步恶化，山体裸露，水源涵养能力差。每到汛期，泥石流灾害频繁，冲毁房屋、淹没农田、阻塞交通，造成人畜伤亡，严重危害人民生命财产安全。第四，导致贫困。水土流失与贫困互为因果，水土流失破坏了土壤的持续生产能力，产量减低，即使人口不增长、生活水平没有提高，也需要开垦更多的土地来满足人们的生存需求；坡地开垦以及乱砍滥伐、掠夺性的资源开发，使水土流失容易发生，形成"越穷越垦越流失，越流失越垦越穷"的恶性循环（王锡桐等，2003）。

2. 石漠化难以遏制

石漠化是生态环境恶化的极端形式之一。云南是中国石漠化的重灾区，石漠化大多分布于少数民族地区。在云南全省 129 个县级单位中，石漠化面积大于 10 000 亩或处于重点生态区的县有 65 个，国土面积 18.2 万 km²，占国土总面积的 46.2%。全省 72 个贫困县中，有 32 个县分布在石漠化地区，506 个扶贫攻坚乡中，石漠化区有 250 个乡镇，占 49.4%；石漠化程度最高的是丘北县和德钦县，分别占国土面积的 77.19% 和 71.27%。云南石漠化土地的形成是自然与人为因素双重影响的结果。其中，以人为因素为主，人为原因造成的石漠化土地面积为 192.54 万 hm²，占石漠化土地面积的 66.8%；自然原因造成的石漠化面积为 95.60 万 hm²，占石漠化土地面积的 33.2%。所谓人为原因，主要是近 30 年来，云南石山地区的人口不断增多，耕地日趋不足，群众为了生存，不惜毁林、过度樵采，以及进行一些不合理的工程建设等，致使有限而宝贵的石山森林植被遭受破坏，瘠薄土层迅速流失，最后地表只剩下不能种任何植物的石块。石漠化的危害不仅直接导致了石漠化地区严重缺水干旱、缺土缺地、水土流失严重，大量物种消失。例如，巧家县、会泽县、永善县等石漠化程度特别严重的乡村，就造成了生产、生活和牲畜用水紧缺，有的村庄已丧失了人类生存的基本条件，只好进行移民搬迁。而且，石漠化地区带来的大量泥沙淤积已成为长江流域、珠江流域、澜沧江流域等梯级电站的心腹大患，并危及这几大流域的生态安全。

3. 工业污染日趋严重

云南少数民族地区工业基础相对薄弱，但工业污染问题却相当严峻。主要是由于每年新建企业以及乡镇和个体企业数增加而环保措施又不达标，导致工业废水废气排放总量逐年增加。以 2003 年为例，全省工业废水排放总量为 34 654.80 万 t，占全省废水排放总量的 50.80%。其中，排放 COD9.28 万 t、氨氮 2610.26t；工业废气排放总量为 4197.23 亿 Nm³，其中，工业二氧化硫排放量 38.07 万 t，占全省二氧化硫排放总量的 84.1%；工业烟尘排放量 13.14 万 t，占全省烟尘排放总量的 77.10%；工业粉尘排放量 7.19 万 t。三者达标排放率仅分别为 38.20%、44.60%、29.90%，绝大部分企业工业废气均未能达标就排放到环境中。此外，城市的噪声污染也日趋严重，主要包括交通噪声、生活噪声、工业噪声、施工噪声和其他噪声。其中，对城市噪声环境冲击最大的是交通噪声。而随着今后云南民族地区工业化进程的加快，工业污染将越发严重（胡阳全，2007）。

(二) 四川盆地自然区

四川盆地自然区地形复杂，河流纵横，拥有十分丰富的水力、矿产、森林、农业、动植物资源和旅游资源。但长期以来，由于自然因素再加上人为的破坏，造成了比较严重的生态问题。特别是 2008 年汶川地震之后，更是形成了一系列新的环境问题。这不仅影响长江流域的生态环境平衡，影响长江流域经济的发展，更影响长江中下游地区的长治久安。

1. 环境污染十分严重

一方面是严重的水体环境污染。2001 年四川地表水体环境质量较 2000 年有所好转，但仍然仅有 57.30%（2000 年为 40.50%）的江河监测断面全年均值达到规定功能类别标准。在 75 个省控监测断面中，水质较好，达到Ⅱ、Ⅲ类标准的只有 44 个，占 58.70%，其余占 41.30% 的监测断面水质都较差，其中，水质很差，超过 V 类标准的有 16 个，占 21.30%（2000 年为 5.40%）。从金沙江、岷江、嘉陵江、沱江和长江（四川段）五大水系来看，长江（四川段）水质最好，干流各省控监测断面全年水质良好，均达到规定的Ⅲ类标准；其次是嘉陵江，2001年仅有5.50％的监测断面未达到规定的水质标准；金沙江和岷江各监测断面未达到规定的水质标准的比例分别为30％和38.10％（2001年）；沱江水质污染最为严重，2001年所有监测断面均未达到规定水质标准。四川水体环境污染主要是由于大量废水和固体废弃物直接排入地表水体或渗透到地下水体造成的。近年来，四川废水和固体废弃物排放总量虽然呈下降趋势，处理率有所提高，但总量依然较大。2001年四川排放废水21.9亿t（2000年为24亿t），其中，工业废水11.5亿t，生活污水10.4亿t。工业废水排放达标率72.38％，工业废水处理率约为66.70％，处理达标率仅为49.7％左右；生活污水处理厂仅7座，年处理量仅为5929万t。四川工业固体废物和生活垃圾污染严重。据统计，2001年四川工业固体废物产量达4513万t，排放量为315万t，城市生活垃圾排放量超过550万t。工业固体废物综合利用量为2140万t，工业固体废物综合利用率为46.97％。另外，农业面源污染也是四川水体环境污染的一个不可忽视的原因，四川农药、化肥施用量不断增加（农药、化肥单位面积施用量分别从1986年的0.55kg/hm²、258 kg/hm²上升为1999年的0.88 kg/hm²、473 kg/hm²）。畜禽养殖污染也日趋严重。大量废水和未经处理的固体废物直接排入江河湖库（部分固体废物占地堆放），以及日益严重的农业面源污染，严重污染了地表水、地下水，导致四川80％的地表水体受到不同程度的污染，水质严重下降，清洁水源不断减少，直接危害着广大人民群众的身体健康。

另一方面是以烟煤型污染为主要特征的大气污染。四川以煤为主要能源，占能源总耗量的70％以上，且煤质较差，含硫量和灰分较高，工业废气排放总量逐年增加，2001年为5550亿Nm³，其中，SO_2排放量94.0万t，烟尘排放量76.6万t，粉尘排放量53.2万t。SO_2和烟尘排放量占全国的10％以上。

2. 生态环境脆弱

（1）森林生态系统脆弱。20世纪50年代以来，由于政策失误等多方面的原因，四川盆地大面积砍伐森林，森林覆盖率曾下降到9％，森林生态系统遭到严重破坏。经过多年努力，目前，四川盆地森林覆盖率已恢复到24.23％，但森林树种单一，中幼林较多，低效林约占50％，林下地表裸露，森林生态系统的涵养水源、蓄水保土、保护生物多样性等生态功能大打折扣，加大了洪涝、泥石流、滑坡等自然灾害的频度和破坏程度。

（2）水土流失严重。四川盆地是长江流域最大的水土流失区域，其中，中强度以上侵蚀面积13.76万km²，年土壤侵蚀总量约10亿t，占长江上游土壤侵蚀总量的2/3左右。严重的水土流失，一方面导致区内耕地质量下降，四川盆地仅坡耕地每年流失表土约 1.47 亿 t，相当于每年减薄 6.3mm 的表土层，严重的地方甚至出现"石漠化"现象，仅阿坝州干旱河谷就达 200 万 hm² 以上，相当于全州荒山荒坡面积的一半。金沙江干热河谷由林地蜕变成的灌丛草地或荒地的面积也明显增加，有些地段干旱带的海拔高度向上延伸了 200～300m，成了造林的困难地带。据初步统计，岷江、大渡河、雅砻江、安宁河、金沙江等河谷地区干旱或干热河谷荒漠化面积约为 67 万 hm²；另一方面，每年给长江带去超过 3 亿 t 的泥沙量，占长江总输沙量的 70% 左右。四川盆地成为长江泥沙的主要贡献者，加剧了中下游地区的洪涝灾害。四川盆地之所以成为长江上游水土流失的重灾区，是因为该区域以山地地貌为主，地处亚热带季风气候区，降水多且强度大，加之四川开发历史悠久，人口压力大，垦殖指数高，坡耕地比重大，以及地表植被覆盖率低，使得大范围分布的抗蚀力差的紫色土大量流失。

（3）草地的退化和沙化日趋严重。21 世纪初，四川草地退化面积 700 万 hm²，占可利用草地的 49.7%；沙化草地面积已达 18.77 万 hm²，为 20 世纪 60 年代末的 9.4 倍；鼠虫害草地 289.93 万 hm²，占可利用草场面积的 20.5%。日趋严重的草地退化和沙化，导致四川草地生产力大为降低，产草量由 80 年代的 4500kg/hm² 亩下降到目前的 3600kg/hm²，降低了 20%，极大地制约着四川牧区畜牧业的可持续发展，威胁着牧民的生存安全。导致四川草地退化、沙化日趋严重的原因主要有 3 个：一是四川草地超载过牧。据测算，四川草地超载率达 48.60%，其中，甘孜州超载率为 34.80%，阿坝州超载率为 74.60%。二是毁草种粮、滥垦乱挖，人为破坏草地植被。三是投入不足。据统计，2000 年，四川每亩草地建设投入仅 0.07 元，为同期森林投入的 1/71，耕地的 1/34。

此外，生态环境的破坏和恶化，严重威胁着境内的生物多样性。据统计，新中国成立以来，境内已有 5% 的生物种类灭绝，有 10%～20% 的生物物种濒临灭绝。

3. 地震灾区生态环境恶化

汶川大地震对生态系统造成了严重破坏，给区域生态安全带来巨大威胁。有研究者运用遥感数据和实地调查，评估了地震对生态系统的影响。研究结果表明，汶川大地震造成严重的生态破坏，导致的生态系统功能完全丧失面积为 122 136hm²，占生态破坏重灾区的自然生态系统面积比例为 3.40%，并形成了包括汶川县、彭州市、绵竹市等 10 县市的地震生态破坏重灾区。同时，地震导致 65 584hm² 大熊猫生境丧失，损失比例 5.92%。94.64% 的受损生态系统分布在地震烈度IX以上区域，53.82% 的受损生态系统分布在海拔 2000m 以下的区域，66.09% 的受损生态系统分布在 30°～50°的坡度上。地震导致的生态破坏将严重影响区域生态安全（欧阳志云等，2008）。地震所带来的影响主要体现在以下几个方面。

首先，重灾区山地水土流失加剧，不仅强度增加，而且流失面积显著增大（表 6-1）。重灾区处于岷江、涪江及嘉陵江上游地区，河流水系密布，森林、灌丛、草地生态系统的破坏，削弱了土壤保持能力，由此可能导致年增加土壤侵蚀量数百万吨。增加的泥沙与砾石输入，淤塞河道水库，抬高河床，破坏水体与水库容量，严重削弱区域防洪能力，加剧了本区及周边下游区域洪灾的威胁性。

表 6-1　地震导致的主要县市生态系统功能丧失面积　（单位：hm²）

主要县（市）	生态系统面积	各类生态系统丧失面积						
		合计	森林	灌木丛	草地	裸地	冰雪带	水域
汶川县	39 2094	39 953	34 459	3 469	1 348	483	0	195
彭州市	66 926	17 210	13 862	1 551	1 765	31	1	0
都江堰市	66 254	12 479	11 235	985	205	46	0	8
绵竹市	90 306	12 276	10 096	1 771	300	108	0	1
什邡市	46 238	10 823	8 688	1 035	944	115	41	0
安县	68 220	8 100	4 951	3 116	0	33	0	0
北川县	241 187	8 016	5 121	2 871	1	12	0	12
茂县	57 645	4 010	3 080	368	296	248	8	11
平武县	524 616	3 492	1 905	1 535	2	35	0	14
青川县	230 382	2 055	1 585	464	5	2	0	0
江油市	125 309	1 764	1 092	645	0	26	0	1
崇州市	46 131	819	664	130	17	8	0	0
文县	421 908	598	557	34	6	1	0	0
理县	424 111	355	299	27	21	7	0	0
大邑县	80 973	118	98	15	5	1	0	0
芦山县	102 324	55	48	2	4	1	0	0
宝兴县	306 120	13	10	2	1	0	0	0

资料来源：国家科技支持计划重点资助项目"汶川地震恢复重建科技快速响应"；中国-欧盟生物多样性资助项目

其次，灾区植被受损严重，局部区域生态服务功能退化显著。近年来在重灾区安排了大量的退耕还林、长江防护林、小流域治理和天然林保护工程等生态保护工程项目，多在沿河谷的坡耕地。在地震中受到的损失难以估计（欧阳志云等，2008）。根据初步统计，仅成都、德阳、绵阳、阿坝、广元、雅安 6 市（自治州）林地严重退化面积就达 29.8 万 hm²，占区域面积的 2.98%；草地 9.4 万 hm²，占 0.94%。一些处于地震核心区的县如北川、青川，森林覆盖损失面积都在 20% 以上。地震灾区每年为成都平原及长江流域提供水资源近 250 亿 m³，森林生态系统的破坏直接削弱了水源涵养能力，受大型地质灾害驱动的严重退化地段短期内植被将无法有效恢复重建。地震给该地区的大熊猫生境造成严重破坏，共造成 66 584hm² 大熊猫生境的丧失，占评估区大熊猫生境面积的

5.92%。这使得原已严重破碎化的大熊猫生境雪上加霜，局部被隔离的种群不能交流，同时，地震还会大大加剧竹子开花等自然干扰对大熊猫的危害和风险，使大熊猫的生存面临更严重的威胁。此外，农业生态系统受损严重，主要分布于灾区的西部和北部山区，如北川、汶川、青川及平武南部。农田的破坏加剧了原本人地矛盾就比较突出的山区农业发展与灾后生产恢复的困难性，使生态保护与经济发展的矛盾变得更加突出。

再次，河流水体生态系统退化特别严重。地震活动及地质灾害破坏河床与河岸带植被，影响水流量及流速，重塑河道形态，改变水环境与河流生态系统结构，一定程度上恶化了区域水质，引发饮用水危机，并且还加剧了中下游河流水库的富营养化过程，削弱水体环境容量，水生生物种类组成及其种群结构、栖息地、繁育与饵料场等均受到重大影响，使河流生态系统功能严重退化。一些河流水生特有物种的种群数量可能大量减少，部分珍稀保护鱼类在灾区有灭绝危险。此外，灾后大量的牲口与家禽死亡后，腐烂尸体与用于灾区疫情控制的各种消毒剂、杀虫剂、灭菌剂流入水体或随雨水最终进入河流水体，扰动河流水质。另外，大量岩石、土壤、泥沙、植物残体、灾民安置点来不及处理的生活垃圾和污水进入水体，也加剧河流污染，直接威胁灾区河流生态安全和居民饮用水安全。

最后，土壤退化与质量衰退局部比较明显。重灾区水土流失严重导致区域局部地段土壤质量衰退，而工矿企业治污能力因地震破坏后而引起的污染物外泄、固体污染物如垃圾的堆放均在不同程度上对灾区土壤造成污染。

4. 四川盆地生态环境建设面临严峻挑战

（1）经济发展水平较低，生态环境建设欠账多。工业发达国家的生态环境问题，一般遵从环境的库兹涅茨曲线，即最严重的生态环境问题往往出现在经济比较发达的时期。据研究，一般在人均 GNP 为 2000～3000 美元时，发达工业国才会出现较为严重的生态环境问题，这时发达国有足够的财力来加强生态环境保护与建设，同时，公众的环保意识已经不断增强。因此，伴随着经济的不断增长，工业发达国家的生态环境恶化的程度会不断减小，直至慢慢改善。但四川盆地与全国一样，严重的生态环境问题与较低的经济发展水平同期出现（在人均 GNP 几百美元时就出现了严重的生态环境问题），这种情况下，政府投入生态环境保护与建设的财力十分有限，同时，公众的环境意识十分淡薄，而且长期积累下来的生态环境问题繁多，涉及面广，生态环境保护与建设欠账多，遏制生态环境的恶化趋势十分困难。要使生态环境步入良性循环，与经济社会协调发展，更需要作长期艰苦的努力。

（2）区域贫困与生态环境建设的矛盾突出。四川原有国定、省定贫困县 53

个，经过多年的扶贫攻坚，部分贫困县已成建制脱贫，但仍有11个县近36万人没有脱贫，而且已经脱贫的地方由于经济社会发育程度低，返贫的可能性很大。因此，四川盆地仍然存在区域性贫困，这些贫困区域主要分布在盆地周围的川北秦巴山区、川南乌蒙山区、攀西大小凉山区和川西北高原牧区，多数是少数民族聚居地。区域贫困，一方面，是长期掠夺式开发利用自然资源、超强度支取环境资本而导致资源匮乏、生态环境恶化的结果；另一方面，是贫困迫使人们在已经破坏和恶化的生态环境中谋求生存，又进一步破坏区域生态环境的结果。可见，区域贫困与生态环境问题在一定条件下会互为因果，互相促进，陷入恶性循环。如果不打破这种恶性循环，四川盆地中处于长江重要支流源头和上游区的贫困区域将会给四川盆地及长江中下游地区的生态环境带来灾难性后果。

（3）西部大开发给生态环境带来更大的压力。西部大开发战略是在全国区域经济发展失衡的大背景下实施的。四川盆地的地理位置、发展基础、良好的资源开发前景决定其成为西部大开发战略的重要基地。大开发说到底，就是区域优势资源和要素的开发利用，而资源和要素是赋存在一定的生态环境之中的，因此，西部大开发中，如不注意对生态环境的保护和建设，大开发则意味着对生态环境的大破坏。西部大开发最终要落脚到包括矿业、工业、农业、旅游业等产业的发展，如果不转变经济增长方式，不搞好结构调整和优化升级，必然走上靠掠夺自然资源和牺牲环境为代价来实现经济增长的老路，这将使四川盆地和长江流域的生态环境进一步恶化。西部大开发最终要实现西部跨越式发展，逐步缩小与东部发达地区的差异，实现区域经济协调发展和共同富裕，这种跨越式发展并非要以牺牲东部的发展势头为前提，因此，要求四川盆地在西部大开发中以快于东部经济增长的速度持续增长。经济的高增长将伴随着更多环境资源的投入，这无疑会加大四川盆地生态环境的压力，而且压力会随经济总体规模的扩大而加重。

（三）三峡库区自然区

随着三峡工程的开工建设，特别是1998年长江特大洪灾以后，国家对库区生态环境建设特别重视。目前，库区环境保护和生态建设正积极稳步地推进，加上人民群众生态环境意识显著增强，可持续发展观念正深入人心，环境质量已开始有了明显改善，这为库区生态环境建设奠定了十分有利的基础和条件。但是，由于过去长期对生态环境建设重视不够，生态环境长期遭受破坏，积累的问题很多。要从根本上扭转经济发展与生态环境恶化的恶性循环，还是一个长期的、十分艰巨的任务。从目前来看，库区在生态环境上存在的问题主要反映在以下几个方面。

1. 水质污染十分严重

21世纪初，重庆库区每年排放的废水量高达12.60亿t，其中，工业废水约9.4亿t，生活污水3.2亿t。工业废水2/3以上未得到处理，生活废水集中处理率仅7%，大量的污水直接排入江河。而目前，由于多方因素的共同作用，库区水体污染进一步恶化，面临十分严重的水体富营养化及"水华"暴发风险。

重庆市环境科学研究院在1998年枯水季节的监测数据显示，三峡库区江段40条流域面积大于100km²的支流河口TP（总磷）的平均浓度达到0.204 mg/L（0.013~0.410），超过了周边已经发生了藻类水华的水库TP的平均水平（0.168 mg/L），但在流水条件下并没有"水华"等恶性表征出现。2002年估算，三峡库区排入长江干流的TP负荷为10 173t，81%来源于农田地表径流（约8248t），18%为城市生活污染（约1856t），水体TP浓度仍然偏高。三峡水库在这个背景下于2003年6月蓄水至135 m，2004年初至139 m，由于有足够的营养物质滞留，蓄水带来的局部水域水流变缓，为藻类的快速生长提供了有利条件。因此，蓄水初期，三峡水库局部水域藻类水华频频发生。例如，在2003年，位于秭归的香溪河河口Chl a浓度曾超过100 mg/m³，巫山大宁河双龙断面（距河口30 km）在当年6~9月持续超过45 mg/m³，巫山神女溪也曾超过100 mg/m³；2004年3月，巫山大宁河双龙断面的Chl a浓度达到了13.6 mg/m³，奉节朱衣河河口超过120mg/m³，奉节梅溪河河口也达到了88mg/m³。

更为严重的是，三峡工程建成蓄水后，库区将变成流速缓慢、滞留时间长、回水面积大的人工湖，水体稀释自净能力将大为减弱，水环境容量降低，如不及时采取切实有效的措施，污染问题将会更进一步严重。据测算，届时重庆江段污染物浓度将比建库前升高34%，涪陵和万州江段将升高573%。岸边污染带综合评价指数将由建库前的轻污染级变成重污染级，岸边污染带控制点主要污染物浓度比建库前将成数倍增加。

三峡水库建成后按正常蓄水位175m运行时，干流库面宽一般为700~1700m，支流河口库面宽一般为300~600m。与天然洪水位比较，坝址处抬高约100m，万州约40m，涪陵约10m，长寿约3m。过水断面增大，滩险消除，比降减少，在流量不变情况下，流速自库尾至坝前逐渐减缓。丰水期，坝前10km范围内的深水区，145m蓄水位下的断面平均流速只有0.54 m/s，而天然河道的流速为2.66 m/s。枯水期，175m正常蓄水位下平均过水面积比天然河道增加9倍，断面平均流速仅为0.17m/s左右，比天然河道平均流速减小了4倍，坝前深水区断面平均流速只有0.04 m/s左右，比天然河道流速减小了近5倍。支流河口的流速减小更大，在139 m水位下，巫山大宁河河口段平均流速为0.05~0.2m/s，一些季节性小河流河口段已形成死水区。乌江武隆水文站2001年3月份的实测平均流量 433 m³/s,对应的长江流量为 2882m³/s,根据数学模型预测,在三峡成库后按 175 m 正常蓄水位运行时,乌江河口水位上涨约 40m,平均过水面积由 350m² 变为 8000 m²,平均流速将由 1.10 m/s 下降到 0.05m/s。小江开县段枯水期最小月平均流量仅为 2.45 m³/s,在三峡水库 175 m 正常蓄水位下,平均流速将仅有 0.006m/s,比天然情况下的平均流速减小约 26 倍,近乎于死水。

综合三峡库区江段及其支流的营养状况,以及目前诸多水域已经发生的藻类水华等现象,可以推测,如果水体营养负荷不能得到有效控制,在水库建成并按 175 m 正常蓄水位运行后,由于水流速度变缓,将很容易在局部水域出现水体富营养化的恶化表征。

此外,固体废弃物及生活垃圾污染也十分突出。21 世纪初,库区工业废物年生产量高达 1117 万 t,多数工业固体废弃物就地堆积,大量占地,部分排入江河。特别是其中的一些有毒有害的危险废物未得到妥善处置,威胁到饮用水源安全和人们的生存环境。库区城市生活垃圾年产生量达 200 万 t,无害化处理率仅为 8%,初步估算,每年向长江排放的 COD 有 12 万 t 左右,对江河水体造成严重污染。

2. 水土流失严重

库区森林植被长期遭受破坏,森林覆盖率低于长江上游地区的平均值,而且,现存的 98.8 万 hm² 森林,绝大多数是次生针阔混交林,疏幼林比重占 40% 以上。为了解决不断增大的人口对粮食的需要,长期以来,毁林毁草开荒严重,坡耕地面积不断扩大,目前,库区范围内垦殖指数已达 34%,三倍于全国的平均水平。由于人为活动的破坏,导致库区自然植被的逆向发展和演替,从而诱发水土流失的不断加剧。1995 年,库区水土流失面积已达 3.01 万 km²,占库区总面积的 66.30%,比全国平均水平高 28.3 个百分点,平均土壤侵蚀模数 4 482t/(km²·a),中度和强度水土流失面积占 80% 左右;至 2004 年,库区水土流失得到一定控制,水土流失面积略有下降,但仍十分严重(李月臣等,2009)。每年入库区范围内的长江的泥沙总量高达 1.4 亿 t。大量泥沙进入长江,对三峡工程的安全运行和库区水质以及中下游地区的安全都构成严重威胁。每年随泥沙入江的 28 万 t 氮、磷、钾物质还对库区水质构成隐患,易导致水体富营养化。

严重的水土流失导致库区的土地被蚕食,地力不断退化,土壤趋向薄层化。库区内大部分地区有效土层仅为 30~50mm,瘠薄的坡耕地抵御不了干旱和暴雨的袭击,土地的产出既低又不稳定。由于水土流失严重,库区不少山地已出现基岩裸露。特别是在石灰岩山地,土层更为浅薄,土地石化现象严重,裸岩面积占山丘面积的5％～10％，一些山区高达30％左右，大量的土地完全丧失了农业利用的价值。根据三峡库区不同土地利用土壤侵蚀面积计算，林地、灌丛、草地和农地的年侵蚀量，分别占库区总侵蚀量的6.19％、10.76％、23.05％和60％，以农地为最大，库区坡耕地占耕地面积的55.40％，其中，25°以上坡耕地20.2万hm²，坡耕地是水土流失的主要来源。

3. 地质灾害严重

三峡库区地质灾害类型多且量大面广，主要类型包括崩塌、滑坡、泥石流、地裂缝、地面沉陷、岩溶塌陷、浸没和地震等。有各种类型、大小地质灾害点2万余处，其中，分布最广、数量最多、危害最重的是前3种。2002年1月25日，由国务院批复的《三峡库区地质灾害防治总体规划》中明确的库区两岸崩、滑体为2490余处，大小泥石流沟为90余条。该区地质灾害致灾体规模以中、小型为主。单点灾害的危害范围较小，但破坏性大，呈"星点状"灾害。灾害点多沿地质构造破碎带、软弱岩性带、沿江和沿交通线呈带状分布。此外，库区地质灾害常与其他自然灾害相伴发生，形成破坏比较严重的灾害群或灾害链。在水库淹没和高强度移民等人类活动影响的诱发下，长期高强度的降雨是三峡库区内诱发滑坡、泥石流最主要的直接因素。一些欠稳定的斜坡在特定的条件下，如长时间的雨水渗透，降低了滑动面的抗滑力，容易造成灾害发生。移民迁建对原有的植被的破坏造成的泥石裸露，以及坡地建设形成大量的弃土弃渣，往往为高强度的降雨条件下泥石流的发生提供了大量的物质条件。

2001年6月至2003年6月，国家投入40亿元用于防治三峡库区地质灾害，对影响135m水位的197处滑坡、81处塌岸防护工程以及奉节、巫山、巴东3个县城的高边坡、超深基础进行防治和处理。目前，三峡库区二期地质灾害防治工程已完成，已经达到三大目的：一是基本消除受135m水位影响的崩滑体灾害；二是基本消除了受135m水位影响的塌岸灾害；三是消除了大量危及移民迁（复）建工程、城镇、港口码头、公路等的地质灾害。与此同时，库区地质灾害监测预警网络已基本形成。

经过三期治理，大大降低了地质灾害对三峡库区人民生命财产的威胁。但是，由于三峡库区独特的区域地质结构，加上大气降水特征，特别是三峡工程建成后，将大范围引发库岸再造。同时，历时4个月的满库水位，将使库水渗入库岸边坡中，引发新的滑坡。因此，库区的地质灾害的威胁将在相当长的时期存在（常剑波，2006）。

4. 农业及矿山生态破坏加剧

城市环境污染向农村蔓延和转移，乡镇企业污染和次级河流污染加重，农业面源污染范围和程度日益加剧，渔业水域生态受到破坏，农畜水产品都不同程度地受到污染。自然保护区面积小、数量少，生物多样性保护面临严峻形势。库区大小矿山星罗棋布，但是，矿山开发由于缺乏水土保持意识，造成新的人为水土流失严重；同时，在环境遭到破坏后，又没有生态环境恢复的措施，乱开乱挖的现象没有得到有效遏制，既破坏植被和景观，又会引发次生地质灾害，而矿渣大量堆积和污水的任意排放，也对农田土壤和水体造成严重污染，一些地区还造成地下水资源枯竭和生态环境严重失衡。

5. 生物多样性与生物资源遭到破坏

一方面，三峡水库致使原适应于流水环境的土著水生生物类群面临生存威胁。同时，由于水库水位的反季节涨落，大部分土著种类的种群生长节律被打乱。水库形成后，水生生物群落将会发生较为显著的种类演替。目前，生活在三峡库区江段的长江上游特有鱼类有达氏鲟、短体副鳅、宽体沙鳅、双斑副沙鳅、长薄鳅、红唇薄鳅、四川鲴、云南鲴、宜宾鲴、短身间吸鳅、中华间吸鳅、西昌华吸鳅、四川华吸鳅、黄石爬、青石爬和四川柵虎等 44 种，其中，绝大部分种类都是适应流水环境的。三峡水库建成后，在三斗坪坝址以上约 600km 长的江段形成河谷型水库，水深增大，流速减缓，泥沙沉积，饵料生物组成改变，水域生态环境发生显著变化，不再适合上述大部分特有鱼类生存。尽管上述很多种类在长江上游除三峡库区的水域也有分布，但综合分析它们在其他水域的分布情况后发现，三峡水库的淹没，将使上述大多数特有鱼类的栖息生境面积缩小 1/5～1/4，有些种类栖息生境的缩小可达 3/5，种群数量的减少将是不可避免的。

另一方面，陆生生物类群因库区水位的上涨同样不可避免地受到生存威胁。由于水库淹没的范围相对库区来说是有限的，三峡库区陆生生物类群所受的威胁主要来自移民和社会经济结构调整所带来的影响。这种影响是在该地区经过长期人类活动、超负荷的土地承载压力，自然生态系统已经遭受比较严重的破坏，其长期变化还难以把握。目前，在三峡库区，除边缘高山区外，原始植被所存极少，大片分布是马尾松疏林、柏木疏林及各类灌丛或草丛，江岸两侧海拔 800m 以下地区，则绝大部分是梯田和坡耕地等农业植被。整个三峡库区的森林覆盖率仅为 22%～32%。因此，三峡库区的陆生动物，以灌草丛为栖息地的类型为主，适应农田及灌草丛的小型种类的数量较多，以森林为栖息地的大型珍稀野生动物，只在海拔高、森林植被好的地区才有分布。

三峡库区的高等植物有 6388 种（包括亚种、变种、变型），其中，列入国家保护植物名录的有 155 种，库区特有植物 54 种。一些稀有和珍贵的古老子遗树种，如珙桐、银杏、水杉、连香树、鹅掌楸、铁坚杉、檫木、水青树等在该地区都有分布。据统计，在三峡库区树龄百年以上的古树有 135 种，共 4394 棵，大部分分布在 800m 以上的高海拔地区，其中，仅 29 棵分布在三峡水库的 175m

淹没线以下，另有少部分分布在移民安置区。在这些植物中，属于资源植物的超过 2000 种，但分布不集中，产量低。受三峡水库淹没影响较大的主要为荷叶铁线蕨、疏花水柏枝、巫山类芦和巫溪叶底珠等珍稀、特有植物物种。其中，荷叶铁线蕨为库区特有种，是我国二级保护植物，主要分布在海拔 170m、上下幅度为 30m 的范围内，疏花水柏枝亦为库区特有种，仅分布于三峡河谷两岸的砾质、沙质或石质河滩地中，是该地区原栖息地全部被淹没的唯一本土植物种类。此外，在三峡库区的 70 多个植被群落类型中，有 27 个受到水库淹没的影响。其中，疏花水柏枝灌丛、巫溪叶底珠灌丛、荷叶铁线蕨草丛和巫山类芦草丛是库区特有的群落类型，受淹没影响较大。

三峡库区水域生态系统的生物多样性格局将在三峡水库建成后发生重大演替，陆生生态系统的生物多样性格局的变化则视人类活动压力的大小而定。关于水库淹没对水域生物多样性的影响，国内外的一些研究者发现，由于水库蓄水增加了水域面积和体积，为水生生物提供了更多的生活空间，在温带至热带的水库中，尽管有一些土著种类消失，但鱼类总的种类数通常是增加的，因而认为对生物多样性保护是有利的。这种观点实际上是对生物多样性的片面理解。从全球的角度来看，生物多样性是不同地区的特有种类的集合，因此，特有种类的局部消失，应该理解为全球生物多样性集合中不可挽回的部分损失。水库淹没所形成的新的环境，对土著种类一般是不利的，或者尽管有利，但对外来入侵种更有利，故从生存竞争的角度，对土著种也是不利的。因此，我们必须充分认识到三峡水库对水域生物多样性的不利影响。

（四）乌江自然区

由于自然和历史的原因，贵州境内的乌江流域地区长期交通闭塞，文化落后，生产力水平低，人口增长迅速，经济发展速度慢，丰富的资源难以有效地开发利用，粗放、单一的农耕作业成了广大农村人口主要的谋生手段；加上某些导向上的失误，毁林、毁草开荒种粮用以解决群众眼前吃饭问题的现象十分普遍，陡坡垦殖逐年扩大，水土流失逐年加剧，生态环境日益恶化。经济贫困、生态恶化、人口膨胀几大问题互为因果、恶性循环，严重阻滞了贵州乌江流域地区的社会经济发展，同时，也对长江中下游地区的生态安全造成威胁。

1. 河流环境污染严重

三岔河、六冲河、偏岩河是乌江上游的主要河流或源头河流，这三条河流的水体污染非常严重。三岔河在源头就受到威宁县和六盘水市的采冶型乡镇企业和洗煤废水的严重污染，织金、纳雍两县县城及沿途乡镇的生活废水未经任何处理就直接排入三岔河及其支流，2001 年在三岔河流域排入工业废水 63 万 t，排放工业固废 12 万 t。六冲河在源头就受到威宁、赫章两县土法炼锌的严重污染，沿途除受工业污染外，还受赫章、毕节、大方、黔西市区和县城及其部分乡镇的生活废水污染，2001年在六冲河流域排放的工业废水约249万t，排放的工业固废61万t。偏岩河除受金沙县城和沿途乡镇的生活废水污染外，还受沿途的乡镇采冶型企业的工业污染，2001年在偏岩河流域排放的工业废水约88万t，排放的工业固废为11万t。

地处乌江上游的毕节地区由于有煤、铁、硫、锌、硅等矿产资源，采冶型企业分布在全区80%以上的乡镇，尤以炼锌、炼硫污染严重。城镇基础设施薄弱，能源结构不合理，生活污水未经处理就排入水体，生活垃圾露天堆放，生活燃煤产生的二氧化硫、烟尘直接排入大气。大部分企业的环保资金投入严重不足，污染物大多未达标排放。1995年、1999年、2000年排入乌江流域的工业废水分别为822.98万t、733.63万t、591.9万t，废水处理达标率为16.27%、28.9%、34.95%。由此可见，60%以上的工业废水未经处理或经处理未达标就直接排入水体。水体的污染负荷在不断增加，有机物、悬浮物、重金属、COD逐年有所增加，污染呈上升趋势。2002年，乌江流域工业废水排放总量为12194.58万t，其中，COD工业排放总量为14980.38t，上、中、下游分别为4399.61t、9869.69t和711.08t；氨氮工业排放总量为2171.39t，上、中、下游分别为208.80t、1761.59t和201.00t。工业固体废物排放量387.43万t，上游工业固体废物排放量299.52万t，占总量的77.31%；中游工业固体废物排放量74.67万t，占总量的19.27%；下游工业固体废物排放量13.24万t，占总量的3.42%。在产生的工业固体废物中，工业危险废物的产生量161.8万t，乌江中游的产生量最大，占91.80%（贵阳市的息烽县就达144.69万t）。存储的工业危险废物67.58万t。生活废水排放总量为22575.37万t，其中，COD生活排放总量为49668.55t，上、中、下游分别为8668.34t、37620.57t和3379.64t；氨氮排放总量为9661.37t，上、中、下游分别为2207.10t、6839.74t和614.53t。各地区污染物排放量见表6-2（周智，2004）。

2. 水土流失严重

乌江全流域均存在水土流失，但以贵州境内的乌江上游水土流失最为严重。据1985年森林资源第二次普查，乌江全流域的水土流失面积已占总面积的30%，平均侵蚀模数达2545.3t/（km² · a），最严重的上游三岔河、六冲河两支流集水区，侵蚀模数已超过5000 t/（km² · a），水土流失面积占总面积的57.40%[①]。如果将贵州全部和大部分属于乌江流域的县、区及特区均划归乌江

---

① 数据来源：乌江干流沿岸地区环境保护与治理规划——乌江干流沿岸地区国土规划专题报告之五

表6-2 乌江流域各地区排污现状

地区	废水排放量/(万t/a)				cod排放量/(t/a)			氨氮排放量/(t/a)		
	工业	生活	合计		工业	生活	合计	工业	生活	合计
			总量	入河量						
六盘水	2 999.73	1 807.66	4 807.39	4 807.39	3 800.41	3 976.85	7 777.27	172.8	1 354	1 489.27
毕节地区	514.02	3 132.6	3 381.13	1 786.72	2 207.7	6 894.46	9 102.16	160.15	1 253.65	1 413.8
安顺市	399.49	782.46	1 181.95	1 181.95	472	1 721.43	2 193.43	141.63	312.99	454.6
贵阳市	6 388.29	10 570	16 958.29	16 958.29	5 902.06	23 254	29 156.06	1 255.6	4 228.01	5 483.01
黔南州	294.46	704	998.46	998.46	199.08	1 548.8	1 747.88	0	281.6	281.6
遵义市	1 261.56	4 642.23	5 903.82	5 903.82	1 750.1	10 212.88	11 962.98	240.21	1 856.5	2 096.71
铜仁地区	337	936.42	1 273.42	1 273.42	649.03	2 060.13	2 709.16	201	374.62	575.62
合计	12 194.58	22 575.37	34 504.46	32 910.05	14 980.38	49 668.55	64 648.94	2 171.39	9661.37	11 794.61

流域作比较粗略的计算，那么，乌江流域面积占贵州总面积的 52.43％，1987 年和 1999 年的遥感监测结果表明，乌江流域土壤侵蚀面积分别占全省总面积的 63.23％和60.61％。乌江流域地区土壤侵蚀面积占贵州土壤侵蚀总面积的比重超过面积比重的 10 个百分点左右，即乌江流域地区水土流失面积较广。另一方面，土壤侵蚀面积大于 60％的重度侵蚀县有印江、威宁、毕节、纳雍、大方、罗甸、织金、沿河等，除罗甸县外，均为黔西北、黔东北山高、坡陡、切割深、坡耕地面积大的乌江流域地区。土壤侵蚀面积在 50％～60％的"次重度侵蚀"县也主要集中在乌江流域地区。

地处乌江流域上游的毕节地区土壤侵蚀最为严重。据 1999 年的卫星遥感技术资料显示，毕节地区水土流失面积为 16 830km²，占土地总面积的 62.70％。年流失泥沙总量9165.3 万 t。年均侵蚀模数 5446 t/（km²·a），年流失泥沙总量 9164.3 万 t，年均剥蚀土层厚度 4.0mm，每年流失全氮 14.64 万 t，全磷 5.77 万 t，全钾 93.12 万 t。水土流失类型以水力侵蚀的面蚀为主，局部地方存在着重力侵蚀。水土流失主要分布在大面积的坡耕地上，其次是荒山荒坡和植被覆盖率低的林草地。由于毁林毁草开荒未得到根本遏制，垦殖范围向高处和陡坡地段推进，海拔越高、坡度越大的地段，农耕地所占的比例越大，水土流失越严重，全区 25°以上的坡耕地达 177 067.2hm²，占耕地总面积的 17.2％。据点上观测推测，水土流失量的 70％左右来自于旱作土，而旱作土的流失量 70％以上又来自于 25°以上的坡耕地。随着经济开发力度的加强，城市水土流失的发生和发展亦呈现愈演愈烈之势。

3. 农药、化肥污染严重

目前，乌江流域上游的毕节地区等地的农药施用中，有机氯农药所占比例较大，有机氯农药在环境中残留期长，脂溶性强，降解慢，较长时间均能检出，是农村生态环境的主要污染物。毕节地区年农药施用量为 120t，平均施用量为 6.49kg/hm²，施用农药面积占全部耕地面积的 1.79％。化肥的大量生产和使用对农业生产的发展起到了积极的促进作用。但在农田中大量施用化肥会引起水体、土壤和大气污染，主要体现为河流、湖库富营养化，土壤物理性质恶化，食品、饲料和饮用水中有毒成分增加，大气中氮氧化物含量增加。毕节地区年化肥施用量为 452 490t，单位面积平均施用量为 1142kg/hm²，施用化肥面积占全部耕地面积的 95％。所使用的化肥主要为氮肥，部分施用化肥时间较长、施用量较大的耕地已出现土壤板结现象。另外，农用地膜残留未作回收进入生态环境，由于难以降解，影响农作物吸收养分和水分，导致农作物减产，被牲畜及动物吞食，导致动物死亡的事件时有发生。乌江流域上游的毕节地区全区年农用地膜使用面积70 508.3hm²，平均使用量为 4.9kg/hm²，使用面积占全部耕地面积的 6.66％，平均残留率为 13.10％（王锡桐等，2003）。由于自然和人为两方面的原因，乌江流域地区水土流失严重，环境污染除了工业三废污染外，农村的农药、农用地膜和化肥污染突出。水土流失、石漠化、污染等交织在一起，给该地区本已脆弱的生态环境造成新的威胁，人们赖以生存的土地资源和土地生态遭到严重破坏，生态环境保护和建设的任务十分艰巨。

4. 喀斯特石漠化严重

喀斯特石漠化是指在湿润的气候条件下，受喀斯特作用及人类不合理活动的干扰，地表植被破坏、土壤流失、基岩大面积裸露，呈现出类似于荒漠化的景观现象与过程。喀斯特石漠化既是生态恶化的明显标志，又是生态屏障建设的最大障碍，它将使生态的恶化不可逆转。

乌江是长江上游右岸最大的一条支流，流域内喀斯特地貌发育极为典型，石漠化问题十分突出。由于长期以来不合理的耕作方式和水的侵蚀作用，造成基岩裸露，大面积土地荒漠化、石化、沙化，严重的地区甚至失去生存环境。乌江上游的毕节地区，目前石漠化征兆明显，现全区石山、半石山已达 15.33万 hm^2，还在以每年 $1333\sim2000hm^2$ 的速度递增。由于在经济发展过程中，未充分考虑生态环境的承载能力，乡镇工业没有进行合理的规划和布局，所采用的生产方式技术含量较低或管理水平较差，如土法炼锌和土法炼硫"两土"生产，资源和能源消耗较大，硫黄生产由于管理水平未跟上，对生态环境的破坏较为严重，很多地方基岩裸露，寸草不生，进一步加剧了土地石漠化。以乌江下游德江县为例，该县总面积 $2071.92km^2$，而石漠化面积已达到 $56\,060.1hm^2$，占全县土地总面积的 27.10％，其中，中度以上石漠化面积为 $41\,101.7hm^2$，占石漠化面积的 73.32％，潜在石漠化面积 $30\,210.0hm^2$，占全县总面积的 14.60％（陈登等，2008）。目前，喀斯特石漠化已成为乌江流域喀斯特山区一种突出的生态环境问题，它不仅直接导致了植被破坏，地质灾害频繁，水土流失严重，进而威胁三峡水库的生态安全，还造成可耕地面积减少，加剧人地之间的矛盾。因此，石漠化目前已严重威胁乌江流域的生态安全，制约着该区域社会经济的可持续发展。

第三节　长江上游环境保护与发展双赢策略

长江上游不同的区域有不同的特点，形成生态环境问题的主要原因也各不相同，因此，采取的防治对策也各有侧重。本节将以前文所分析各区域生态环境面临的问题为基础，分别探讨各区域生态环境保护与发展双赢策略。

一、青藏高原自然地区

青藏高原东南部自然区地处我国地势的第一级阶梯，居高临下，是中下游地区的安全屏障。从目前来看，这一地区水土流失十分严重，生态环境继续恶化的趋势还没有得到控制。这不仅是上游地区社会经济发展的一个严重制约因素，而且也严重危及三峡工程和整个长江流域经济社会的可持续发展。因此，应针对高原地区实际情况，加强草原生态环境恢复与建设，从而为整个长江流域社会、经济的可持续发展提供保障。

(一) 长江源自然区

长江源自然环境严酷，以草原退化、森林萎缩、水土流失、气候暖旱化、冰川退缩、雪灾频繁为代表的生态环境退化正在加剧，因此，长江源自然区宜采用保护、恢复和改善林草植被系统来对其进行综合整治。

1. 科学利用与发展草原植被

长江源草原广布，草原退化是其最为突出的生态环境问题，草原的恢复与保护对该区生态环境的改善具有决定性意义。

1) 以草定畜，合理利用

根据不同地区冷季长短、牧草产量、畜种构成、食草数量，以及年际间牧草产量的变化以草定畜，科学地确定载畜量和配置畜群；根据草的种类、长势、产草量、水源状况、距离远近、归属范围，实行分段、分区、分片轮牧，从而达到有效地利用牧草；按照各个地区的地势高低、气候冷暖、水源多少、草地的好坏、畜种构成，合理划分和使用季节草地；同时，推广小搬圈制度，防止过牧，有利于松土、施肥、草场恢复。

2) 灭鼠灭虫，保护草地

积极推广生物防治、生态防治，保护鼠、虫天敌，改变鼠、虫生存环境，采用综合方法灭鼠治虫，防止鼠虫蚕食牧草，破坏草地。

3) 人工恢复，扩展草地覆盖

开展以种草为中心的围栏、畜棚、定居点等配套建设；采用封育补播等技术措施，恢复"黑土滩"的植被；补播优良牧草，清除毒、杂草，并在有条件的地区发展牧草灌溉、施肥，改良草场；选择利用废弃耕地、退化草甸地、湿生裸地和黑土滩进行人工草场建设。

2. 加强林草防护体系建设

实施长江源区防护林工程，采取封滩封山、育林育草，尽快恢复和扩大森林灌丛面积。现有林草植被是林草防护体系建设的基础，也是生态体系的主体，其建设对源区改善生态环境、增强抵御自然灾害能力、改善局部气候具有重要作用。保护森林灌丛，并按生态经济类型林业的要求，将森林灌丛按护牧林对待，并以涵养水源、水土保持的双重名义纳入到林草防护体系建设之中。森林灌丛是高原生态系统的重要组成部分，是高寒生长环境中的佼佼者，其群落的高度、密度和生物量远大于草甸、草原，在涵养水源、水土保持方面具有突出作用；高寒灌丛不易被雪掩盖，雪灾期间其枝叶可作牧畜饲料而被称之为"救命草"，可缓解灾情，同时，还是宝贵的基因库和种质资源，应加强保护与恢复。

3. 立足高原客观实际进行产业战略选择

由于长江源区特殊的自然环境和人文历史背景，问题的解决必须跳出常规思路的桎梏，必须重新思考长江源区的人口、资源、环境问题。要立足于当地自然、社会、经济和文化的实际，从保护整个国家生态环境的高度确立真正的优势产业。对资源和环境的保护要优于开发，在发展过程中引入环境价值观，科学地衡量资源开发成本。产业选择的基本原则应当是，首先，资源消耗小，可再生性强，对生态环境保护可以起积极作用或对环境影响不大，易于控制的产业。其次，有利于避免二元结构，能使当地农牧民直接受益，可以通过增加就业减轻农牧业人口对土地资源的压力的产业。最后，开放度高，可以对落后的生存意识产生触动作用的产业。那么，符合上述条件的产业首选能源业、旅游业和服务于旅游业的民族工业。

（1）能源业。生活和生产的能源短缺是制约高原经济发展，加重生态环境恶化的重要因素。由于生活能源短缺，导致大量植被被用于生活燃料，解决生活用燃料问题是保护高原植被的基本前提。长江源区拥有丰富的能源资源，尤其是水能、太阳能、风能等可再生能源。高原太阳辐射量和日照时数比中国其他地区多30%～50%，丰富的太阳能资源取之不尽、用之不竭。小水电、太阳能、风能等可再生能源可以小规模分散开发，符合高原人口分散的特点。能源开发可以改变广大的农牧区能源短缺、大量砍树挖草、破坏植被、能源低效利用的不合理状态，解决农牧区生活用电，调节不合理的能耗结构，减少污染，从根本上保护高原植被，改善人民生活。因此，应集中投入资金和技术力量，加快这类能源的开发。

（2）旅游业。长期以来，国家虽然在长江源区投入了大量财力、物力、人力，尝试通过开发矿产资源，发展各种工业来促进地区经济的发展，但是长期封闭的环境造成发展的重要障碍，大多数产业难以在这种高度封闭的环境中生存发展。最终结果是不仅发展目标难以实现，而且对生态环境产生了巨大的破坏作用。而旅游业高度的外向性不仅是打破封闭障碍的有力武器，而且对环境产生的破坏较小，易于控制。长江源区具有发展旅游业的巨大的资源优势，区域内自然旅游资源和历史人文旅游资源丰富而独特，具有极大的不可替代性。旅游业所产生的大量人流、物流、信息流可以打破这一地区的对外封闭性，向社会灌输和渗透现代意识，冲击落后意识，带动商贸业的发展，为其他产业的发展开拓生存空间，改善生存环境，培育出新的经济增长点。世界上许多与长江源区自然、社会和经济背景类似的区域的旅游业发展经验已经证明，旅游业是带动落后地区经济发展的有效产业。目前，西藏旅游业虽然规模仍然较小，但是发展趋势已证明其是一个经济效益远远高出其他产业，发展前景十分广阔的行业。

（3）富有民族特色的以旅游商品为主的加工业。长江源区以藏文化为代表的民族文化为旅游商品加工业的发展提供了深厚的文化基础，在发展民族工艺品、宗教用品、民族风味食品方面有特殊优势，是为旅游业配套的首选产业。①青稞精深加工。建立稳定的青稞加工原料供应基地，改善目前青稞粗加工的生产条件，提升工艺水平，提高产品质量，注重青稞食品系列化开发，大力开发青稞酒、青稞啤酒、青稞营养麦片、青稞保健食品等，进一步挖掘青稞精深加工的增值潜力，实施品牌战略，拓展区内外市场。②牦牛肉加工。充分发挥当地牦牛数量多、品质好、营养丰富的优点，大力发展牦牛肉加工业。加快技术改造和产品更新，生肉制品向预冷肉、细分割、小包装的方向发展，熟肉制品向多品种、系列化、精包装、易储藏的方向发展，兼顾内脏、油脂以及毛、骨、血资源的综合利用。③藏药材加工。一是加快藏药材的人工驯化步伐，逐步建立起稳定人工种养基地。二是整合现有藏药材生产和加工企业，加快基础条件建设和技术创新步伐。三是实施品牌战略，积极开拓区内外市场。④林下资源加工。加强林下资源的人工驯化，逐步建立起稳定的人工培育基地；做好林下资源的保鲜和贮运；加快技术改造步伐，做好松茸等特色资源的精深加工；开发林下资源的保健和药用价值，大力发展藏药产业和保健产品。

4. 合理配置耕地资源

西藏 1981～2001 年耕地扩展总面积为 16 108hm²，年均递增率为 0.38%。近几年期间，由于经济的发展及基础设施的建设，出现了大量占用耕地的现象，在经济发达地区这种现象更为显著。以拉萨地区为例，近年来在土地规划利用过程中存在耕地数量减少等问题，非农业建设占用农田的问题较突出，此外，在林地、草地及全区生态环境保护等方面也存在诸多问题。根据上述问题，可采取以下措施合理配置耕地资源。

一方面，应该保证可耕地面积，合理利用土地。在审批建设用地时，各级国土资源主管部门应该尽量避免占用耕地，处理好经济、建设、生态三者的关系。社会效益是一种整体与全局的经济利益,生态效益则是未来长远的经济利益,必须实现经济效益、社会效益、生态效益的统一,走可持续发展的道路。

另一方面,加强耕地后备资源的开发。西藏目前未被垦殖利用的荒地,在热量(温度)、土壤(主要是土层厚度与质地)条件基本合适、灌溉条件虽差但经过工程措施可望接近或改善的情况下,可作为耕地后备资源进行开发与利用。耕地后备资源开发利用应该注意地形地貌条件、土壤条件及水利灌溉条件等因素,科学合理地规划开发方案,在具体实施过程中注意耕地资源开发与生态环境的关系,坚持在保护中开发、在开发中保护的原则,减少土地开发区域的水土流失及所诱发的地质灾害等。

5. 草地资源限量开发与利用

西藏草地资源目前面临诸多的问题。首先,随着全球气候的变暖,西藏草地退化严重。这种退化甚至在世界范围内都产生显著的影响,加上西藏区内鼠害、虫害对草场的破坏,造成土地逐渐沙化,进而诱发自然灾害。其次,过度放牧,草场严重超载。超载的主要原因为牲畜数量发展过快,失去宏观控制。广大牧民只是一味追求牲畜数量的增多,进而获得经济收益,而忽视或不顾草场资源的承载力,这样的恶性循环造成区内草场沙化、退化严重。最后,受地域的差异及人为的破坏等因素的影响。西藏大多数草场基本上分布在海拔4000m以上地区,气候相对恶劣,霜期长,草生长季节短,这是西藏草场资源的客观限制因素;此外,随着人为的草场破坏,如矿山开采、筑路等工程设施的影响,造成西藏草场严重退化。可采取如下措施,保护草地资源环境。

首先,实行严格的草地承包责任制度。只有真正把草场承包到户,才能实现草地有主、放牧有量、建设有责、管理有法,才能实现责任权利的有机统一,充分调动草场承包者的管理和投资热情,把草地当做畜牧业生产中一项重要的资本去经营,形成草原可持续利用的良性循环。因此,必须坚持因地制宜、分类指导、实事求是的原则,在实行单户经营模式、明确草场使用主体的基础上,采取灵活多样的承包形式,进一步深化和完善草场承包责任制。

其次,退牧、禁牧。西藏草地退化严重,实施退牧、禁牧措施,可以让草地在有限的时间内恢复生长。目前,在有的地区实施围栏保护草地,并且分季节牧场,这样可以让草场得到恢复生长。此外,在植被覆盖较少地区或植被恢复能力较差的区域,实施禁牧措施,防治草场沙化。

最后,实施草地农业系统工程。草场资源的利用应该限量,实施和推广围墙和大棚内种植牧草,进行牧业生产农业化改造,解决天然草场载畜量过大引起草原退化的问题。在海拔较低的区域,如"一江两河"流域利用部分土地,种植青饲料,逐步建立区内人工草地和草业产业化区,从而缓解冬季饲草严重缺乏的问题。

6. 加强林业资源保护，实现可持续发展

西藏林业资源主要集中在藏东南部分地区，近年来由于人为的因素，天然林资源逐渐枯竭，出现生态环境恶化的诸多问题。目前，处于林区的居民仍然固守"靠山吃山"的思想，部分基层领导为了扩大政绩，亦将采伐作为头等经济收入来源，结果使天然林迅速减少。这样的采伐结果导致后续的资源无法跟上，林业不能实现可持续发展。可通过以下措施，以实现林业资源保护，实现可持续发展。

首先，制定天然林保护工程的法规措施。明确规定天然林隶属生态公益林和保护范畴。划定在核心保护范围内的天然林禁止采伐，禁止狩猎，杜绝森林火灾以及破坏森林的一切活动；天然林资源实行有偿使用，包括向社会征收天然林生态效益补偿费；保护天然林林业生产者和护林员工的合法权益。

其次，减少采伐，提高森林的综合利用率。以生态环境保护为主，尽量减少乱砍滥伐，将采伐纳入政府的宏观调控范围，各级主管部门应严格执法；此外，应该提高森林的综合利用水平，如森林内特有的菌类、花卉等，可以作为森林资源的副产品重点开发；同时，增加经济林的发展，如苹果、核桃、石榴、花椒的栽培，提高经济林收益。

最后，以"移民搬迁"及农村小城镇建设为契机，将居住环境较差，不利于林业可持续发展的地区的农牧民搬迁到地势平坦、环境较好的区域，同时，大力发展植树造林计划、封山育林计划，将天然林保护作为林业开发的头等大事；坚决贯彻"在保护中开发，在开发中保护"的思想，实现生态环境的恢复与林业资源的可持续发展（夏抱本和陈陵康，2007）。

（二）川西高原自然区

1. 合理划分治理类型

川西高原自然区生态环境建设可按以下三种治理类型进行。

生态治理型：以长江干流及一级支流为主线，以水土流失严重区域为重点，以小流域治理为单元，建立以生态治理为主的防护林体系。在宜林荒山荒地、部分沙地和农牧地，结合退耕还林、退牧还林进行造林，对低效林地进行改造，对部分疏林地和未成林造林地进行补植补播，营造以水源涵养和水土保持为主的防护林。水源涵养林主要布设在主要支流源头和山脊两侧；水土保持林主要布设在25°~45°的坡地上。在海拔较低，土壤、水、热条件较好的地区适当营造水保经济林，而较差的坡地上布设水保用材林，建立生态经济型防护林体系。乔、灌、草相结合，最大限度地增加森林植被，增强蓄水保土的能力，减少水

土流失,增加抗御自然灾害能力。通过经济林的收入,适当补充防护林经营管理费用,巩固生态治理效果,逐步形成良性生态系统。

保护提高型:针对川西三江一河流域的国有天然林区森林资源遭受严重破坏、可采资源濒临枯竭的状况,采取保护措施,提高天然林资源的数量和质量,达到改善生态环境的目的。一方面是大幅度调减采伐量,强化天然林资源保护、发展和经营管理,另一方面是实行森工转产,将那些可采资源枯竭的森工局全部转为营林事业局,从事造林绿化、经营管护工作,兼一定数量的更新伐和抚育伐。负责采伐迹地更新、成林抚育、低产低效林改造和人工促进天然更新等工作,并承担高海拔、高寒山区的水源涵养林建设任务,恢复森林植被。

封山育林育草型:在大面积的疏林地、未成林造林地、灌丛地或无林地,采取飞播、封山或其他人为措施造林及恢复成林。对有沙化潜在危险的草地进行封育,以较少的投资增加植被覆盖。

2. 恢复和重建森林生态系统

森林资源是川西高山地区最具优势的资源,区域森林生态系统是长江上游地区生态屏障的重要组成部分,川西高山高原区环境与经济协调发展,关键是恢复和重建森林生态系统。应以天然林保护和退耕还林(草)两大工程为龙头,加强森林资源保护,搞好林地抚育更新、封山育林、荒山造林绿化等工程,尽快提高森林覆盖率,促使森林资源快速增长,为林业及林产品的综合开发打下良好基础。植树种草是防止水土流失、涵养水源、改变气候环境、重建上游生态环境的根本措施。在上游地区应大力提倡退耕还林,封山绿化,恢复植被,在河流沿岸大于20°的山坡严禁垦荒,一律退耕还林还草。

3. 恢复和重建草地生态系统

本区集中了四川86%以上的天然草场,是全国五大天然牧区之一,畜牧业是该区的支柱产业。但目前,草地生态系统严重退化,农地水土流失加剧,制约了区域畜牧业的发展。因此,必须把恢复和重建区域草地生态系统作为实现区域环境与经济协调发展的重要措施。草地生态系统的恢复与重建,关键在于严格贯彻执行"草原法",进一步完善、落实草原承包责任制;坚持以草定畜,调整畜种、畜群结构;加快人工草场建设的步伐;加强管理,严禁非法采挖沙金和中药材,科学防治病虫鼠害,尽快遏制草场退化、沙化趋势,提高草地生产力。

4. 改变农牧民传统落后的生产生活方式

川西高山高原区传统落后的生产生活方式是导致生产力水平低、生态环境遭受破坏与恶化的重要原因。应加强以改善交通运输条件和水利为核心的基础设施建设和基本农田建设，大力开发水电，以电代柴（代牛粪），调整农村能源结构，不断改善农牧民的生产生活条件，促进经济增长，减小对生态环境的破坏。在岷江上游地区，调整农业种植结构，因地制宜开展多种经营，积极发展生态农业，认真抓好退耕还林（草）和水土保持工作。一是对大于 25°的坡耕地，尤其是坡度大、肥力低、植被稀少、水土流失严重的华蓥山系山麓的坡耕地要稳步开展退耕还林（草）工作，大力发展果树、药材、茶叶等经济林的产业带建设；二是积极开展庭院生态环境建设，改善小区生态环境，建立良性的庭院生态系统；三是积极推广"生态田"建设，重视观光农业发展。

5. 建立生态经济体系，大力发展生态特色产业

因地制宜安排牧、林、农业用地，依托区域丰富的生态资源，大力发展畜牧业、林果、药材、旅游等生态产业，并搞好深加工，通过开发优势资源带动区域经济发展，实现环境建设和经济建设"双赢"，走环境与经济良性互动、协调发展之路。

生态经济建立在自然界的生态系统与人类社会的经济系统互相作用和渗透的复合经济的基础上，谋求在生态平衡、经济合理、技术先进条件下生态与经济的最佳结合，实现生态与经济协调发展。建立生态经济体系，是四川藏族聚居区生态环境建设和经济发展的链接途径。也就是说，四川藏族聚居区的可持续发展，将优先考虑生态效益的大小，之后再考虑生态效益与经济效益的最佳结合，科学地实现资源的保护与增值，实现自然资源的可持续利用。这就要遵循生态环境规律，给生态系统以休养生息的机会，给再生资源的能量转换和物质循环提供一个最佳状态，最终的目的是实现生态和经济的"双赢"和效益。从产业发展时序来看，四川藏族聚居区生态经济发展的基础是生态环境重建。目前，已经启动的生态环境重建工程有天然林资源保护工程、退耕还林（草）工程、国家重点生态环境治理工程，还必须争取尽快实施草原沙化治理工程。在生态环境治理的过程中，四川民族地区的经济结构将会有一个大的调整。

首先，以生态环境重建为龙头，发展林业。四川藏族聚居区的林业，过去是以采伐为重点，以木材加工、运输为辅的行业。大规模的以植树造林为重点的生态环境治理，会使林业用地大幅度增加。随着森林的保护和植被的恢复，林业会成为以森林资源的可持续利用为中心的产业。届时，林业在为国家提供森林、水、空气等公共环境资源的同时，还可以在分类经营的前提下，为地方经济发展提供丰富的木材、林产品等可再生资源。

其次，以生态环境重建为中心，调整农业结构，提高农业经济效益。四川藏族聚居区耕地不多，农业生产的自然条件也不好，历史上的经济结构就是以林业和牧业为主。新中国成立以来，由于片面追求粮食自给，大量进行陡坡种植，农业的效益一直很低。当前，以生态环境治理为契机，民族地区的农业经济结构可以有一个大的调整。民族地区将形成以良好的森林系统为基础的林农系统、林牧系统、林工系统，以草原生态系统为基础的草畜系统，畜产品加工和流通系统，通过减少粮食种植，增加有市场的经济林木的种植，促进畜牧业发展，提高农业经济效益。

再次，以林业涵养的水源为基础发展水电及相关行业，促进优势矿产资源的开发，推动工业化和城镇化进程。四川藏族聚居区的生态环境治理将充分涵养水源，既可以为长江下游提供充足的水源，起到调节气候和水资源供给的作用，还能为当地发展水电业提供良好的条件。水电业的发展，可以带来可观的经济收益，还将为工业发展提供廉价优质的能源，促进当地优势矿产资源的开发，推动工业化和城镇化进程。同时，水电业的发展可以解决农村能源问题，既稳定了森林资源的保护，又为农村经济发展提供了基本条件。

最后，以生态环境保护和优化为基础，发展旅游业。四川藏族聚居区最具有发展潜力的产业是旅游业。四川藏族聚居区有富甲天下的旅游资源，旅游业发展的灵魂是奇山异水。无论是童话世界九寨沟，还是雄伟壮丽的贡嘎山，都是以山水为核心的旅游资源。随着大规模的生态环境治理逐渐发挥作用，四川民族地区的山水将更加迷人。旅游业的发展也将有一个更大的发展空间。

6. 建立岷江上游地区多元化生态补偿机制

岷江是川西高原自然区境内最大的长江支流，其上游地区的特殊地理位置和独特生态环境决定了它的生态效益无论对于成都平原的可持续发展，还是对于长江中下游地区经济利益的保障，都具有十分重要的意义。本区域不仅投入了大量资金，退耕还林、植树造林、禁伐树木，为保护区域生态环境作出了贡献和牺牲了自身利益，也影响了这一地区经济社会的发展和人民生活水平的提高。因此，按照"谁受益，谁补偿"的原则，应针对川西高原自然区建立以中央政府、成都平原地区、长江中下游地区为补偿主体的多元化生态补偿机制。

1）中央政府纵向转移支付补偿机制

由于生态系统生态效益受益主体的社会广泛性决定了全社会公众应该成为生态补偿的主体承担一部分生态补偿成本，其具体的补偿行为可以通过国家以资源税或生态补偿费的形式对全社会进行征收，然后以中央财政以转移支付的方式按照补偿等级比例分区补偿给岷江上游各县地方政府，最后由地方政府分配到补偿对象——岷江上游的林农和退耕还林户的手中，同时，按各县区域环境的不同实现补偿等级分配（图6-2）。此外，中央政府作为社会管理者，在履行政府管理职能过程中，还可以向岷江上游地区进行政策补偿，实施各种优惠信贷，促进岷江上游少数民族地区经济的发展。

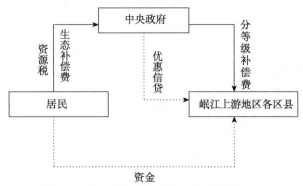

图 6-2　中央政府的纵向财政转移补偿机制

2）成都平原地区区际补偿机制

岷江上游的生态保护直接影响到下游成都平原地区的生态质量，而上游地区因为退耕还林和天然林禁伐减少的经济收入和粮食产量在社会经济体系中却没有得到中下游地区相应的补偿，这将导致岷江上游地区在贫困压力下破坏生态环境而影响成都平原地区的环境质量，进而制约其社会经济的发展，导致地区间矛盾的产生。因此，建立成都平原地区对岷江上游地区的区际补偿机制，是一种解决区域发展矛盾的有效手段。

3）长江中下游地区横向转移支付补偿机制

岷江上游地区作为长江流域地区的重要生态屏障区，至今却没有建立制度化的生态建设与保护的激励机制。因此，长江中下游地区也应对岷江上游地区的生态环境建设给予补偿，形成长江流域地区对岷江流域的横向转移支付补偿体系（图 6-3）。长江流域地区对岷江上游地区可以采取资金补偿与技术补偿相结合的方式，在为岷江上游地区的经济发展输入资本的同时，还可通过输入高素质人才，进行产业投资等多种方式对受偿地区实施补偿，以促进这一区域的社会经济实现可持续发展（李镜，2007）。

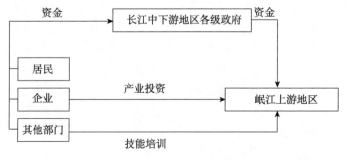

图 6-3　长江中下游地区的横向转移支付补偿机制

二、湿润亚热带自然地区

湿润亚热带中部地区地处我国地势第二级，地形复杂，人口众多，经济相对落后。长期以来，这一地区的生态环境遭到了极大破坏，森林植被生态系统的生态与经济功能尚处于较低的水平，严重制约了社会经济的发展。因此，科学地确定生态恢复、重建与保护的途径，使生态与经济协调发展，是这一地区社会经济实现可持续发展的关键所在。

（一）云南金沙江自然区

金沙江流域是长江上游生态环境建设的重点区域，是对减少泥沙流入三峡库区和保障长江安全至关重要的区域。长期以来，该区域由于人口压力、贫困和经济发展不平衡等因素，生态环境问题复杂多样。从目前来看，它既有伴随工业化、城市化而产生的大气污染、水体污染，也有非工业化因素引起的森林减少、水土流失、石漠化等生态问题，而后者的问题更为突出和严重，这一系列的问题已成为制约云南民族地区社会经济可持续发展的主要因素。因此，必须采取多种对策措施，恢复发展该区域的森林植被，保持该区域的水土，使其成为长江上游的重要生态屏障。

1. 水土流失治理

金沙江流域的坡面侵蚀面积大，潜在危险性大，重力侵蚀区域相对集中，侵蚀强度巨大，对下游干流河道泥沙起决定性作用和影响。坡面水土流失治理对治理区坡面侵蚀减少作用显著，水土流失治理主要仍依赖于以小流域为单位的"长治工程"，但治理速度应加快。

1）低山地建成涵养水土为主的森林生态系统

低山地是本区水土流失最强的一种土地生态类型。然而，它位于金沙江的主要汇水区，为了根治全区水土流失，在低山地应发挥其涵养水土的生态功能，建成森林生态系统。我们的生态设计目标是恢复原生的亚热带湿性常绿阔叶林，但在长期水土流失严重，土地生态系统呈逆向演替的现实情况下，只能从治理土地生态环境入手，以各土地生态类型的生态特点分别治理。现为人工林、灌草丛、草坡覆被的地段，水土流失已得到一定的控制，可发展原有的乔木林、灌草丛和草丛；在陡坡低山上的耕地应严格退耕还林，并根据土被现况确定树种。在水土流失还不太严重的情况下，紫色土部位可种植乌桕、油桐经济林；黄壤部位可选种喜酸性的马尾松、杉木林；石灰土部位则选种喜钙的柏木。但若水土流失严重，土层瘠薄，则可先种一些灌木和草，如马桑、毛桐、仙人掌、黄荆等，让其恢复地力，再更新为乔木林。在陡坡地上则只宜种草，让其先有植被覆盖，促进正向演替，恢复土地生产力和土地生态系统稳定性，为以后的灌丛和乔木林的演替打下基础。

2) 丘陵地建成林粮结合的复合生态系统

丘陵地与低山相比，坡度相对较缓，但因丘陵地人为影响更为严重，其水土流失并不比低山地少。由于丘陵地缓坡地面积较广，因此，丘陵地的土地生态设计目标是建成既有经济效益、又有生态效益的林、粮结合的复合生态系统。在缓坡地上发展旱地或柑橘；在陡坡地上以发展乌桕、油桐经济林为宜；土层较厚的可坡改梯种植旱作；上层较薄地段，先种毛桐、马桑、黄荆等灌草丛，待其地力恢复再种经济林；此外，水土流失特别严重的陡坡灌草丛地段仍应维持原有植被，恢复地力，为将来种植林木创造条件；而极陡坡地只能遵循土地生态演替规律，从种草开始，待地力恢复后再发展林木。这样，既保证了经济效益，又维持了生态平衡，经济和生态两者兼得。

3) 台地建成生产、生活和生态相结合的复合生态系统

台地平坦，土层深厚，为生产和生活的必争之地。台地的生态设计应兼顾土地的经济和生态特点，处理好生产、生活和生态的关系，建成一个生产、生活和生态协调一致的复合生态系统。对于本区域新建的城镇和公路，为防止水土流失，同时，应加强绿化建设。

台坡较缓地段上，可发展梯地旱作和精耕细作的蔬菜生产，满足城镇居民的生活需要。在台坡较陡地段，地力好的坡改梯种植粮食，地力差的种乌桕、油桐经济林。考虑当地人多地少的实际情况，可将地力较差的陡坡旱地改梯地，旱地上套种乌桕、油桐或柑橘，待经济林木挂果有了经济收入再退耕为经济林。这一过程，土地一直都有经济收入，同时，提高了水土保持能力，达到最终还林的目的。

2. 推广水土保持型生态农业模式

水土保持型生态农业是以降水强化就地入渗、防治水土流失为中心，以土地资源合理利用为前提，以建设基本农田、植被和发展经济林果、养殖业为主导，做到农、林、牧、果综合发展，达到生态经济良性循环的目的。就该流域而言，水土保持型生态农业应实行治水改土与植树造林相结合，搞好水平梯地（田）建设，固定基本农田并使其向高效稳产农田转化。从长远看，只有把生物水（植树造林）、土壤水（改良土壤）、工程水（农田水利）三者结合起来，采用农业新技术新方法，调整产业结构，合理利用土地，才能实现生态环境建设和农民脱贫致富的结合。同时，根据该流域目前农村贫困面大和自然条件差的因素，从实际出发，河谷区和中山区采取以建设沼气为主，以建设太阳能、节柴灶为辅的节能措施来逐渐替代传统以薪柴为主的农村能源；中高山实施以节柴灶为主的节能方案。以上农村能源替代工程，旨在减少对森林资源的消耗

（毛璆等，2006）。

3. 开辟多元化的投资体系，发展水保产业

1）引进外资进行生态环境建设

云南地处边疆，又是少数民族聚居区，各国的非政府组织，如各种基金会等都非常关注云南的发展，关注该地区的生态环境问题，在云南资助了许多有关生态建设、扶贫和社区发展等方面的项目，并培训了一批项目官员。应充分借助这些项目官员与世界各国基金会的联系，努力争取外资投入到金沙江流域的生态环境建设工程项目中，一方面，可获得资金的投入，另一方面，在基金会的督促下使各项目的质量和效益得到提高。

2）鼓励单位和个人投资发展水保产业

支持、鼓励各县级机关、企事业单位和个体老板、农户投资受让"四荒"，通过荒山开发发展绿色企业，云南省牟定县引导企业投资发展水保产业就是一个成功的范例。云南牟定县"云南南塔人造板（集团）有限公司"，其主要产品是出口东南亚等地的人造板，是以林业资源为主要原料的林产品加工制造业，为保证企业正常生产的原料供应，县政府提出，围绕龙头企业营造 6 700hm² 原料林的目标，引导公司在抓好生产的同时，始终把原料基地的建设作为第一车间来抓，积极参与全县的荒山绿化，治理水土流失，建设生态环境的活动。在水保、计委等有关部门的支持下，继 1999 年在共和闸小流域大尖山投资 244 万元，完成高标准营造水保林 200hm²，作为企业速生丰产原料林基地后，2000 年又在东清水库小流域受让荒山 133.33 hm²（使用期为 40 年）进行原料基地的建设，共投资 145 万元（含荒山租赁费）。2000 年 10 月种下云南松 7 万株，史密斯桉 8.3 万株，圣诞树 6.8 万株，中林美合杨 6 万株，共计面积 133.33hm²。该项目的实施，为牟定县以及金沙江流域吸引个体和私营企业受让"四荒地"发展水保产业、绿色产业走出了一条很好的路子。

4. 建立和完善生态环境建设效益回归机制

生态环境建设所产生的效益从作用部位可区分为内部效益和外部效益两种。内部效益是在生态环境建设范围内由生态环境建设者获得的那部分效益，受益者与建设者的利益一致。例如，坡改梯、林果草经济收入等属于内部效益。而外部效益是在建设范围以外发挥作用，受益者为非治理者。例如，长防林的建设，虽然建设者也能获得一定程度的利益，但更大的受益者是长江中下游的非建设者，长防林减少了对长江中下游洪水和泥沙的危害，使得中下游工农业生产和居民的生活免受洪水等灾害的侵袭，这势必造成生态环境建设利益分配上的不公平，对生态建设的持续发展极为不利。因此，应建立和完善生态效益的回归机制，让金沙江流域的生态环境建设在经济利益上实现回归，即回归到建

设者手中，以便进一步调动建设者的建设热情。具体措施包括：①在长江中下游的受益地区征收生态税，通过中央财政转移支付的形式对上游的生态建设重点区域进行补偿；②设立"长江流域生态建设基金"，加大国家、地方预算内基本建设投资、财政支农资金、农业综合开发资金等的生态环境建设份额，并将其与排污收费及其他治理收费，已建立的林业、牧区育草等基金，国内外银行贷款和国外赠款，社会各类投资主体向生态环境的投资等集中，设立流域生态建设基金，成立股份制基金管理委员会，统一安排，合理调度，滚动有偿使用，并将其中的较大份额重点用于上游生态建设重点区域的生态移民、因生态建设致使经济收益大幅度减少的农民补助等（杨庆媛等，2003）。

5. 加强碳汇造林，培育森林碳汇市场

碳汇造林是通过市场机制实现森林生态效益价值补偿的一种重要途径，它也是后京都时代减排的重要途径。森林碳汇市场就是将森林生态系统吸收的净CO_2量作为交易对象，由供需双方决定其产量和价格的一种机制。培育森林碳汇市场作用在于为生态恢复或森林建设提供一定的补偿。

由于金沙江流域宜林荒地数量巨大，且政府没有足够的资金在较短时间内实现造林，导致土地资源闲置浪费；另外，部分宜林土地长期被低效率用做农耕。如果培育了较为成熟的碳汇市场，林业发展所带来的一部分生态效益得到补偿，则会使宜林荒地尽快发展林业，原来生产效率较低的农用地也会自然而然地退耕还林，从而提高宜林土地的利用率。

目前碳排放交易主要分为两大类，一类是基于配额的交易，一类是基于项目的交易，买主向可证实减低温室气体排放的交易（于天飞等，2008）。金沙江自然区森林碳汇市场的培育可采用第一类的思路，即通过限量与贸易体制形成市场。金沙江自然区森林碳汇市场的形成，总体上可分为两个阶段，第一阶段是培育森林碳汇志愿市场的形成，亦即促使组织或个人自愿购买森林碳汇；第二阶段是建立森林碳汇义务市场，即强制相关组织或个人购买森林碳汇。第二阶段又分为两步，首先是形成作为生产者的碳排放主体义务市场，然后形成作为消费者的碳排放主体义务市场。培育自愿市场，其目的是给人们一个缓冲过渡期，即对本来属于免费品的清洁大气开始收费这一理念让人们先消化接受，之后再建立义务市场，这有利于社会稳定。如果前期自愿森林碳汇市场发育良好，则建立义务市场就水到渠成了。建设义务市场首先是建立生产者义务森林碳汇市场。生产活动是最主要的温室气体排放源，所以应先建立生产者义务森林碳汇市场。总排放标准一旦确定，即可按照目前各生产者的排放量在总排放量中所占的比例来分配排放额；其次是建立消费者义务森林碳汇市场，主要针对温室气体排放量较大的消费活动，其目的是通过林业项目给温室气体排放超

标者一个补偿的手段，最终达到净化大气的目的。

（二）四川盆地自然区

四川盆地自然区是长江上游生态环境建设的重要区域之一，四川盆地生态环境的恶化不仅影响流失区农业生产，群众增产增收，脱贫致富奔小康，而且影响四川农村经济的发展，影响长江流域经济的发展，影响长江流域生态环境平衡，影响长江中下游地区的长治久安。因此，针对这一区域生态环境存在的实际问题进行一系列改造，是长江流域社会、经济、环境可持续发展的重要保障。

1. 建设生态经济型防护林体系

四川盆地嘉陵江、沱江流域是长防林工程的重点建设区之一，该区农村经济比较落后，贫困县较多，如何把长防林建设与山区人民脱贫致富结合在一起，通过长防林建设，为振兴山区经济创造良好条件，促进山区经济发展，显得极为重要。目前，随着长防林建设和研究的不断深入，长防林建设逐渐由单一防护林转向防护林体系，由生态型转向生态经济型，防护林建设已不只是获取生态效益，而是为了实现生态、经济、社会效益的协调发展。

四川盆地生态经济型防护林类型主要分为：①生态型防护林。生态型防护林生态功能作用一方面是截留降水，涵蓄水源，调节江河水量供给，维持江河良好水文状态，另一方面是减缓地表径流，截留泥沙，防止土壤流失，保持坡体稳定。在该区，它是指营建在四川盆地嘉陵江、涪江、沱江、渠江干支流源头、分水岭脊、干支流两岸、大中型水库库区、急险坡上的森林。②生态经济型防护林。一种发挥生态功能和经济功能的兼用林。其生态功能作用是调节径流，减缓地表径流，减少冲刷、崩塌，防止水土流失。其经济功能是从充分发挥土地生产潜力出发，生产木材、经济林果、薪材等，促进农村经济发展。在该区，它是指营建在丘顶、山脊，35°以下坡地、溪河两岸、侵蚀沟以及道路、地埂、渠道、宅院等范围的森林。③特用型防护林。指在自然保护区、风景名胜区、城镇区、特殊环境区（如军事用地区）划留或营建的森林，是一种发挥特殊功能的专用林。其功能有保护生物多样性、美化和净化环境等。特用型防护林是生态经济型防护林体系中不可缺少的重要组成部分，它与其他防护林类型一起，对整个区域环境进行改善和保护，使之向良性方向发展。

2. 大力发展生态经济

生态经济是与环境协调的经济，应主要发展四类产业：一是以环境为基础的产业，这类产业主要包括以区域生态环境改善为目的的产业，或者产业与环境密切相关的产业，或者产业是区域生态经济发展基础的产业，具体来说就是环保产业、农业、清洁能源产业等。二是生态经济核心产业，这是生态经济的支柱，主要包括旅游业、生态食品产业、中医药制造业等。三是环境友好产业，主要包括无污染或少污染的产业，或者在一定程度上依赖良好生态环境的产业。利用产业政策，调整产业结构，减少污染。主要是控制污染严重产业的发展，重点发展无污染或轻微污染的产业。要特别重视通过调整产业结构减少工业污水的排放。目前，岷江中游地区造纸工业污水排放达到 1.68 亿 t，占工业污水排放的 57.53%，成为区域最大的污染产业。因此，应该进一步控制造纸工业的发展，将所有规模较小、污水排放没有达标的造纸企业关闭，甚至可以原则上取缔本区所有造纸工业企业，特别是消费型造纸工业的发展。其他污染大的产业也应控制发展。同时，也要有更优惠的产业政策鼓励环境友好产业的发展，这方面除了本区要有相关政策外，还要争取国家的区域产业政策支持（陈钊和刘学彬，2003）。

3. 加强地震灾区生态环境建设

1) 加强关键地段的地质灾害防治与水土流失控制

重灾区大量地质灾害的危害远比地震本身所带来的损失更为严重，汶川特大地震引发的频繁地质灾害成为世界地震灾难史上最难以泯灭的惨痛。灾区地质灾害不仅数量庞大、规模空前，而且影响深远，如不及时治理，势将继续危及灾区恢复重建的成果，威胁人民生命和财产安全。据四川国土资源厅的初步统计，四川发生大型地质灾害地点有 9556 处，其中，滑坡 5117 处，崩塌 3575 处，泥石流 358 处。开展重灾区地质灾害预警与防治，启动水土流失治理是当前灾区的一项重要任务。

2) 灾区重建中大力发展生态工业

汶川地震的 6 个重灾区德阳、成都、阿坝、绵阳、广元、绵竹在震前的工业发展结构"重型化"，粗放型的工业发展模式造成资源产出和利用效率低下，工业废弃物综合利用效率不高，工业污染严重，缺乏辐射性很强的大型生态工业园。在灾后重建过程当中，应注意使调整结构与优化产业相结合。切实贯彻国家产业政策，优先支持国家鼓励发展的企业，坚决淘汰工艺落后、高耗能高污染的企业。企业重建要采用分类重建的办法，对技术落后的企业要先进行技术改进，然后才考虑重建，不能简单、盲目地为了追求速度和效率而忽视质量。重建的整体思路，应以成都大平原为中心，构建与周边城市进行密切合作的发展机制。以产业结构调整为龙头，实现区域工业产业的提升。保持能源、原材料产业的优势定位，凭借资源基础带动区域经济发展，改造加工制造业，注重对三线企业的资源整合和改造，建立航天航空、核工业、电子工业、机械加工工业、生物工程与新型医药等新兴技术产业群，承接沿海省区向内地的劳动密集型产业转移。

另外，生产力布局和产业调整建设规划，要立足特色经济和特色产业链的发展，实现灾区恢复性经济的大发展，促进灾区重建后的可持续发展。四川自古是"天府之国"，山区特色资源非常丰富。过去由于计划经济体制影响和交通条件的制约，山区的特色资源优势一直未能发挥出应有的经济优势。这次地震大灾后要想寻找新的经济增长点，大力发展特色经济是一条可以选择的路子。为此，在产业调整布局上，应该结合各地的特色资源条件，加强特色经济乡镇和一村一品经济的布局规划，从而形成特色经济的规模集聚效应和产业链辐射效应。

3）调整农业结构

大力发展生态农业。生态农业可以有效地改善区域生态，保持水土，不仅是区域农业持续发展的战略选择，而且是区域经济可持续发展的战略选择。培育不同区域类型的生态农业发展模式，尤其要以县域为单元开展生态农业建设。在产业配置中，调整优化农业内部结构，保持农业发展的基础地位，发挥耕地资源优势，实现农业产业化，发展生态农业，延伸农业产业链条，提高农产品的附加值。使农、林、牧、渔各个产业协调发展，延长农业生产的产业链，提高农业生态系统的综合生产力和经济效益。积极发展无污染的生态食品。要建立无公害农产品、绿色食品、有机农产品的生产基地，创建品牌，扩大规模，逐步提高健康、安全食品的份额，提高农产品的档次和知名度。在污染防治方面，防治农业污染。推广应用低残留、高效、低毒农药和生物防治，禁止使用有机磷农药，尽可能少施化学农药。积极推广秸秆、粪便沼化还田，加快有机废弃物的资源化处理。推广使用可降解农膜，减少农业的白色污染，规范高位池养殖，通过实施"沃土计划"，推广秸秆综合利用，实现秸秆直接还田和过腹还田，提高土壤有机质含量。在农业技术方面，推行精准农业。按照农作物生长需要和各地土壤环境，应用现代科学技术，精细准确地实施各项土壤环境和作物管理措施，优化各项农业物质投入，高效利用农业资源，以获取最佳经济效益和生态效益，促进农业生产和生态环境的良性循环。震后农村畜禽养殖业的发展将是农民重建家园的重要内容，由于畜禽养殖业对灾区脆弱的生态环境影响较大，应尽可能在增加养殖户收入的基础上，做到科学规划，最好实施农-畜种殖养殖一体化的生态发展模式。

4）保护生物多样性，优先开展重要动植物种群及其重要栖息地的修复重建

沿地震断裂带分布的80余个乡镇是生态环境修复重建优先区。区内分布有卧龙、四姑娘山、九顶山、白水河、龙溪-虹口、王朗、千佛山、草坡、唐家河、东阳沟、鞍子河、黑水河、小河沟等26个国家级和省级自然保护区。应突

出重点，以生物多样性保护为核心，加大自然保护区的建设与整合。应当在现有自然保护区建设的基础上，针对大熊猫、金丝猴、羚牛等珍稀濒危物种保护的要求，通过新建、扩大、整合自然保护区和建设物种迁移廊道，形成有机的珍稀濒危物种栖息环境，以消除物种保护中种群孤岛、生殖隔离的障碍。新建和重建的自然保护区应当严格按照自然保护区的相关要求建设，实行生态移民，尽量减少人对自然保护区的干扰。同时，应将自然保护区基础设施和管护能力建设纳入灾后恢复重建总体规划，作为公共服务设施和基础设施建设的内容，必要时可合理调整或扩大自然保护区的保护范围，加大自然保护区的建设与整合力度，强化栖息地的保护与管理（包维楷，2008）。

（三）三峡库区自然区

随着三峡工程的建设，形成了当今世界上最雄伟最巨大的人工水库。这一地区在自然生态环境和社会经济地位上都将发生重大的变化，对长江上游和广大中下游地区将产生重大的影响，特别是在维系长江流域的生态安全和促进长江流域的社会经济可持续发展方面将起到特别重要的作用。因此，应从生态学与经济学的角度出发，加大对三峡库区生态环境的保护与建设，进而保障长江中下游的生态安全，促进长江流域经济社会的发展。

1. 加强城市规划，合理布局新县城

三峡库区全迁的县城有 5 座：重庆的云阳、开县、奉节、丰都和湖北的秭归。在城市建设中一定要结合移民搬迁，科学规划，合理布局。①从保护环境的角度出发，城市的布局要考虑地形、气象、水文等对环境的影响。城市工业严重污染区，一定要布置在下风向，同时，还要密切注意河流的走向、流量、泥沙流动规律和河流的自净能力，使城市规划与流域规划相结合，加强上下游全流域水资源的保护。②城市内部布局也应有利于保护环境。例如，单中心同心圆式向外发散延伸的城市布局形态，使市中心与周围自然环境相隔越来越远，新鲜空气难以进入，污浊空气排放受阻，不利于空气的自然调节。而采取多中心组团带状结构，把城市分为若干个片区，区间用绿化带隔开，可对减轻城市大气、噪声、热污染等起到积极的作用。同时，还应配套建设城市污水处理系统和垃圾无害化处理系统，合理分布城区公共绿地，建设具有库区山水特色的新城镇。

2. 加强森林资源及生物多样性保护

1）保育森林资源，增强森林生态服务功能

以培育和保护森林资源为中心，大力调整林业结构，增强林业生态屏障功能，实现资源、环境、经济的协调发展。

（1）巩固退耕还林工程。退耕还林工程是改善生态环境、防止水土流失的重要举措。三峡库区是重点林业大区和长江流域的重要生态屏障，必须加强现有退耕还林成果的巩固。退耕还林工程主要针对的是水土流失严重、土壤瘠薄、耕作条件差、坡度≥25°的坡耕地，实施重点分布在长江沿岸、采矿采石破坏严重以及其他生态环境脆弱、农村经济条件较差的地区，使工程建设在减少水土流失、改善生态环境的同时，帮助调整农村产业结构，促进农民增收脱贫。

（2）实施生态公益林保护工程。以流域水土保持林、水库水源涵养林、自然保护区特用林、保护天然阔叶林、交通绿色长廊、城镇乡村绿化和生物防火林带建设为重点，实施生态公益林保护工程，做好天然林森林资源的常年管护。在库区范围内，对禁伐、限伐的森林、灌木林、未成林造林地进行保护，禁止商业性开采。在让森林资源得到切实有效保护的基础上，提高其生态、经济、社会效益。

（3）建立和完善森林资源产权制度。实行森林资源使用权与所有权的分离，以及森林资源的有偿使用、转让；逐步推行森林资源的资产化管理，强化森林资源资产经营。以果品经济林、速丰林、花卉苗木产业等为主导产业，积极调整林业产业结构，发展果品加工、森林食品加工、林产化工、森林旅游、野生动物驯养繁殖等五大龙头企业，建设脐橙、板栗、核桃、花卉苗木、大枣原料等五大林产品龙头市场，实现以龙头企业和龙头市场带动林业产业的发展。

（4）建立健全森林资源保护及监管体系。采取"预防为主，综合治理"方针，推广森林火灾综合治理工程。开展森林健康状况监测，辅以生物防治和抗性育种等措施来降低和控制林内病虫害种群数量，提高林木抵抗病虫害的能力。加强林业公安建设，加大森林资源保护、管理、监督和执法力度，制止乱砍滥伐林木、毁林开垦等行为，保障森林资源安全和林区安定。

2）控制外来生物入侵

三峡水库建成后，由于土著鱼类的驯化养殖没有足够的积累，渔业养殖的发展将主要靠外来品种的输入，其中，大部分为国外引种。这些种类逃逸进入天然水体后，会产生如下的生态效应：改变库区原有物种的种群遗传或群落结构；与本地物种形成激烈竞争，最后取代原有种；由于缺乏天敌或有力的竞争者，造成入侵种种群的暴发，造成水体生态系统的灾变。如目前在长江流域沿江都有鲟鱼养殖业分布，养殖规模也逐年扩大。养殖种类主要有中华鲟、史氏鲟（*A. schrenki*）、俄罗斯鲟（*A. gueldenstaedti*）、小体鲟（*A. ruthenus*）、西伯利亚鲟（*A. baerii*）、闪光鲟（*A. stellatus*）、达氏鳇（*Huso dauricus*）、欧洲鳇（*H. huso*）和匙吻鲟（*Polyodon spathula*），以及它们当中一些种类的杂交种。其中，除中华鲟为长江水系的土著种外，其余的种类主要从国外和国内其他水系引进。由于管理不善，1997 年以来，在长江干流的不同江段的监测调查均发现了匙吻鲟、史氏鲟和一些鲟鱼杂交种，说明养殖鲟鱼逃逸进入长江的情况已经比较普遍。如果不及时采取有效的控制措施，这些养殖种类将对长江的土著鲟鱼种群造成不可估量的破坏。

　　3）开展濒危物种的就地和易地保护及相关研究

　　三峡库区上游至向家坝水利枢纽坝址以下共约 460km 及赤水河干流都属于调整后的长江上游珍稀、特有鱼类国家级自然保护区范围。如果管理措施有力，效果得到充分发挥，该保护区不仅为受三峡水库淹没影响的 44 种长江上游特有鱼类，以及白鲟和胭脂鱼提供了避难所，而且还可以部分弥补金沙江干流下游梯级开发对水域生物多样性造成的不利影响。由于长江上游沿江现有的水产科研机构设施条件有限，加上各单位的资金分散，很难单独完成种类众多的濒危鱼类易地保护和进行相关研究的双重任务。因此，目前应尽快决策，选择合适的地点，投资兴建高技术规格的水族馆和鱼类育苗场，为相关单位的联合攻关提供公共技术平台，并应尽快集中开展对一些极度濒危水生生物物种的易地保护与科学研究。

3. 开展多种形式生态补偿，完善生态补偿机制

　　三峡自然条件较差，生态环境极为脆弱，经济相对落后，因此，应加快完善生态补偿机制，实现库区生态环境良性循环，从而促进整个长江流域经济、社会、生态协调发展。完善库区生态补偿机制可以主要从经济政策、资源价格政策以及劳动力转移政策三方面入手。

　　经济政策方面，政府应运用经济手段和政策导向等宏观调控措施，鼓励上游地区大力发展资源优势产业。有必要采取以下措施：①对于林果、林药、林草等产品深加工业，应执行减免增值税和所得税的政策。②采取税收财政等优惠政策，吸引企业、事业单位参与生态重建，同时，积极创造条件，吸引其他地区和外资参与生态环境建设。③对在前五年有收入的生态重建项目，实行免征所得税和增值税等政策。④对上游地区征收的矿产、油气等资源税，中央应实行 10 年左右的全部返回政策，交地方财政专项用于资源保护和生态环境建设。

　　资源价格政策方面，可对资源性产品实行最低限价政策，改变历史上遗留下来的资源性产品价格过低的局面，以保护所在地区的利益。

　　农村劳动力转移政策方面，由于人与生态环境资源容量之间的矛盾是当前生态重建成过程中的主要问题，因此，应鼓励移民异地开发，剩下的人口数量应在生态环境的承载能力范围之内。生态脆弱地区人口减少，农业产业结构将由以农为主转变为以林草为主，这将大大减轻生态环境资源的压力，有助于植

被恢复，并且会大大提高生态重建的投资效益。

4. 建立以循环经济为核心的生态产业体系

围绕占领长江上游生态经济发展的制高点，调整优化产业结构，以生态资源合理开发利用为基础，通过重点发展生态农业、生态服务业、生态信息业，培育优势产业集群，完善和延伸产业链（图6-4）。大力推进清洁生产，发展循环经济，加快经济增长方式的转变。以优化产业结构，优化工业布局、加快发展第三产业、积极发展高新技术产业和现代服务业为前提，以水资源、能源合理开发利用和土地资源集约节约利用为基础，以生态产业链为重点，形成具有三峡库区特色的生态产业发展格局，构建"经济发展高增长，资源消耗低增长，环境污染负增长，生态服务功能保增长"的集约型、节约型、生态型发展模式。推动"资源—产品—污染排放"的传统经济模式向"资源—产品—再生资源"的循环经济模式转变，实现经济、资源与环境效益"多赢"，构筑和优化生态经济体系，使生态产业在国民经济中逐步占据主导地位。

生态农业方面，走生态产业化发展之路，依托独特的农林资源和生态资源，大力发展特色农业，以大力发展果品经济、推进"畜禽水产健康养殖工程"以及发展农业特色产业为主，优化结构，提高品质，突出特色，推进农业产业化进程，形成以特色果品和山地畜牧业为主体的生态农业新格局。

生态林业方面，以培育和保护森林资源、发展特色林产业为中心，大力实施森林工程。主要包括：①速丰林基地建设。在树种选择上，主要以日本落叶松（红豆杉）、柳杉（红豆杉、香椿）、水杉、洋槐（香椿、桤木、构树）等速生树种为主。②低效林改造工程。低效林改造主要方向为景观林、防护林、用材林和经济林，景观林主要选择香樟、水杉、木荷、银杏、枫香、红叶、鹅掌楸等树种进行改造；防护林主要选择马尾松、柳杉、杉木、枫杨、落叶松等树种进行改造；用材林主要选择桉树、香椿、马尾松、杨树、落叶松、柳杉、桤木等树种进行改造；经济林主要选择花椒、油茶、核桃、板栗、红豆杉等树种进行改造。

生态旅游业方面，依托三峡库区独特而丰富的旅游资源，坚持"生态优先、保护第一"的原则，构建和培育特色旅游区，使之成为集生态效益、文化展示、旅游观光、休闲度假于一体的生态首选旅游目的地。以建设国际知名旅游胜地为目标，以转轨变型为重点，积极发展包括生态观光、生态休闲度假区、生态旅游商品开发在内的生态旅游业。加快旅游基础设施及重大景点工程的建设；组建旅游开发建设、旅游开发投资、旅游经营管理三大企业集团；多层次吸引鼓励民间资本投入旅游产业；将三峡旅游产业从观光过境游发展到休闲目的地游、度假驻地游，从而将三峡逐步建设为国际知名旅游胜地。

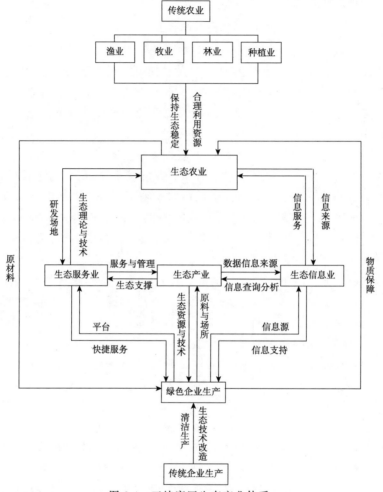

图 6-4 三峡库区生态产业体系

　　生态工业方面，以循环经济理论为指导，结合工业结构调整、工业合理布局、产品优化升级、技术创新、节能降耗和资源优化配置，以减量化、再利用、资源化为原则，选择低开采、高利用、低排放为特征的循环经济模式，建立清洁文明的生态工业体系。将产业结构的生态化改造与结构性污染治理相结合，将生态产业的优化布局与区域性污染治理相结合，在大力推动生态工业示范园区建设的同时，构建库区生态工业体系。依托特色资源，发展特色工业，培育特色品牌，构造特色经济。着力培育农业产业化龙头企业和特色资源加工企业，研究开发绿色经济品牌，提高绿色经济效益。

（四）乌江自然区

经济贫困、生态恶化、人口膨胀几大问题互为因果、恶性循环，严重阻滞了乌江流域地区的经济社会发展，同时，也对长江中下游地区的生态安全造成威胁。贵州乌江流域在长江上游生态环境建设中具有十分重要的地位和作用，是长江上游生态屏障建设的重点地区之一。

1. 合理进行坡耕地的综合整治

乌江自然区喀斯特地貌特征突出，喀斯特地区的耕地主要为土壤贫瘠、水土流失严重的石旮旯破碎坡耕地，农业生产条件恶劣，而且都是在自然坡度上粗放耕作，粮食产量低，群众生活没有保障。为了长期稳定地解决群众的温饱问题，确保陡坡耕地"退得下、还得上、不反弹"，应以土地整理、水土保持为中心，对 25°以下石漠化程度较轻、土层较厚的缓坡耕地实施"沃土工程"、坡改梯等培土培肥工程和采取间作套种、错季节种植、立体种植等措施来提高石漠化地区基本农田的单产和复种指数，通过对有限水土资源的高效利用，稳定解决石漠化地区人民的温饱问题。

2. 加快能源建设步伐，巩固石漠化治理成果

石漠化的主要成因之一就是广大农村地区过度樵取薪柴。因此，石漠化的防治工作必须首先解决好农村的能源问题。应大力推广"畜-沼-粮、果、蔬"等生态农业发展模式，本着以沼气为主、多能互补的建设思路，加强沼气、太阳能、节柴灶和小水电等农村能源建设，通过调整能源结构，改善生态环境，走资源节约之路，切实缓解群众生活对植被的破坏情况。

3. 加大对石漠化治理的投入，建立稳定的投资和生态补偿渠道

石漠化地区立地条件差，造林难度大，经济落后，国家在石漠化治理方面还没有专项投资，投资渠道主要依靠长江防护林体系建设工程、退耕还林工程、天然林保护工程等。而石漠化治理不能等同于一般的防护林建设，从立地条件、治理难度、影响范围等方面与一般的山地植树造林有着显著差别，投资标准要比普通山地高，由于投入有限，与石漠化治理的要求差距大。为了保障石漠化地区治理的积极性和可持续发展，国家应实施生态补偿原则，保障石漠化防治的经费投入。因为乌江下游德江石漠化治理不仅是为了保障本县社会经济的可持续发展，更主要的作用是为了保障整个喀斯特区域生存环境的可持续利用和构筑长江上游生态屏障，确保"三峡库区"生态安全。

4. 加快石漠化地区替代产业的培植及其产业化经营

要从根本上解决石漠化地区人口压力大、农业人口比重高、经济贫困、区域可持续发展后劲不足等一系列影响石漠化治理的难题，石漠化治理区必须在

农村就业结构优化、替代产业培植和产业化经营等方面取得突破。只有兼顾区域生态—经济协调发展，才具有可行性和可操作性，治理成果才具稳定性。一要加强石漠化地区农村小城镇和市场建设，大力开展技能培训，发展劳务输出和第三产业，以降低石漠化地区人口（特别是农业人口）对土地的直接压力。二应加强科技推广，培植特色产业。要结合德江的资源优势，如地道中药材（杜仲、黄柏、五倍子、金银花、天麻等）的产业化经营，地方特色的畜禽产品（黑山羊、复兴猪、黄牛等）的产业化开发。以及某些有资源优势的经果林（刺梨、猕猴桃、花椒、香椿籽、油桐等）系列产品开发；三要发展特色旅游业，石漠化地区有丰富的旅游资源如洞穴、峡谷、石林等自然风景点及多姿多彩的少数民族风情（土家风情、傩戏等），可发展洞穴探险、峡谷漂流、民风民俗游等。通过挖掘培植适合石漠化地区地域特色的替代产业，实施产业化经营，推动石漠化地区以粮食为主的传统型经济的转型和发展。

5. 科学合理地进行植被修复

一方面，做到因地制宜，适地适树。喀斯特地区生物资源丰富，气候条件优越，适宜植被的恢复。在树种选择上要以自然群落，特别是顶级群落或原生性群落的种类组成作为树种选择的依据，以乡土树种为主，同时，引入一些处于演替较高阶段，有培养前途、已有一定栽培经验的树种，提高恢复潜力和速度。根据石漠化防治的基本思路，在恢复植被的同时，也要考虑增加当地群众的经济收入，促进地方经济的发展。因此，在立地条件较差、坡度较大、水土流失严重的地区营造生态公益林。在立地条件较好、地势较平坦的坡地，选择名、特、优的竹、药、果、藤等树种，营造生态经果林、生态用材林、生态药材林、生态薪炭林等。在树种选择上，要充分考虑石漠化土地立地条件严酷的特点，注重选择耐干旱、耐瘠薄、速生、抗逆性强、具有较高经济价值的乡土树种，如花椒、金银花、任豆、香椿、棕榈、楸树、刺槐、桦木、竹子、栎类等。

另一方面，合理营造森林系统。对于岩石裸露率在70％以上的石山和白云质砂石山地区，土壤很少，土层极薄，地表水极度匮乏，立地条件极差，基本不具备人工造林的条件，应采取全面封禁的技术措施，减少人为活动和牲畜破坏，利用周围地区的天然下种能力，先培育草类，进而培育灌木，通过较长时间的封育，最终发展成乔、灌、草相结合的植被群落；对岩石裸露率为50％～70％的半石山及部分条件相对较好的石山、白云质砂石山，经过局部整地、每亩人工补植（播）30～50株（穴）后，再采取全面封禁措施，以期形成灌草或乔灌混交林，补植的树种应主要选择香椿、滇柏、华山松、桤木、乌柏、栎类、竹类等生态经济型林（草）；喀斯特山地中上部、岩石裸露率在50％～70％的半石山地区具有部分灌木或具有天然下种的条件，应采取天然更新、人工造林相结合的措施，通过"栽针、留灌、补阔"或"栽阔、抚灌"的措施形成复层乔、灌混交林，每亩栽植 66～135 株主要树种如滇柏、柏木、苦楝、华山松等用材树种及刺槐、栎类等薪炭林以解决本地区的用材和能源问题外，适当发展岩桂、苦丁茶、柿树、核桃等经果林；喀斯特山地中下部，坡度相对平缓，岩石裸露率在 30%～50%，有一定的藤刺草灌分布，自然条件相对较好，应以种植杜仲、金银花、花椒等经济树种为主；坡度较缓有一定土层（2～3cm 厚）的溶蚀丘陵，可有规划地发展人工草地（如皇竹草、象草、香根草等）。

参考文献

包维楷.2008. 汶川地震重灾区生态退化及其恢复重建对策. 中国科学院院刊,(4):328.

蔡运龙,陆大道,周一星,等.2004. 地理科学的中国进展与国际展望. 地理学报,59(6):803-810.

曹超学,文冰.2008. 培育云南森林碳汇市场的制度构想. 西南林学院学报,28(5):71-75.

长江技术经济学会.2006. 长江经济带发展问题研究. 武汉:长江出版社:97-127.

常剑波.2006. 三峡库区生态与环境问题辨析及对策研究. www.cjw.com.cn [2006-7-5].

陈登,晏世强,蔡晓玲.2008. 乌江下游德江县石漠化治理障碍因子分析及生态修复对策. 内蒙古林业调查设计,31(3):11-14.

陈钊,刘学彬.2003. 成都平原经济区建设生态经济区战略研究. 四川行政学院学报,(6):55.

崔书红.2008. 汶川地震生态环境影响及对策. 环境保护,(13):37-38.

樊杰.2007. 我国主体功能区划的科学基础. 地理学报,62(4):339-350.

傅伯杰.赵文武,陈利顶.2006. 地理—生态过程研究的进展与展望. 地理学报,61(11):1123-1131.

贵州省统计局,国家统计局贵州调查总队,2010. 贵州统计年鉴2009. 北京:中国统计出版社.

郭晋平.2003. 景观生态学的学科整合与中国景观生态学展望. 地理科学,23(3):277-281.

郭延辅,等.2000. 青海省水土保持生态环境建设调研报告. 中国水土保持,(12):1-3.

郭永祥.2007. 在全省防沙治沙和石漠化治理工作会议上的讲话. www.forestrc.gov.cn [2007-6-22].

国土资源部地籍管理司.2009. 全国土地利用变更调查报告(2008). 北京:中国大地出版社.

韩庆华,王晓红.2005. 我国生态税收体制的确立. 经济理论与经济管理,(3).

侯学煜,姜恕,陈昌笃,等.1963. 对于中国各自然区的农、林、牧、副、渔业发展方向的意见. 科学通报,(9):8-26.

胡阳全.2007. 云南民族地区的生态环境保护. 云南民族大学学报,24(3):16-20.

黄秉维.1959. 中国综合自然区划草案. 科学通报,18:594-602.

黄秉维.1965. 论中国综合自然区划. 新建设,(3):65-74.

黄秉维.1989. 中国综合自然区划纲要. 地理集刊,21:10-20.

雷加富.2005. 中国森林资源. 北京:中国林业出版社.

李镜.2007. 岷江上游森林生态补偿机制研究. 四川农业大学硕士学位论文:27-42.

李敏纳.2008.国内流域经济研究述评.湖北社会科学,(7):97-100.

李晓冰.2009.关于建立我国金沙江流域生态补偿机制的思考.云南财经大学学报,25 (2):132-138.

李月臣,等.2009.重庆市三峡库区水土流失特征及类型区划分.水土保持研究,(2):14.

梁本凡.2002.绿色税费与中国.北京:中国财政经济出版社:67-84.

林超.1954.中国自然区划大纲(摘要).地理学报,20 (4):395-418.

林凌.2004.用科学发展观指导西部大开发.http//www.chd.cei/go.vcshare-i001.asp? 1/17018[2004-7-20].

刘立彬.2006.四川省水资源及水利建设总体布局研究.四川水力发电,25 (04):1-5.

刘盛佳.1998.长江流域经济发展的上、中、下游比较研究.武汉:华中师范大学出版社:127-152.

刘世庆,等.2003.长江上游经济带本部大开发战略与政策研究.成都:四川科学技术出版社.

刘文,王炎痒,张敦富.1996.资源价格.北京:商务印书馆:92-97.

鲁传一.2004.资源与环境经济学.北京:清华大学出版社:30-39.

陆大道,刘卫东.2000.论我国区域发展与区域政策的地学基础.地理科学,20 (6):487-493.

罗开富.1954.中国自然地理分区草案.地理学报,20 (4):379-394.

罗莉.2008.四川藏区的生态问题与生态补偿.西南民族大学学报,29 (11):14-19.

罗小勇,唐文坚.2003.长江源生态环境问题及其防治对策.长江科学院院报,20 (1):47-49.

毛瑢,孟广涛,周跃.2006.云南省金沙江流域水土流失防治对策研究.水土保持研究,13 (1):184-185.

欧阳志云,等.2008.汶川大地震对生态系统的影响.生态学报,(12):5801,5808.

潘树荣.1985.自然地理学.北京:高等教育出版社:43-52.

秦艳红,康幕谊.2007.国内外生态补偿现状与完善措施.自然资源学报,22 (4):557-567.

冉瑞平.2003.川西高山高原区环境与经济协调发展对策.农村经济,(8):22-24.

任美锷,包浩生.1992.中国自然区域及开发整治.北京:科学出版社:1-48.

任美锷,杨纫章.1961.中国自然区划问题.地理学报,27 (2):66-74.

任美锷,杨纫章,包浩生.1979.中国自然区划纲要.北京:商务印书馆:6-19.

水利部长江水利委员会.1999.长江流域地图集.北京:中国地图出版社:7-9.

司全印.2000.区域水污染控制与生态环境保护研究.北京:科学出版社:79-99.

四川省统计局,国家统计局四川调查总队.2009.四川统计年鉴2008.北京:中国统计出版社.

宋长青,冷疏影.2005.当代地理学特征发展趋势及中国地理学研究进展.地球科学进展.20 (6):595-599.

孙毅,张如石.1991.补偿经济论.北京:中国财政经济出版社:30-39.

藤田昌久,保罗·克鲁格曼,安东尼·J.维约布尔斯.2005.空间经济学:城市、区域与国际贸易——经济科学前沿译丛.梁琦译.北京：中国人民大学出版社.

王方霖.2002.甘孜州生态型经济发展对策研究.www.gzz.gov.cn［2002-1-10］.

王继辉,杨明,杨玲,等.2002.贵州省水资源特征及开发潜力评价.贵州水力发电,16（02）：10-15.

王家骥.2001.区域生态规划理论、方法与实践.北京：新华出版社：211-233.

王金锡,等.2000.98长江特大洪灾与上游生态林业工程建设：四川省资源、环境、保护与产业化发展研究.成都：四川人民出版社.

王静雯.2007.中国地理教程.北京：高等教育出版社：16-26.

王渺林.2005.岷江流域水资源安全问题探讨.四川水利,26（4）：32-34.

王锡桐,等.2003.建设长江上游生态屏障对策研究.北京：中国农业出版社：77-109,132.

王禹生,刘绍芝.2011.长江流域的水与可持续发展.http//www.cj.wcom.cn：666/6info/shllile jk/lunta11Viewslo-5.htnr［2011-12-10］.

王玉宽.2005.长江上游生态屏障建设的理论与技术研究.成都：四川科学技术出版社：124-139.

吴绍洪,杨勤业,郑度.2003.生态地理区域系统的比较研究.地理学报,58（5）：686-694.

伍新木,张秀生.1999.长江地区城乡建设与可持续发展.武汉：武汉出版社.

席承藩,张俊民,丘宝剑,等.1984.中国自然区划概要.北京：科学出版社：12-16.

夏抱本,陈陵康.2007.西藏农业环境安全研究.安徽农业科学,（35）：11554.

夏国政,罗时凡,高小红.1998.21世纪长江中游发展的突破口.武汉：武汉大学出版社.

熊怡,张家桢.1995.中国水文区划.北京：科学出版社.

杨建荣.1995.论中国崛起世界级大城市的条件与构想.财经研究,06.

杨勤业,吴绍洪,郑度.2002.自然地域系统研究的回顾与展望.地理研究,21（4）：407-417.

杨庆媛,汪军,王锡桐.2003.云南省金沙江流域生态环境建设的问题与对策研究——长江上游生态屏障建设重点地区调查报告之一.西南师范大学学报（自然科学版）,28（3）：487-491.

杨树珍.1990.中国经济区划研究.北京：中国展望出版社.

于天飞,沈文星,黄喜.2008.碳排放交易的市场分析.林业经济,（5）：62-64.

虞孝感.2003.长江流域可持续发展研究.北京：科学出版社.

张建强,李娜.2007.四川省生态安全存在的问题及对策.www.lrn.cn［2007-5-1］.

张炜.2003.长江上游生态经济发展研究——关于长江上游生态建设制度创新思考.国土经济,（7）.

张炜,等.1994.营业税、消费税、资源税.辽宁：辽宁人民出版社：46-69.

张秀生,张平,赵伟,等.2009.中国区域经济发展.北京：中国地质大学出版社.

赵松乔.1983.中国综合自然区划的一个新方案.地理学报,38（1）：1-10.

赵松乔,陈传康,牛文元.1979.近三十年来我国综合自然地理学的进展.地理学报,34（3）：187-199.

赵晓英,陈怀顺,孙成权.2001.恢复生态学——生态恢复的原理与方法.北京：中国环境科学出版社：22-34.

郑达贤，陈加兵.2007.以流域为基本单元的中国自然区划新方案.亚热带资源与环境学报，2（3）：10-15.

郑度，等.2005.中国区划工作的回顾与展望.地理研究，(5).

中国科学院《中国自然地理》编辑委员会.1980.中国自然地理·地貌.北京：科学出版社.

中国科学院《中国自然地理》编辑委员会.1981.中国自然地理·土壤地理.北京：科学出版社：26-67.

中国科学院《中国自然地理》编辑委员会.1984.中国自然地理·气候.北京：科学出版社：154-161.

中国科学院自然区划工作委员会.1959.中国气候区划（初稿).北京：科学出版社：37-56.

中国科学院自然区划工作委员会.1959.中国水文区划（初稿).北京：科学出版社：73-89.

中国生态补偿机制与政策研究课题组.2007.中国生态补偿：机制与政策研究.北京：科学出版社：1-85.

中国自然资源丛书编撰委员会.1995.中国自然资源丛书：四川卷，贵州卷，云南卷.北京：中国环境科学出版社.

中华人民共和国国家统计局.2010.中国统计年鉴2009.北京：中国统计出版社.

中华人民共和国民政部.2009.中华人民共和国行政区划简册（2009).北京：中国社会出版社：23-37.

钟祥浩.1992.长江上游环境特征与防护林体系建设（川江流域部分).北京：科学出版社：101-179.

周婷.2008.长江上游经济带与生态共建研究.北京：经济科学出版社：53-69.

周智.2004.乌江流域水环境污染现状及容量与对策.贵州师范大学学报，22（4）：42-45.

祝兴祥，等.1991.中国的排污许可证制度.北京：中国环境科学出版社：134-140.